JOURNAL DER UNWIEDER-HOLBAREN EXPERIMENTE II

W0303605

JOURNAL DER UNWIEDERHOLBAREN EXPERIMENTE II

»Nie gesuchte Erfindungen & einfallsreiche Patente«

Das Witzigste aus dem Papierkorb der Wissenschaft, erdacht und verfaßt von hervorragenden Köpfen aus Forschung und Lehre

Herausgegeben von
Dr. George H. Scherr

Aus dem Amerikanischen
von Gabriele Herbst,
Barbara Keller,
Heidi Rei und
Ernst Guggolz

Wolfgang Krüger Verlag

Titel der Originalausgabe:
»The Journal of Irreproducible
Results, Third Edition«
Erschienen im Verlag Dorset Press
Copyright © 1986 The Journal of Irreproducible Results
All rights reserved
Deutsche Ausgabe:
Copyright © 1989 S. Fischer Verlag GmbH, Frankfurt am Main
Umschlaggestaltung: Manfred Walch, Frankfurt am Main
Gesamtherstellung: Wagner GmbH, Nördlingen
Printed in Germany, 1989
ISBN 3-8105-1714-3

Dank

Das Übersetzerteam dankt Margret Waßmer-Endres, Düsseldorf, und trägt damit hoffentlich eine alte, peinliche Schuld ab. Fachliche und moralische Unterstützung verdankt es Walter Sielski, Mannheim, und Jack Wolfinger, Heidelberg. Unverändert hilfreich waren die Produkte des Weinguts Richard Peth, Flörsheim-Dalsheim.

Vorbemerkung

Das JOURNAL DER UNWIEDERHOLBAREN EXPERIMENTE hat Autoren gewinnen können, die zu den besten ihres Fachs gehören. Für diese Ausgabe haben wir aus dem laufenden JOURNAL (das in den USA sechsmal jährlich erscheint und in 55 Ländern verbreitet ist) die Artikel ausgewählt, die ein breites Spektrum von Disziplinen abdecken. Gleichwohl – es bleibt noch immer eine Menge unwiederholbare Arbeit zu tun.

Dr. George H. Scherr

Bitte

Sollte der geneigte Leser aufgrund der Lektüre dieses Buches Lust darauf verspüren, selbst ähnliche Beiträge auf die Beine zu stellen, so ist er freundlichst gebeten, mit dem Verlag Kontakt aufzunehmen und ihm seine Forschungen, Untersuchungen, Entwicklungen oder Experimente mitzuteilen. Vielleicht ist wenigstens ein Experiment wiederholbar: dieses Buch und sein Erfolg.

Ihr Material senden Sie bitte zur unverbindlichen Prüfung an:

WOLFGANG KRÜGER VERLAG
Redaktion Journal der unwiederholbaren Experimente
Hedderichstr. 114

6000 Frankfurt/Main 70

INHALT

TEIL VI

WÖRTER UND ZAHLEN

TEIL VII

SICHER IN DIE 90ER JAHRE

TEIL VIII

WIRTSCHAFT UND MISSWIRTSCHAFT

TEIL IX

WIE FORSCHUNG GEMACHT WIRD

TEIL X

DIE SEELE AUF DEM PRÜFSTAND

TEIL XI

ANIMALISCHES

TEIL XII

MODERNE ZEITEN

TEIL XIII
DU UND DEIN KÖRPER

TEIL I

DIE WISSENSCHAFTLICHE GEMEINSCHAFT – GANZ INTIM

DER TITEL DIESES ARTIKELS IST AUS SEINEN ANNAHMEN NICHT LOGISCH ABLEITBAR

Ron Marshall
East Lansing, MI

Als Teil seiner Publikationspolitik fordert das angesehene *Journal of Truth and Logic*, jeder eingesandte Artikel müsse den folgenden Bedingungen genügen:

1. Alle wahren Aussagen, die in dem Artikel vorkommen, müssen logisch ableitbar sein aus den dem Artikel zugrundeliegenden Annahmen.
2. Wenn jedoch eine falsche Aussage gemacht wird, absichtlich oder nicht, darf sie keine logische Ableitung aus diesen Annahmen sein.
3. Jeder Artikel kann neu eingereicht werden, aber nur einmal.

Kürzlich wurde dieser Zeitschrift der vorliegende Artikel (den Sie jetzt lesen) gesandt, und nach einer erstaunlich kurzen Zeit kam folgender Brief vom Herausgeber:

Sehr geehrter Herr,

wir bedauern, Ihnen mitteilen zu müssen, daß Ihr Artikel für eine Publikation aus folgendem Grund nicht akzeptiert werden kann: Wenn der Titel Ihres Artikels eine wahre Aussage ist, dann muß das, was er behauptet, tatsächlich wahr sein – nämlich daß er nicht aus den Annahmen des Artikels ableitbar ist. Das würde, wie Sie wissen, Bedingung 1 unserer Publikationspolitik verletzen. Wenn man andererseits den Titel für falsch hält, dann kann das, was er behauptet, nicht so sein, in welchem Falle er in der Tat ableitbar sein muß aus diesen Annahmen. Aber das würde einen Verstoß gegen Bedingung 2 unserer Politik darstellen. Egal wie, eine dieser Bedingungen wird verletzt, deshalb haben wir keine Wahl und müssen Ihr Manuskript zurückweisen.

Gemäß Bedingung 3 unserer Politik sind Sie natürlich berechtigt, Ihren Artikel zu überarbeiten und erneut vorzulegen (obwohl ich Ihnen in aller Offenheit mitteilen muß, daß der Gutachter das nicht empfiehlt). Vielen Dank, daß Sie das *Journal of Truth and Logic* beehrt haben.

Freundliche Grüße
Der Herausgeber

Es war gleich zu erkennen, daß der Grund für die ungewöhnlich kurze Rücklaufzeit darin lag, daß der Gutachter es ausreichend gefunden hatte, nur die Überschrift des Artikels zu lesen, um sich für eine Ablehnung zu entscheiden. Der Ablehnungsgrund – etwas, das mit Annahmen von Artikeln zu tun hat – war natürlich unerwartet und etwas überraschend, da der Artikel, wie jetzt offensichtlich sein sollte, keine Annahmen hat.

Jedenfalls wurde der Artikel überarbeitet und wieder vorgelegt. Unglücklicherweise wurde er abermals abgelehnt, diesmal wegen der Anfangszeile des Textes, einem Satz (der danach gestrichen wurde), der lautete:

> »Dieser Satz ist nicht ablaitbar aus den Annahmen dieses Artikels, weil er drei Fähler enthält.«

Der Gutachter dachte wirklich, der Satz könnte wahr sein, und folgerte daraus, daß es aufgrund der Stellung des Satzes keine Antezendien gab, aus denen man etwas hätte ableiten können. Nach meiner eigenen Sicht ist der Satz zumindest teilweise wahr in dem Sinne, daß er in der Tat drei Fehler enthält: zwei Schreibfehler (›ablaitbar‹ und ›Fähler‹) plus einen Zählfehler (er behauptet fälschlicherweise, er enthalte drei Fehler, während er offensichtlich nur zwei enthält). Wie aber der Herausgeber nicht versäumt zu betonen, ist das Problem von Wahrheit oder Falschheit ein Scherzrätsel, von dem die Zurückweisung nicht abhing. Die zweite Ablehnung war, wie auch beim ersten Mal, unvermeidlich, und zwar aufgrund einer gewissen Verletzung einer der beiden ersten Publikationsbedingungen der Zeitschrift.

Es könnte der Rede wert sein, daß mit Rücksicht auf Bedingung 3 der Zeitschrift der Artikel in der Folge nicht mehr vorgelegt wurde. Und obgleich sein gegenwärtiges Schicksal unbekannt ist, ist es vielleicht keine allzu große Übertreibung zu sagen, daß er in diesem Moment vielleicht gerade von irgend jemandem irgendwo gelesen wird...

LITERATUR

Hofstadter, Douglas R.: *Gödel, Escher, Bach: ein Endloses Geflochtenes Band*, Stuttgart, Klett-Cotta, 1985

Hofstadter, Douglas R. und Dennet, Daniel C.: *Einsicht ins Ich*, Stuttgart, Klett-Cotta, 1986[2]

Smullyan, Raymond M.: *Dame oder Tiger?*, Frankfurt, Krüger, 1983

DER LABORKITTEL ALS STATUSSYMBOL*

F. E. Warburton

Ein hübscher, weißer, knielanger Kittel wird überall als Uniform des Wissenschaftlers erkannt. Die primitive Funktion des Laborkittels als nützliches Kleidungsstück, das gegen Gefahren des Labors für Haut und Kleidung schützt, ist Stück für Stück durch seine Funktion als Statussymbol ersetzt worden. So wie wir einen Bischof an seiner Mitra oder einen Gaukler an seiner Maske erkennen, erkennen wir einen Wissenschaftler an seinem Laborkittel. Der Soldat schält Kartoffeln, putzt sein Gewehr und kämpft sogar in seiner Uniform; der moderne Wissenschaftler arbeitet kaum in seinem Kittel. Wenn Arbeit unvermeidlich ist, wird man ihn in Hemdsärmeln antreffen, in einem groben, braunen Kittel oder in Plastik. Sein Laborkittel hängt wahrscheinlich – sauber, gebügelt, vielleicht sogar gestärkt – hinter der Tür und wird nur getragen, wenn er Vorlesung hält oder offizielle Besucher begrüßt. Wie Sporen und Tschako ist der Laborkittel zu einer neuen Rolle aufgestiegen; er wird rasch nicht nur zur Uniform, sondern in der Tat zur *Paradeuniform* des Wissenschaftlers.

Paradeuniformen werden ausschließlich aus symbolischen und zeremoniellen Gründen getragen, nicht zu praktischen Zwecken. Nichtsdestotrotz werden ihre einst nützlichen Eigenschaften bewußt bewahrt; die Ärmelknöpfe des Infanteristen oder die Pickelhaube des Ulanen sind Beispiele. Der Laborkittel trägt eine Fülle von Möglichkeiten für solche symbolischen Reste in sich. Abnehmbare Knöpfe an Kleidung, die den Wechselfällen häufigen, intensiven Waschens ausgesetzt ist, waren in hohem Maße funktional. Der moderne Laborkittel sollte natürlich zur Sicherheit chemisch gereinigt werden, aber die Tüftelmechaniken, die früher benutzt wurden, um die Knöpfe abzunehmen, könnte man genausogut dranlassen und sogar zu auffälligen Ornamenten ausarbeiten – natürlich nicht mehr abnehmbar. Der benutzte Laborkittel zeigte immer Flecken, die auf die Arbeit des Trägers hinwiesen. Diese könnten mit Abzeichen oder Applikationen in passenden Farben symbolisiert werden: purpur und rot (Hämatoxylin und Eosin) für den Histologen; schwarz und orange (Schwefelsäure und Bichromat) für den Chemiker; grüngelb und Scharlach (Eiter und Blut) für den Pathologen; blau und braun (Kugelschreiber und Kaffee) für den Statistiker. Kompakte Muster von kleinen Löchern oder Fransen an den Manschetten könnten andere Symbole sein, die an die Tage erinnern, als Laborkittel noch im Labor getragen wurden. Sowohl vertikaler wie horizontaler Status könnten mit solchen Insignien demonstriert werden; Studenten ohne Abschluß trügen ungeziertes Weiß; graduierte Studenten hätten das Recht auf einen einzelnen schmutziggrauen Winkel; Dr. phil.s trügen die Farben der Fakultäten; und Nobelpreisträger hätten wie Flottenadmirale und Generäle das Privileg, in Kreationen nach ihrem eigenen geschmackvollen Entwurf zu erglänzen.

Diese Entwicklung kann nicht künstlich beschleunigt werden; sie muß sich langsam entfalten, geleitet von der Tradition und dem Respekt vor der Vergangenheit. Aber sie sollte ernst genommen werden. Wissenschaftler haben zur Zeit eine Position hohen Prestiges erreicht, aber in einer demokratischen Gesellschaft (wie in jeder anderen) ist Prestige ohne Symbole nur flüchtig, während Symbole ohne Prestige ewig überdauern können.

---

* Nachdruck mit Genehmigung von SCIENCE.

EIN SPRINGQUELL FÜR PROFESSORENGEHÄLTER

E. Maynes und C. Lind
Universität Monterrey
Monterrey, Mexiko

Büro des Kanzlers
AGUSTINO BERNARDINO LEGUIA Y SALCEDO
Präsident

Professor A. Lindsay Lewis:
Direktor des Graduiertenstudiums
Universität M .....
U.S.A.

Sehr geehrter Herr Direktor,

seit jetzt sechs Monaten haben unsere Agenten ohne Ihr Wissen Ihre vergangenen und zukünftigen Aktivitäten und Ihre Karriere beobachtet. So handle ich ganz zuversichtlich, wenn ich Ihnen die Ernennung zum Direktor der Graduiertenabteilung der Universität Monterrey anbiete.*

Sie haben wahrscheinlich noch nicht von dem teuflisch schlauen System gehört, das Professor Morris D. Morris (er heißt wirklich so!) von der Universität Washington vor fünfzehn Jahren vorgeschlagen hat, um das akademische Gehaltsniveau in amerikanischen Universitäten und Colleges anzuheben. Morris bemerkte, daß quantitative Leistungsmaße fehlen und die Universitäten sich daher bei der Entscheidung, wessen Einkünfte (Beförderung) erhöht werden sollten und um wieviel, auf Berufungen verlassen, die von konkurrierenden akademischen Institutionen vergeben werden. Fast unvermeidlich führt ein Angebot von einer konkurrierenden Institution zu einem entsprechenden Gegenangebot der »heimischen« Institution. Und längerfristig wirken »Gleichheits«erwägungen dahin, daß diese Gehaltserhöhungen sich auch auf diejenigen ausdehnen, die keinen Ruf von außen erhalten.

Auf der Grundlage dieser Einsicht schlug Morris vor – zuerst der Ford-Stiftung –, eine »Pseudouniversität« zu gründen, deren einzige Funktion es sein sollte, das akademische Gehaltsniveau anzuheben. Gemäß diesem Zweck sollte die Universität nur zwei Aktivitäten verfolgen: 1. hervorragende Gelehrte einladen, Pseudoartikel an der Pseudouniversität zu veröffentlichen und 2. Angebote und Gegenangebote machen. Morris schätzte, daß mit einem Jahresbudget von 500 000 $ (100 000 $ für mich, 100 000 $ für Sie, 100 000 $ für Verwaltungsaufwand und 200 000 $ für das Hotel, das die Pseudouniversität beherbergt), die Professorengehälter in den U.S.A. jährlich um 5% über den vorherigen Langzeittrend gesteigert werden könnten.

Die Ford-Stiftung wies diesen Vorschlag rundheraus zurück: »Sie tun zuviel des Guten!« sagte sie, »und wie werden wir dann dastehen?« Eine weitsichtigere Institution (und jetzt muß ich an Ihre Diskretion appellieren), der CIA, erkannte die Vorteile dieses Vorschlags und unterstützt uns seit 1958. (Ich überlasse es Ihnen, auf die Bedeutung dieser Initialen zu schließen.)

Die Aufgabe des Dekans der Graduiertenabteilung erfordert Feingefühl, was Sie sicher reizt: das Höchstangebot zu machen, wird *nicht* akzeptiert. Wenn Sie diese Position in Betracht ziehen, muß ich die Aufmerksamkeit eines *Arbeits*ökonomen wohl kaum auf die der Stellung eines Dekans einer Nicht-Universität innewohnende Attraktivität lenken, der, wenn er effektiv funktioniert, weder Fakultät noch Studenten hat!

Wir finden, daß im Sinne eines Ausgleichs akademische Bedienstete, wie andere auch, ihr Geld wert sein sollten. Daher bieten wir außer der Grund»unterhaltszahlung« von 60 000 $ – das sollte für andere Dekane ein nettes, rundes Zielsümmchen sein – zusätzlich eine gleitende Aufwandsentschädigungsskala. Unsere Skala gleitet in beide Richtungen. Für jede Gehaltserhöhung, die Ihre Bemühungen sichert, erhalten Sie 2% der *Erhöhung*. Für jedes *akzeptierte* Angebot aus Monterrey wird Ihnen 1% des *Jahresgehalts* des Akzeptierenden abgezogen. Wenn mehr als 10 Angebote angenommen werden, werden Sie zum Ex-Dekan ernannt. (Unglücklicherweise muß ich Ihnen mitteilen, daß es uns etwa 500 000 $ kostet, unseren früheren Dekan und etwa 40 Akademiker, für die es keine Gegenangebote gab, an einen Ort zu schicken, an dessen Namen ich mich nicht erinnere.)

Ich bitte Sie dringend, unsere Stelle anzunehmen – und lassen Sie mich Ihnen versichern, daß dies ein echtes und kein Pseudoangebot ist – und bin sicher, ich hätte die Unterstützung unseres Kuratoriumsvorsitzenden L. Trotzki (auch ein renommierter Ökonom), lebte er noch.

Mit freundlichen Grüßen,
Agustino Bernardino Leguia y Salcedo
el Presidente de la Universidad

* Die amerikanische Druckerei schrieb in einer Art Geographikozentrismus »Monterey« statt »Monter*r*ey« nach einem amerikanischen Ort dieses Namens. Meine schottische Seele – wenn ich so sagen darf – hält mich davon ab, 50 000 Bögen mit diesem Briefkopf, den sie für uns gedruckt haben, einfach wegzuwerfen.

EIN VERFAHREN ZUR BEWERTUNG DER WICHTIGKEIT VON FORSCHUNGSERGEBNISSEN

Dr. med. Marcus M. Reidenberg
Sektion Klinische Pharmakologie
Medizinische Hochschule Temple
Phila., Pa. 19140

Ein Problem, das gesteigerte Aufmerksamkeit erfordert, ist das der Bewertung der Wichtigkeit oder Bedeutung, also der Qualität von Forschungsergebnissen statt ihrer Quantität. Eine quantitative Bewertung kann einfach erfolgen, indem man die Anzahl der veröffentlichten Artikel, den Betrag des ausgegebenen Geldes, die Anzahl der Quadratmeter, um die ein Labor sich vergrößert hat, etc. bestimmt. Eine qualitative Bewertung der Wichtigkeit von Befunden ist viel schwieriger. Hiermit wird eine neue Methode zur Entwicklung einer qualitativen Ratingskala vorgelegt, mit deren Hilfe man eine Selbstbewertung durchführen kann und die dazu dienen soll, die Wichtigkeit von wissenschaftlichen Entdeckungen zu bestimmen.

Wenn ein Wissenschaftler zum ersten Mal etwas Neues beobachtet, d. h. eine Entdeckung macht, wird er gewöhnlich sehr aufgeregt. Er teilt dann diese Information den andern im Labor und häufig den Kollegen in benachbarten Labors mit. Die Zahl der Leute, die er in dieser anfänglichen kurzen Zeitspanne nach der Entdeckung informiert, ist proportional dem Grad der Aufregung des Forschers, der wiederum proportional der Wichtigkeit ist, die er seiner Entdeckung zuschreibt.

In vielen Labors, auch in unserem, ist es üblich, eine neue Beobachtung am Nachmittag mit einer Party zu feiern. Vielleicht kaufen wir etwas Kuchen für den Nachmittagskaffee im Labor. Vielleicht kaufen wir auch Krapfen für alle, die wir vor dem Nachmittagskaffee im Korridor treffen. Manchmal kaufen wir Rotwein und Käse, wenn wir sehr aufgeregt sind. Einmal gab es nachmittags eine Champagnerparty.

So kann man empirisch beobachten, daß die Zahl der Leute, denen man von einer neuen Entdeckung am Tag, an dem sie gemacht wird, erzählt, und die Kosten der Erfrischungen, die es bei der Party zur Feier der neuen Entdeckung innerhalb eines oder zweier Tage danach gibt, direkt verbunden sind mit der Wichtigkeit der Entdeckung im Urteil des Entdeckers. Da der Entdecker auf dem Gebiet der speziellen Entdeckung mehr Experte ist als alle andern, kann er ihre Wichtigkeit wahrscheinlich besser beurteilen als jeder andere. Sein unmittelbares Urteil über die Wichtigkeit ist unbeeinflußt von finanziellen, politischen oder anderen Erwägungen und stellt wahrscheinlich eine validere Einschätzung der Entdeckung dar als jede, die von anderen Leuten oder zu einer anderen Zeit vorgenommen wird.

Daher schlagen wir eine Bewertung der Qualität wissenschaftlicher Entdeckungen auf der Grundlage der unmittelbar anschließenden Party vor. Eine Entdeckung kann eine Kaffee-und-Kuchen-Entdeckung sein, eine Wein-und-Käse-Entdeckung oder eine Champagner-Entdeckung. Man kann durch Unterklassen feinere Abstufungen der Skala schaffen. Zum Beispiel kann eine Wein-und-Käse-Entdeckung unterteilt werden in Inländischer-Wein-und-Käse-Entdeckung und Importierter-Wein-und-Käse-Entdeckung. Man kann übrigens weiterhin klassifizieren in Landwein-Entdeckung und Prädikatswein-Entdeckung etc. Kaffee-und-Kuchen-Entdeckungen und Champagner-Entdeckungen können ähnlich differenziert werden.

Eine mögliche Verzerrung, die bei dieser Bewertungsmethode von Forschung auftreten kann, geht zu Lasten des Entdeckers, und zwar dann, wenn er diese Methode kennt. Da sie auf dem Grad seiner eigenen Aufregung beruht, könnte er bewußt mehr Aufregung vorspiegeln, als er wirklich verspürt, um die anscheinende Wichtigkeit der Entdeckung zu erhöhen. Ein Kontrollverfahren, um das zu verhindern, ist integraler Bestandteil dieses Vorschlags. Der Entdecker bezahlt natürlich die Party. Wenn also ein Entdecker sehr oft eine Kaffee-und-Krapfen-Entdeckung zu einer Prädikatswein-und-Käse-Entdeckung hochjubelt, bestraft er sich nur selbst, weil alle seine Kollegen den Wein und den Käse ohne Ansehen der Wichtigkeit der Entdeckung verzehren werden. Das sollte als negatives Feedback ausreichen und die meisten Forscher bewegen, bei der Bewertung ihrer Arbeit ehrlich zu bleiben.

UNIVERSALBRIEFE FÜR WISSENSCHAFTLICHE KONFERENZBESUCHE

Können nach Geschmack und Einfallsreichtum an individuelle Zwecke angepaßt werden. Auch mit passenden Änderungen als Modell zur Initiierung einer binationalen Zusammenarbeit oder eines Austauschprogramms möglich

Beispiel 1 Einstiegsbrief

Tel Aviv
Juni ....

Lieber Charles,

ich habe ein sehr schlechtes Gewissen, daß ich Dir in den letzten sechs Monaten oder so nicht geschrieben habe. Im Labor ist es ziemlich hektisch zugegangen. Wir haben die DNA-Östrogen-Geschichte durchgezogen und sind sehr zufrieden, daß der Stimulationsgipfel, den wir bei neugeborenen Tieren beobachten, das Ergebnis eines Sekundärmechanismus ist, der am Östrogenzyklus hängt. Shlomo hat an Methylierungsexperimenten gearbeitet, kann aber Deine Ergebnisse mit der Kreuzbefruchtungstechnik nicht replizieren. Ich würde das gerne mal mit Dir durchsprechen und auch sehen, was Deine Leute so machen.

Das bringt mich auf eine Neuigkeit für Dich, nämlich daß sich die Austauschprogrammler im September in New York treffen. Ich hätte gern Tamar und die Kinder mitgebracht, aber wir wollen den Jungen nicht aus der Schule nehmen. Deshalb komme ich alleine am 12. September in N. Y. an (Flug 342, Ankunft 2h, Kennedy) und werde wahrscheinlich nach dem Treffen etwa eine Woche bleiben, um ein paar Besuche zu machen und ein paar Seminare abzuhalten. Seid Ihr daran interessiert? – Bei der Östrogengeschichte sind ein paar recht faszinierende Sachen rausgekommen.

Ob es wohl für Sheila und Dich eine zu große Belästigung wäre, mich aufzunehmen? Ich bin nicht so gern in Hotels und liebe Familienatmosphäre. Ich werde ungefähr 2½ Wochen bleiben. Und wenn Sheila immer noch den alten Chevy zum Einkaufen in der Garage versteckt hat, könnte ich ihn mir dann wohl übers Wochenende ausborgen, um nach Boston rüberzufahren? Ich möchte – unter anderem – Walters Gruppe besuchen.

Uns ist noch nichts eingefallen, was ich Euch von hier mitbringen könnte, das Ihr noch nicht habt, aber Tamar hat einen Topf ihres hausgemachten Tomatenchutneys vorgeschlagen, das Euch so geschmeckt hat – es würde sicher gut zu den phantastischen T-bone-Steaks passen, die Ihr immer gemacht habt. Veranstaltet Ihr immer noch diese Grillparties im Garten, an die ich so gerne denke?

Mit ganz herzlichen Grüßen von uns allen hier,

Benjamin

Beispiel 2 Antwortbrief

New York
Juli ....

Lieber Benjamin,

es hat uns gefreut, von Dir zu hören. Ich hab mir schon gedacht, daß Du zum Programmler-Treffen auftauchen würdest. Ich freue mich auf einen Plausch über Shlomos Arbeit und natürlich über alles, was so in Deinem Labor abgeht.

Was das Wohnen bei uns angeht, hätten wir das natürlich mit Freuden getan, aber es gibt da ein Problem. Sheilas Schwester ist grade geschieden worden und bleibt den Sommer über bei uns. Mit ihren sechs Kindern und unseren vier ist es da recht eng und, offen gesagt, die reinste Hölle. Ich glaube, Du wirst froh sein über ein nettes, ruhiges Hotelzimmer – eigentlich würde ich am liebsten mitgehen! Laß mich wissen, ob ich Dir bei der Buchung behilflich sein kann, und vielleicht können Sheila und ich mit Dir im Hotel zu Abend essen, damit wir so richtig tratschen können. Ich schlage den 14. vor, denn Du willst bestimmt am 13. den Schlaf nachholen, wenn Du so spät ankommst. Ich empfehle Dir auch, ein Taxi direkt zum Hotel zu nehmen, denn der Flughafenbusdienst ist nachts ziemlich dünn, sogar in New York. Auch dann wirst Du wahrscheinlich nicht vor 5 Uhr dort sein.

Wie aufmerksam von Tamar, das Chutney zu schikken. Sie hätte sich wirklich nicht soviel Mühe machen sollen. Grillparties sind schwierig bei so einem großen Haushalt, wie wir ihn zur Zeit haben, aber normalerweise holen wir gefrorene Hamburger aus dem Supermarkt, und das Chutney schmeckt bestimmt auch dazu gut. Ich hoffe, Du machst mit.

Unter normalen Umständen hätten wir Dir natürlich auch gerne Sheilas Chevy geliehen. Aber im Moment wird er viel gebraucht, um die Kinder zur Sonntagsschule zu bringen, wie Du Dir vorstellen kannst. Damit Du kein Risiko eingehst, rate ich Dir, bei Hertz ein Auto zu mieten.

Erinnerst Du Dich an unseren zweiten Jungen, Philipp? Er ist jetzt 17, ob Du es glaubst oder nicht, und weil er ein Abenteurertyp ist, möchte er seine Sommerferien in Israel verbringen, mit ein paar Kameraden. Sie sind im Grunde gute Jungs, achtet also nicht auf die zerrissenen Jeans und die langen Haare! Sheila und ich sind überzeugt davon, daß das nur so eine Phase ist. Wie auch immer, könnten Du und Tamar ganz unauffällig für uns ein Auge auf sie haben, wenn sie da drüben sind? Sie brauchen wahrscheinlich bloß ab und zu ein Bad und ein Essen und für eine oder zwei Nächte das, was sie eine Falle nennen. Ihre Musik findet Ihr bestimmt interessant. Phil nimmt seine elektrische Gitarre mit, und einer der anderen Jungs spielt Schlagzeug (oder ersatzweise irgendeinen Kochtopf).

Wir freuen uns sehr darauf, Dich wiederzusehen,

Charles

Beispiel 3 Schlußantwortbrief

Tel Aviv
August ....

Lieber Charles,

wie ich Deinem Brief entnehme – er ist grade angekommen –, hast Du wirklich das Haus voll! Aber ich habe schon alles geregelt. Mir ist schließlich eingefallen, daß ich einen alten Onkel habe, der in Palisades, New Jersey, wohnt, grade über die Brücke, und weil ich Hotels wirklich nicht mag, habe ich an ihn geschrieben. Es stellte sich raus, daß sein Zimmergenosse grade gestorben war, und er hat die Erlaubnis bekommen, mich bei sich einzuquartieren. Bitte kommt deshalb am 14. zum Essen raus. Wie ich es verstanden habe, wird es eine leichte Mahlzeit um 18.30 Uhr sein. Danach wird zusammen gesungen.

Die Adresse ist:
Heim für die Betagten und Bedürftigen
Fort Lee, 1417
Palisades, New York

Ich rechne, die Fahrt von Euch ist nicht länger als 1½ Stunden, deshalb freu ich mich auf unser Treffen.

Shlomo ist ziemlich sicher, daß die Reaktion, die ihr gefunden habt, auf Verunreinigungen des Enzymsystems beruht – er findet sie nicht, wenn er mit dem doppelt gereinigten Wasserstoff arbeitet, aber sie tritt auf, wenn er den handelsüblichen direkt einsetzt. Jedenfalls wird es bestimmt interessant, darüber zu reden. Wir bereiten grade einen Artikel für BBA über diese Arbeit vor.

Philipp und seine Freunde sind herzlich willkommen. Hier ist die richtige Gegend für abenteuerlustige Jungs. Es gibt Ausflüge für junge Leute zu den Grenzbefestigungen, wo geschossen wird. Sie werden von Soldaten eskortiert, also ist es ziemlich sicher, glaube ich. Die Jungs dürfen auch gerne in unserem Garten kampieren (wie Du weißt, haben wir im Haus kaum Platz); wir haben ein vorzügliches Zelt, und dieses Jahr hat es nur ganz wenig Schlangen gegeben, weil der Sommer kühl war. Aber wie Du weißt, ist das Kaplan-Krankenhaus ja nur ein paar Minuten weg. Ich erwähne das wirklich nur, weil ich vermute, daß Sheila die normale besorgte Mutter ist.

Ich freue mich sehr darauf, Euch zu sehen,

Benjamin

P. S.: Erinnerst Du Dich an die hübsche Laborantin Mary, mit der Du zusammengearbeitet hast, als Du hier drüben warst? Sie ist jetzt verheiratet und hat grade ein Baby gekriegt (Frühgeburt). Sie läßt Dich ganz herzlich grüßen.

TEIL II

AM BUSEN DER NATUR

DARWIN, EDISON UND ZIMMERPFLANZEN: DER URSPRUNG DER STERBERATEN

Robert J. Sokol, Dr. med.*
Roberta S. Sokol, M. A.**
Detroit, MI

Einführung

Mit dem Aufkommen von Vasektomie und Tubensterilisation ist die Zahl der Kinder pro Haushalt gesunken. Infolgedessen haben viele amerikanische Aufsteiger der Mittelschicht sich darauf verlegt, Pflanzen aufzuziehen, um ihren Haushalt zu »bevölkern«. Unglücklicherweise ist die Sterblichkeitsrate dieser grünen Kinder sehr hoch. Im typischen Fall bleibt die Todesursache schwer feststellbar. Bei den nur zu üblichen Begräbnissen vermuten kenntnisreiche Chlorophile dann meist[1] – »zuviel Wasser« wie auch »zuwenig«, »zuviel Licht« wie »zuwenig« oder »zuwenig Dünger« wie auch »zuviel«. Ein neuerer Fall pflanzte jedoch eine neue Hypothese in den fruchtbaren Geist dieser Forscher.

Falldarstellung

Ein gesunder, sechs Jahre alter Ficus benjamina, der vor acht Monaten adoptiert worden war, entwickelte lebensbedrohliche Schuppen, kurz nachdem sein Halbbruder im Nachbartopf verblichen war. Veränderungen von Wasser, Licht und Düngerkonzentration blieben ohne Ergebnis. Da auf die Behandlung eines physischen Problems keine Reaktion erfolgte, wurde eine Beratung in psychokeramischer[2] Medizin eingeholt – vielleicht war psychosoziale Zerrüttung aufgrund eines Umzugs, wie bei Ficus oft beobachtet, das Problem. Ben, unser grüner Sohn, reagierte mit verstärkter Aloplezie.

Als das BAB/BAP-Verhältnis[3] kritisch wurde, schien eine Euthanasie der humanste Weg. Einer der Autoren (RSS) verabreichte rasch und schmerzlos ein starkes Gift (Malathion, 2 mg/kgPS***).

Erstaunlicherweise starb die Pflanze nicht; das BAB/BAP-Verhältnis erreichte Null.

* Dr. med. = Doktor mit eingegangenem Dachgarten
** M. A. = Malathion-Anwender
*** PS = per Stomata

Das Schlüsselergebnis dieses Falls war, daß das Gift offenbar eine signifikante Abnahme des BAB/BAP-Verhältnisses bewirkte. Dies ließ einen Mechanismus vermuten, der manchmal in der Neuroendokrinologie wirkt, nämlich Inhibition eines Inhibitors wie des prolaktininhibierenden Faktors (PIF) Polaktin. Außerdem legte das vorausgegangene Hinscheiden von Bens Bruder es nahe, das neonatale Konzept der nosokomialen Infektion anzuwenden. Histopathologische Gewebsuntersuchungen ergaben »Verdacht auf schwere Milbose«.****

Diese ätiologische Diagnose hat theoretische und praktische Implikationen. Auf der theoretischen Ebene liefert sie starke Bestätigung für Darwins Theorie. Als der Mensch (die Mensch, RSS) zum ersten Mal einige Pflanzen aus dem Dschungel in seine (ihre, RSS) Höhle zog, war er (sie, RSS) recht bestürzt über die Insekten von Brontosauriergröße, die sie bewohnten. Raus kamen die Pflanzen und starben bald. Die Käfer waren heimatlos und starben auch. Ein paar Pflanzen wurden von kleinen Schädlingen bewohnt. Im Dunkel der Höhlen fielen sie nie auf. Der Prozeß zog sich Jahrtausende hin – Überleben der Kleinsten. Es lief alles gut für das Viehzeug, bis Thomas Edison es mit seiner Glühbirne fast umgebracht hätte – plötzlich verloren die Krabbeltiere ihre Haustarnkappe. Dies erklärt übrigens die Kamikaze-Angriffe des Insektenvolks auf jede brennende Glühbirne. Aber wir schweifen ab. Der Evolutionsdruck in Richtung Mikrominiaturisierung (die japanischen Käfer führen da) war beträchtlich. Mitte der siebziger Jahre war das Kriechzeug fast mikroskopisch klein geworden. Daher der heutige Zimmerpflanzenboom trotz Würmern, Läusen und den alles vernichtenden Thrips.

LITERATUR

1 Norfolk et al.: Das irische Immergrün: Eine Quelle für Nadeln zur I. P. (intrapflanzlichen) Injektion, *O'Lancet*. In Druck.

2 Yoyo, Ura: Übertöpfe und Übergeschnappte: finanzielle Aspekte der Phytopsychotherapie. *Nordkorean. Zeitschrift für Botanik und Finanzwesen, 15: 232–198, 1984.*

3 Pflaume, Sone: Das Verhältnis von Blättern auf dem Boden zu Blättern auf der Pflanze, in: »Memoiren eines berauschten Hausgärtners«, Sonst Um Verlag, Cleveland, 1975, S. 15023–16142.

**** Milbose = voller Milben

DAS ZEITALTER DER ERLEUCHTUNG ENDET

Kirk R. Smith
Umwelt- und Gesundheitswissenschaften
Warren Hall
Universität von Kalifornien
Berkeley, 94720

So etwas wie Licht gibt es nicht. Was es im Universum gibt, ist Dunkelheit.[1] Aus einfachen Beobachtungen erhellt sich, daß das so ist.

Was wir Licht nennen, ist das bloße Fehlen von Dunkelheit. Diese entsteht kontinuierlich. So schnell sie auch vertrieben wird, immer mehr erfüllt den Raum.

Diese Fakten können wir leicht bestätigen; sie sind nur lange von der Dickköpfigkeit verborgen worden, mit der ›helle‹ Wissenschaftler an ihren blendenden, aber nichts weniger als brillianten Theorien festgehalten haben.[2]

Was wir Lichtquellen genannt haben, sind in Wirklichkeit Dunkellöcher. Sie sind Orte, in die Dunkelheit eingesaugt wird.* Mehr Dunkelheit entsteht und wird in das »Licht« eingesaugt. Es bewegt sich mit Dunkelheitsgeschwindigkeit, die relativ hoch ist. Man kann oft beobachten, daß »Glühbirnen« nach dem Durchbrennen innen eine gewisse Menge Dunkelheit enthalten. Die Dunkelheit hat sie verstopft. Normalerweise wird natürlich die Dunkelheit von den Glühdrähten aufgesaugt und in Kraftwerke geleitet, wo sie in Form von Luft- und Wasserdunkelheit (Rauch und Umweltverschmutzung) wieder an die Welt abgegeben wird.

Ein Feuer im Kamin zieht mit chemischer Energie die Dunkelheit aus dem Raum und läßt danach einen Aschenkasten voll davon zurück. Schatten werden einfach von Gegenständen erzeugt, die im Weg sind. Die Dunkelheit kommt auf ihrem Weg zum Dunkelloch nicht daran vorbei.

Ich argwöhne, daß ein Physiker, der konservativ sowohl seiner Natur als auch seiner Rechtsauffassung nach ist, diese radikale neue Theorie nicht ohne Unwillen akzeptieren wird.

»Und was ist mit dem ›Lichtdruck‹?« wird er düster grummeln. Ganz einfach: Wenn die Dunkelheit weggesaugt wird, entsteht neue Dunkelheit, die ihren Platz einnimmt. Diese neue Dunkelheit entsteht wie bei der Paarbildung. Das neue Dunkelheitsteilchen (Dunkelon) bewegt sich mit derselben Geschwindigkeit und demselben Impuls rückwärts, wie das Dunkelon weggesaugt wird (siehe Abbildung I). Da hinter dem geschobenen Objekt kein neues Dunkelon entsteht, gibt es keinen Stoß von hinten. Der Druck liegt ganz auf einer Seite und resultiert in einem Effektivdruck weg von dem Dunkelloch.

Der photoelektrische Effekt? Bloß das Dunkelon, das auf seinem Weg zum Loch oder, nachdem es neu entstanden ist, einem Elektron begegnet.

Farben? Verschieden geformte Dunkelone. Siehe Abbildung II zu den wahrscheinlichsten Gestalten. Wir können aufgrund dieser Formen verschiedene Farben sehen. Wenn das aus der Paarproduktion neu entstandene Dunkelon eine gelbe Form hat, paßt es in Enzyme in unserem Auge wie in Abbildung III. Wie wir aus molekularbiologischen Büchern wissen, haben Enzyme die richtigen Gestalten, um alle möglichen Farbenformen zu identifizieren.[3]

Dies ist keinesfalls eine Enthüllung, die man nur oberflächlich beleuchten sollte. Unsere Weltsicht wird sich zusehends ändern. »Wie der Sonnenaufgang die Täler der Dunkelheit leert« wird zur präzisen wissenschaftlichen Beschreibung, statt poetische Vision zu sein. Die Grundbegriffe der Philosophie werden geändert werden müssen.[4] »Es werde ein Dunkelloch«? Aber zuerst mußte Dunkelheit da sein. Vielleicht sollten wir das alte Sprichwort ändern, uns direkt der Quelle zuwenden und in der Tat die Dunkelheit verfluchen.

---

[1] R. R. Lyrae: »Sprechen in Variablen«, Zeitschrift für Mikrowellenastrologie 11:45, 1963.

[2] Die ersten Hinweise auf diese Denkrichtung entwickelten sich aus meteorologischer Forschung im botanischen Garten. Bei der Untersuchung der möglichen Beziehungen zwischen Bäumen und dem Wind mit der Methode der Mehrfachhypothese stellte sich heraus, daß in Wirklichkeit der Wind von der fächerartigen Bewegung der Wälder verursacht wird. In keinem Fall wurde Wind ohne Baumbewegung beobachtet.
S. Maizlish, »Waldbeobachtung trotz Sturm«, Zeitschrift für forensische Forstwissenschaft, Ohio 12:31, 1945.

* Siehe dazu DeLucas, J. L.: »Die Dunkelbirne«, *Journal der unwiederholbaren Experimente*, Frankfurt, Krüger, 1986, S. 180–181.

[3] Die »Photo«synthese ist die Umkehrung davon.

[4] D. Koch, »Das Eigentliche«, Monatsschrift für einschaltbare Lust 7:25, 1955.

ABBILDUNG I

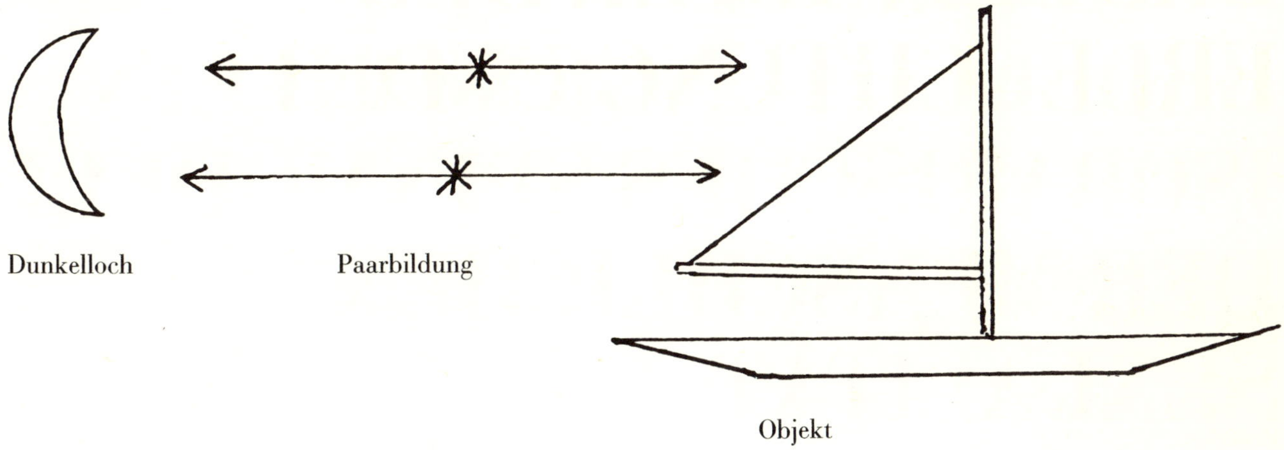

ABBILDUNG II

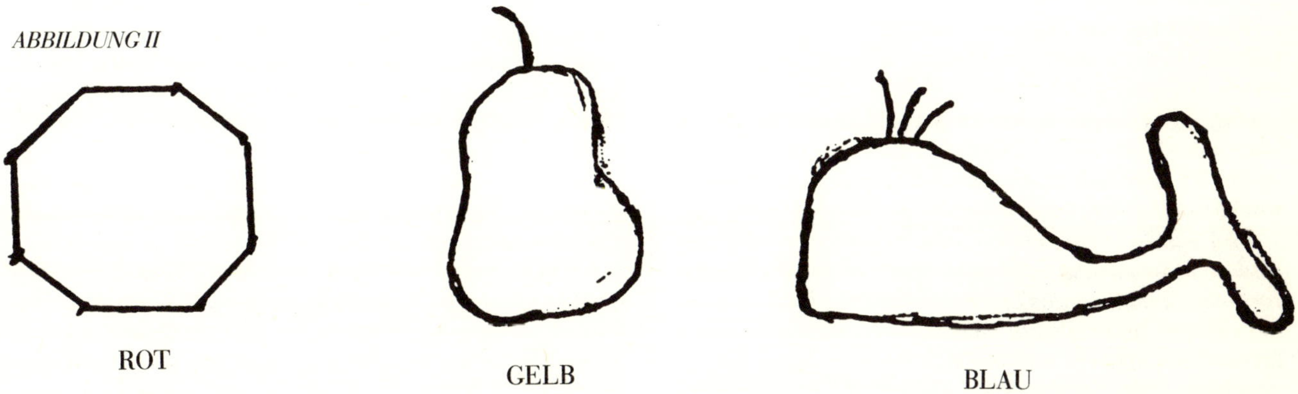

ABBILDUNG III

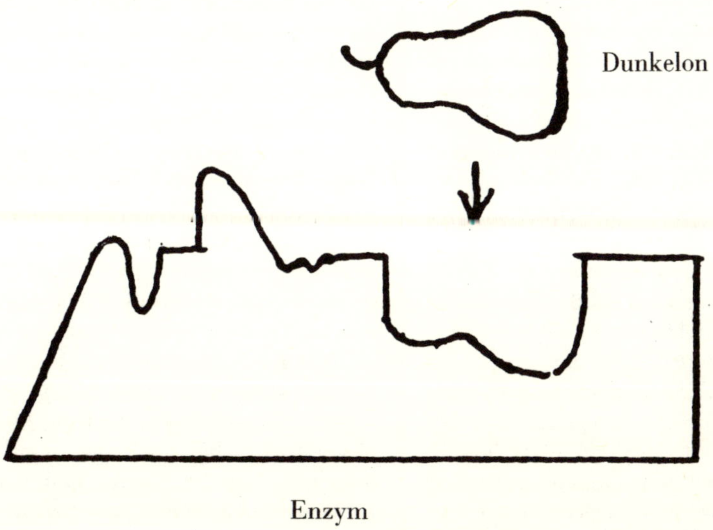

VORBEREITENDE BEOBACHTUNGEN FÜR EIN ISOBARISCHES SPINMODELL DER MENSCHLICHEN SEXUALITÄT

A. W. Kuhfeld et al.
M. I. T. (Monster-Institut von Transsylvanien)
Black, Mass.

Zusammenfassung: *Die Sexualforschung ist lange von der verbreiteten Praxis behindert worden, den männlichen und den weiblichen Menschen als zwei getrennte Entitäten zu betrachten, die völlig beziehungslose Eigenschaften haben. Den klarsten Ausdruck dieser Haltung findet man vielleicht in dem irrigen System der experimentellen Eichung, das oft als Doppelstandard bezeichnet wird. Es gibt vielmehr eine enge Beziehung zwischen diesen beiden Menschenformen, wie neuere Experimente schlüssig gezeigt haben. Diese Beziehung ist verschiedenen Formalismen der modernen physikalischen Wissenschaft zugänglich.*

Bestimmte Aspekte der menschlichen Sexualität sind detailliert mit den Methoden der Kernphysik untersucht worden[1], aber das Gebiet ist immer noch weithin unerforscht. Im besonderen ist es erstaunlich, daß die starken Methoden der Gruppentheorie nie auf das Phänomen angewandt wurden, betrachtet man die gut belegte Tatsache, daß der Großteil des menschlichen Sexualverhaltens sich in Gruppen von zwei oder mehr Personen vollzieht. Das hervorstechendste menschliche Sexualitätsmerkmal ist der Dualismus, der vermuten läßt, ein isobarischer Spinformalismus auf der vertrauten Grundlage des $t = ½$ Baryonpaars sei unmittelbar anwendbar.

Im allgemeinen wird dem Mann zugestanden, daß er beim Sex weit mehr aufgeladen wird als die Frau[2] (obwohl dieser Befund kürzlich von Huang, Peng und Seufz[3] mit dem Argument angezweifelt wurde, daß durch das Fehlen des männlichen eingipfligen Emissionsmechanismus die in Wahrheit noch größere Anregung der Frau verdeckt wird, was dem Mann eine scheinbar höhere Übergangsrate zum nicht angeregten Zustand gibt). Wir können daher versuchsweise $t_z = + ½$ dem Mann und $- ½$ der Frau zuweisen. Falls die Arbeiten, die jetzt an fast allen Universitäten mit geeigneten Forschungseinrichtungen auf dem Gebiet der Sexualforschung durchgeführt werden, Ergebnisse liefern, die eine Modifikation dieser Annahme erfordern, können wir einfach eine Ähnlichkeitstransformation auf alle Ergebnisse anwenden, die unter dieser Annahme erzielt wurden.

Ein weiterer wichtiger Aspekt des Problems ist die Statistik, da sie wesentliche Aussagen über die sexuellen Beziehungen zwischen Isospin-Paarung und räumlichem Verhalten macht. Frühe und leicht erhaltene Daten über die Abweichung von Menschen vom Verhalten eines idealen Gases bei Raumtemperatur würden nahelegen, daß Menschen eher Fermionen sind als Bosonen. Denn besonders wenn Menschen zusammengepreßt werden, tendieren sie dazu, eine möglichst große durchschnittliche zwischenmenschliche Distanz aufrechtzuerhalten. Insbesondere in Aufzügen und Bussen fällt auf, daß es für die Personendichte eine Obergrenze gibt, die nur mit großem Druck asymptotisch angenähert wird. Es stimmt, daß die durchschnittliche M-F-Distanz kleiner ist als die durchschnittliche M-M-Distanz oder F-F-Distanz, was das Fermionmodell stark unterstützt, aber dieses Verhalten könnte von den Systempotentialen gesteuert sein. Es ist bekannt, daß viele anscheinend attraktive Menschen repulsive Kerne besitzen.

Stärkere Bestätigung für die Vermutung fermionischen Verhaltens bei Menschen liefert die Beobachtung der reinen $T = 1$-Zustände M-M und F-F. In dem eng interagierenden System ist das gewöhnlich beobachtete Verhalten antisymmetrisch, wobei die Menschen in entgegengesetzte Richtungen orientiert sind. Da dies ein S-Zustand ist (die einzige relative Bewegung ist eher radial als angulär), implizieren entgegengesetzte intrinsische Orientierungen Antisymmetrie. Das Analogon dieses $T = 1$-Zustands wird auch im M-F-System beobachtet, obwohl es bisher nicht genug valide Forschungsergebnisse gibt, um die relative Amplitude solchen Verhaltens zu bestimmen. Stellt sich heraus, daß es mit gleicher

Stärke in den F-F-, M-F- und M-M-Systemen auftritt, dann wird unser isobarisches Spinmodell aufrechterhalten. In jedem Fall hat das T = 0-Paar, wobei M und F parallele Orientierungen haben, das Übergewicht. Das bedeutet, daß die T = 0-Anziehung viel stärker ist als T = 1 unter normalen Bedingungen.

Zum Unglück für die Annahme oder Zurückweisung der gruppentheoretischen Hypothese ereignen sich weitaus die meisten Experimente in der Interaktion von Menschen im T = 0-, räumlich symmetrischen M-F-Zustand. Das überrascht nicht, denn das T = 0-Verhalten ist den meisten Forschern (mit ihren beschränkten finanziellen Mitteln und Spezialgeräten) weit leichter zugänglich als das theoretisch komplexere T = 1-System. Es gibt eine erstaunliche Informationslücke über den isolierten t = ½-Menschen in der Literatur, obwohl es doch zuerst so aussieht, als sei die Untersuchung dieses Systems die einfachste von allen. (Wir können spekulieren, daß die Regierung dieVerbreitung von Information über den t = ½-Zustand als Gefährdung der nationalen Sicherheit betrachtet und deshalb jede Erwähnung des Themas unterdrückt. Das erscheint unbeweisbar, da t = ½-Verhalten selten zu beobachtbaren Konsequenzen führt, während T = 0-Interaktionen offenbar die Hauptmotivation für viele Menschen liefern. Es könnte sein, daß die Regierung den vielen Forderungen danach, ein Feedback in t = ½-Zustand zu versuchen, nachgekommen ist und daß ihr ein Durchbruch gelungen ist.) Im Gleichgewicht jedoch scheint es wahrscheinlich, daß die meisten Forscher das t = ½-System nur als Vorbereitung für T = 0- und T = 1-Untersuchungen interessant finden. Da es auf diesem Gebiet keine Tradition des »Veröffentlicht- oder Vergessenwerdens« gibt – schon an sich eine einzigartige Situation –, würde dies die spärliche Literatur erklären.) Obwohl dieses Modell für die Evaluation vieler Merkmale der menschlichen Sexualität äußerst vielversprechend ist, ist es nicht völlig valide. Da die Masse der Frauen geringer ist als die der Männer, sind sie offenbar mit einem isobarischen Modell nicht vollständig zu beschreiben. Auch scheinen die Mesonen, die die Interaktion vermitteln, fast ganz von den Männern emittiert und von den Frauen absorbiert zu werden. Bei den Frauen wurde ein metastabiler Zustand mit einer Lebensdauer von neun Monaten beobachtet, während eine multiple Emission von diesem metastabilen Zustand auch selten vorkommt (mit einer geringfügig kürzeren durchschnittlichen Lebenszeit). Diese Metastabilität fehlt beim Mann vollständig. Es ist daher offensichtlich, daß hier eine symmetriebrechende Interaktion besteht. Diese Interaktion kann in den meisten Fällen nur als Störung behandelt werden; sie stört am meisten, wenn der metastabile Zustand erregt wird, da diese Erregung eine symmetriebrechende Interaktion *erfordert.*

Trotz der Inadäquatheiten des isobarischen Spinmodells weist es doch der zukünftigen Forschung viele Wege. Der fruchtbarste Ansatz wären vielleicht die hocherregten Zustände des Vielkörperproblems (in der Populärliteratur als »Orgie« bezeichnet). Wenn wir annehmen, daß alle Interaktionen die Summe der beteiligten Zweikörperinteraktionen sind, dann können wir sofort

vorhersagen, daß im Dreikörperproblem der T = ½-Zustand den T = 3/2-Zustand dominiert und daß der Beitrag von T = ½ von einer starken M-F-T = 0-Paarung kommt und der restliche Mensch lose an dieses Paar gekoppelt ist. Eine Untersuchung dieses Systems als Funktion des Valenz-Menschen t_z könnte die symmetriebrechende Interaktion ein Stück weit erhellen.

ANMERKUNGEN

1 »Die Quantenmechanik des Sex«, Alois Ü. Bel, *Zeitschrift der Science-fiction Gesellschaft des M. I. T.*, 69, 20–443 (1984).

2 »Haben Kinder soviel Spaß an Kindern wie Ausgewachsene an Auswüchsen?«, Froid, S., *Abweichende Psychophysik*, 1 1–2 (1894).

3 »Über bestimmte Aspekte bestimmter Interaktionen, bei denen alles unbestimmt ist«, Huang, Peng und Seufz, *Comptes Hebdomadaires de la Societé des Aphrodites Anonymes*, .236A 56–100 (1966).

TEIL III

WERDEN WIR MAL META-PHYSISCH

LAZARUS' LETZTER WILLE UND SEIN TESTAMENT

W. R. Fahrner und D. Decman
Hahn-Meitner-Institut für Kernforschung
Berlin

Die Frage nach Lazarus' letztem Willen und seinem Testament ist ein wichtiges juristisches Problem, das bisher zuwenig gebührende Aufmerksamkeit erhalten hat. Vielleicht überrascht es, daß diese Untersuchung von Festkörper- und Kernphysikern an einem Institut für Kernforschung durchgeführt wird. Man muß jedoch bedenken, daß das deutsche Ministerium für Forschung und Technologie von Juristen geleitet wird; in diesem Hinblick ist die Nützlichkeit dieses Berichts auch dem Laien einsichtig.

Das hier behandelte Problem kann in einem einzigen Satz ausgedrückt werden: Welche rechtlichen Konsequenzen hat Lazarus' Auferstehung? Da gibt es zunächst Erbschaftsschwierigkeiten: Kann Lazarus seinen Besitz zurückfordern? Betrachten wir die Zeitumstände. Es gibt keinen Totenschein, aber das ist in dieser Epoche normal. Einige hundert glaubwürdige Zeugen bestätigen, daß der Tod eingetreten ist. Sein Eigentum wird nach seinem letzten Willen oder, falls keiner vorhanden ist, nach Gerichtsentscheid geteilt. Plötzlich kommt Lazarus zurück und kann alles zurückfordern, was sein war. Offensichtlich hat Lazarus dies nicht versucht. Deshalb müssen die Erben zur Zeit seines zweiten (endgültigen) Todes nun gegen die Erben zur Zeit seines ersten Todes klagen. Wie kann man dieses Problem lösen?

In bezug auf die Klage können wir einfach sagen, daß Lazarus und seine »zweiten« Erben nur eine geringe Chance hätten. Seine einzige Hoffnung liegt darin, daß er selbst sein nächster Verwandter ist und als solcher einen größeren Anspruch hat als andere potentielle Erben. Andererseits könnte er seinen Fall als dem eines ungeborenen Kindes ähnlich darstellen und seine Position in der Erbenreihe behaupten. Diese Entscheidung hätte Nachteile, d. h., Lazarus müßte vielleicht die Schule ein zweites Mal besuchen und vielleicht auch Militärdienst leisten.

Das sind nur einige der Probleme, mit denen dieser arme Mann kämpfen muß. Wenn seine Witwe wieder heiratet, lebt sie dann in Bigamie? Wenn er eine Lebensversicherung abschließt, welches Alter wird dann seinen Prämien zugrunde gelegt? Kurz, wir sollten diesen Mann bedauern. Es könnte die weitverbreitete Meinung bestehen, das Problem »Lazarus« sei ein Einzelfall und deshalb ohne weitere Bedeutung. Diese Meinung ist falsch.

Erinnern wir uns an einige sehr frische Ereignisse oder an Personen, die bestimmt jeder von uns kennt: erstens Alkestis, griechische Königin, die für ihren Gemahl Admetos den Tod auf sich nahm. Dieser hatte sein Versprechen, der Göttin Artemis zu opfern, gebrochen und wurde zum Tod verdammt, wenn nicht jemand anders für ihn sterben würde. Herakles kämpfte in der Unterwelt um Alkestis' Leben und brachte sie aus dem Hades zurück.

Damit haben wir eine andere Person genannt, die sehr oft zwischen Tod und Leben wechselte, nämlich Herakles. Er liebte seine Beschäftigung. Eine dritte Person hatte weniger Glück: Theseus wollte Persephone aus dem Hades befreien, wurde aber gefangengenommen und nur mit Herakles' Hilfe gerettet.

Es ist evident, daß unsere Geschichtsbücher von solchen Wiederauferstehungen überquellen. Zu unserer Überraschung finden sich in den Zeitungen keine »Auferstehungs«spalten neben den Todesanzeigen. Wir fordern daher ein Ende des gesetzlichen Vakuums für die Betroffenen: Der deutsche Bundestag muß für dieses schwebende juristische Problem eine Lösung durch eine Lex Lazarus finden.

COMPUTERPROGRAMM ELIMINIERT VIRTUELL MASCHINENFEHLER

W. S. Minkler jr.
Pittsburgh

Sprecher einer örtlichen Elektronikfirma haben ein Computerprogramm vorgestellt, das – mittels neuer Anwendung einer alten Technik – Zeitverluste durch Fehlfunktion von Computerteilen virtuell verhindert. Das Programm heißt OREMA (vom lateinischen *oremus*, das ›lasset uns beten‹ bedeutet) und betet zu bestimmten Zeitintervallen für die fehlerlose Funktion von Speichereinheiten, Bandtransport und anderer Elemente, die alle ab und zu etwas unzuverlässig sind.

OREMA ist in der Struktur prinzipiell liturgisch und benutzt Standardfür- und Gnadenbitten, die auf dem Magnetband in Latein, Hebräisch und FORTRAN gespeichert sind. Dreimal täglich führt es reguläre Wartungsdienste automatisch durch, und Bedienungsinterventionen sind nur erforderlich, um Bänder zu wechseln und auf der Tastaturkonsole Antworten einzugeben wie »Amen« oder »Und mit deinem Geist«.

Gebete in Hebräisch und FORTRAN werden der CPU direkt angeboten, lateinische Gebete können jedoch in die Peripherie zum Transfer an die CPU mittels interner Subroutinen eingegeben werden.

Obwohl Gebetsrollen, die die Hersteller mitliefern, alle heute bekannten Maschinenfehler berücksichtigen, fügt das Programm nach Bedarf jedem Band Gebete auf Lochkarten nach dem letzten vorhandenen Amen-Block hinzu. Für Regierungsanlagen sind geheime Gebetsrollen lieferbar.

Bei Versuchen auf ausgewählten Maschinen reduzierte OREMA die durchschnittliche Ausfallzeit aufgrund von Maschinenversagen um 98,2%. Der Sprecher des Herstellers betonte jedoch, daß OREMA zur Zeit nur vor Fehlfunktionen der Hardware schützt.

Benutzerfehler und andere menschliche Schnitzer werden weiter unvermeidbar bleiben, bis eine spätere Version fertig entwickelt ist, die SÜN-OREMA heißen wird.

Einen Freudensprung macht diese Benutzerin des OREMA-Programms – kein Text stürzt mehr ohne liturgischen Beistand ab.

Nachdruck aus Data Link, März 1966, die den Artikel aus THE SOURCE (Pittsburgh Section of American Nuclear Society), Januar 1965, nachdruckte.
Eingesandt von: R. B. Gordon (Raytheon)

DIE SCHÖPFUNG NEU ERKLÄRT ODER EINE EINFACHE UND GERADLINIGE ABHANDLUNG ZUR ERKLÄRUNG DES BISHER KOMPLIZIERTEN STUDIUMS DER ENTSTEHUNG DES UNIVERSUMS

Es scheint, als seien die Experten
gescheitert, nach allem, was wir hörten,
zu erklären uns das All,
einfach, schlüssig, Knall auf Fall
ganz erheblich die Fakten sie störten.

Erst jetzt hat's ein Denker gefunden,
der Natur das Geheimnis entwunden,
der sagt jetzt dem Land,
wie's Universum entstand,
alle Unklarheit ist nun verschwunden.

Albin Chaplin
15361 Grandville
Detroit, Michigan
48223

Die Entstehung des Universums ist ständig diskutiert worden, seit der Mensch sprechen gelernt hat, und aus einer Vielzahl von Vorstellungen haben sich drei in den Vordergrund gespielt. Aber bis heute war noch niemand in der Lage, nur eine Theorie zu beweisen und alle anderen zu widerlegen. Diese Abhandlung wird vorgelegt, um die Diskrepanz ein für allemal aufzuklären. Die drei möglichen Theorien der Entstehung des Universums sind allen wohlbekannt und sehen folgendermaßen aus: 1. Das Universum ist stabil; 2. Das Universum hat einen Anfang und daher als Implikation ein Ende; 3. Das Universum pulsiert und hat weder Anfang noch Ende. Alle anderen Theorien beruhen in so hohem Maße auf Vermutungen, daß sie in einer Diskussion dieser Art keinen Platz haben.

Betrachten wir den ersten Vorschlag, den des stabilen Universums: Ein stabiles Universum bedeutet ein veränderungsloses Universum, also ein Universum, das immer da war und immer da sein wird. In dieser Art Universum kann nichts geschaffen oder vernichtet werden. Das paßt zum ersten Hauptsatz der Thermodynamik, aber in einem veränderungslosen Universum kann es keinen Fortschritt und keine Evolution geben. Es kann keinen Garten Eden geben, keinen Adam und keine Eva, es kann nicht aufsteigen und untergehen, und an diesem Punkt widerspricht es dem zweiten Hauptsatz der Thermodynamik.

Da die einfache Beobachtung darauf hinweist, daß die Sonne erlischt, Supernovas da und dort ausbrechen, Galaxien sich entfernen, dürfen wir wohl schließen, daß wir ziemlich sicher kein Teil eines stabilen Universums sind.

Wenn wir die Menge der Materie in einem stabilen Universum zu einer bestimmten Zeit aufzeichnen wür-

ABBILDUNG 1

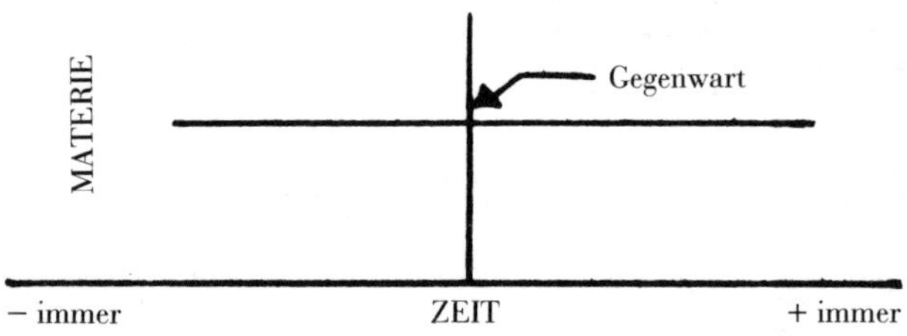

den, würden wir eine Kurve wie in Abbildung 1 (siehe oben) dargestellt erhalten.

Aus Abbildung 1 ersieht man leicht, daß es keine Veränderungen zum Besseren oder Schlechteren gibt und daß überhaupt nichts passiert. Das ist offensichtlich nicht der Fall, denn in unserem Universum, und besonders auf unserem Planeten, passiert immer was.

Wir können schließen, daß wir nicht in einem stabilen Universum leben.

Die zweite Theorie ist bei weitem nicht so einfach wie die erste Theorie. Diese Theorie nimmt an, daß das Universum einen Anfang gehabt hat und deshalb auch ein Ende haben muß.

In dieser Art Universum impliziert ›Anfang‹, daß vor dem Anfang nichts war, absolut und kategorisch nichts – nur ein riesiger, leerer Raum. Das ist sehr schwierig vorzustellen; eigentlich ist es unmöglich, solch einen Zustand der Dinge zu begreifen oder, wie man es wohl passender formulieren könnte, solch einen Zustand der Nichtse.

Aus diesem Nichts heraus werden wir plötzlich in ein riesiges Universum geworfen, in einem einzigen Augenblick, mit einem Urknall sozusagen, und das nennt man oft die Urknalltheorie. Wenn wir uns jetzt vorstellen könnten, wie dieses Universum spontan mit einem Urknall entsteht, und die Materie gegen die Zeit auftrügen, bekämen wir einen Graphen der Entstehung des Universums wie in Abbildung 2.

ABBILDUNG 2

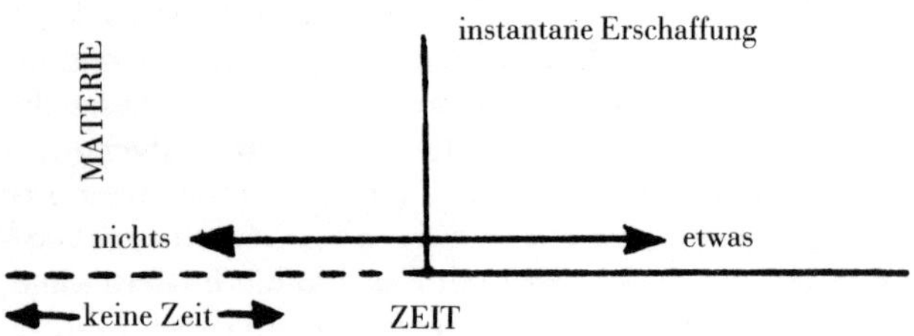

Obwohl wir uns nicht vorstellen können, daß Zeit existiert und Materie nicht, wird zu einer bestimmten Zeit in dem Graphen ein Punkt erscheinen, der x Materieatome, geschaffen in null Zeiteinheiten, darstellt. Zur selben Zeit, oder im selben Moment, wenn Sie so wollen, wird die Zeit beginnen, und sie wird unerbittlich in eine Richtung voranfließen, weil sie undirektional ist, und sie wird immer weiterfließen bis zum Ende der Zeit und nicht einen Moment weniger.

Das ist der Anfang des Universums; eine Uhr ist entstanden, und im selben Moment, oder zur selben Zeit, wenn Sie wollen, hat sie angefangen, die Stunden zu schlagen und das Leben dieses neuen Universums zu messen, das in einem Zustand niedriger Entropie entstand. Von ihm aus geht es gemäß dem zweiten Hauptsatz der Thermodynamik erbarmungslos unter wie ein Kind, das nach dem Auftauchen aus einem mystischen und formlosen Leib unabweisbar mit der Aussicht auf den Tod konfrontiert ist.

Ist das Universum, lange bevor die Entropie ihr Maximum erreicht hat, dazu verdammt, in einem blendenden Blitz zu verschwinden? Aber nein, denn ein Blitz impliziert die Umwandlung von Materie in Licht und Wärme, was nur eine andere Form von Energie ist. Deshalb wird das Universum in einem glanzlosen Nichts untergehen, plötzlich und unmöglich zu beobachten. Das Auge, wie sehr es sich auch anstrengen mag, wird nichts sehen können, weil es kein Auge geben wird, um etwas zu sehen. Alle Lichtwellen, die sich Septillionen Kilometer weit in alle Richtungen des Raums erstrecken, werden plötzlich überwunden sein, und diese Lichtwellen werden in einem Nu ausgelöscht und in Nichts verwandelt werden. Das ist natürlich vollständig möglich, denn nichts pflanzt sich schneller fort als das Licht.

Der Graph der Anihilierung des Universums würde wie in Abbildung 3 aussehen.

ABBILDUNG 3

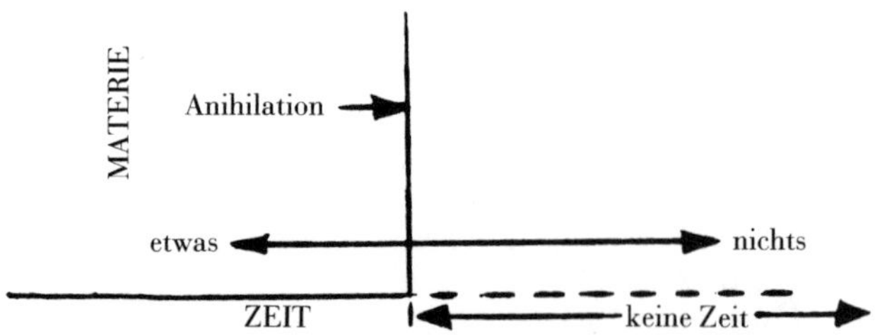

Um den Graphen für die Existenz des Universums darzustellen, können wir die Graphen der Abbildungen 2 und 3 verbinden, den Bereich vergrößern, der das spontane Entstehen darstellt, ihn um der Klarheit willen zweiteilen, und wir haben als Ergebnis die Abbildung 4.

ABBILDUNG 4

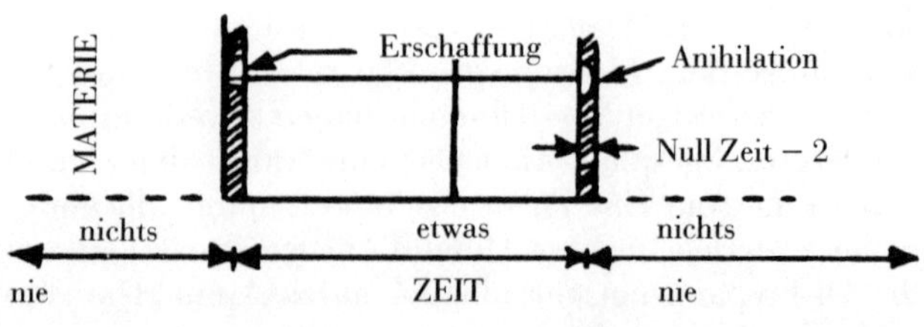

Beachten Sie, daß die vertikalen Linien, die durch die Halbpunkte gehen, in Wirklichkeit keine Breite haben, aber verbreitert wurden, um mit dem spontanen Entstehen und der spontanen Anihilation übereinzustimmen.

ABBILDUNG 4a

ABBILDUNG 4b

Die Abbildungen 4a und 4b werden zur weiteren Erläuterung beigefügt. Sie zeigen die Veränderung der Graphen der Materie mit der Zeit auf dem rechten und dem linken »Zeit«-Anteil von Abbildung 4. Natürlich ist eigentlich nichts zu sehen, da die Zeit nicht existiert, und daher nimmt nichts die Stelle der Zeit auf der Abszisse ein. Die Plus- und Minuswerte sollten sich von selbst erklären.

Jetzt können wir zur zweiten Version der zweiten Theorie kommen, wonach das Universum in einer bestimmten Zeitspanne und nicht schlagartig geschaffen wurde, sei sie sechs Tage oder sechs Mikrosekunden lang gewesen. Ein Graph, der die Entstehung der Materie gegen die Zeit aufträgt, wird in Abbildung 5 gezeigt.

ABBILDUNG 5

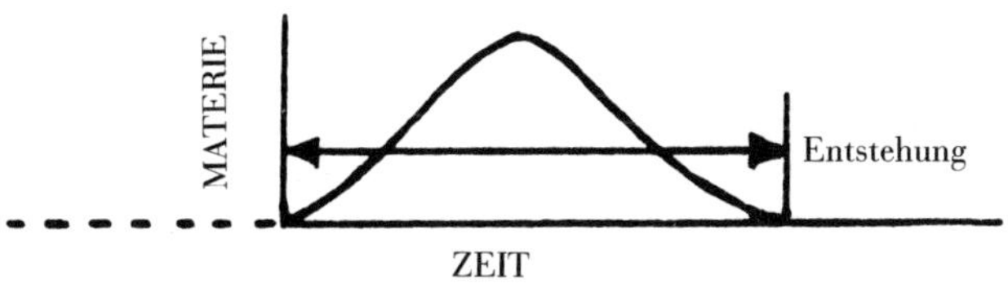

Die Fläche unter der Kurve stellt die Gesamtmenge der Materie im Universum dar. Die Zeit beginnt mit der Erschaffung der Materie und läuft so lange weiter, wie die Materie existiert. Das ist ein vorzügliches Beispiel für die Urknalltheorie, nach der das Universum in einer begrenzten Zeit entstand.

Wir müssen immer noch mit der Anihilation des Universums fertig werden, wo Materie und Zeit aufhören zu existieren. Wenn wir einmal vorausgesetzt haben, daß es dauert, das Universum zu erschaffen, dann folgt ipso facto, daß es auch dauert, das Universum zu zerstören. Das ist die Umkehrung des Urknalls und wird in Abbildung 6 gezeigt.

Nehmen wir Abbildung 5 und 6 zusammen, dann haben wir die vollständige Geschichte des Universums nach der Urknalltheorie, Version zwei, und das wird in Abbildung 7 dargestellt.

So sehen wir, daß nach dieser Theorie das Universum mit einem fantastischen KNALL entsteht, über ein gan-

ABBILDUNG 6

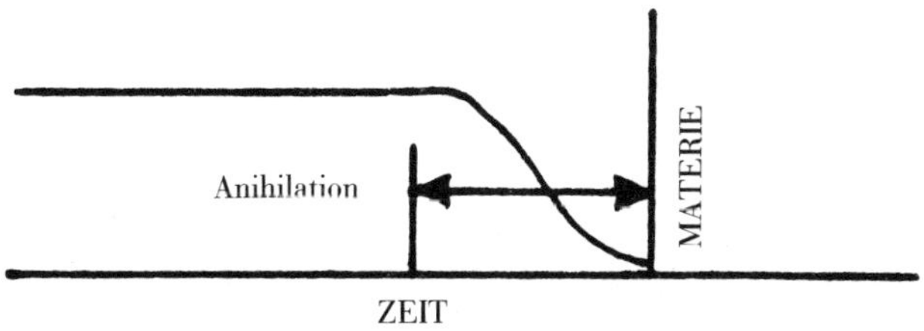

ABBILDUNG 7

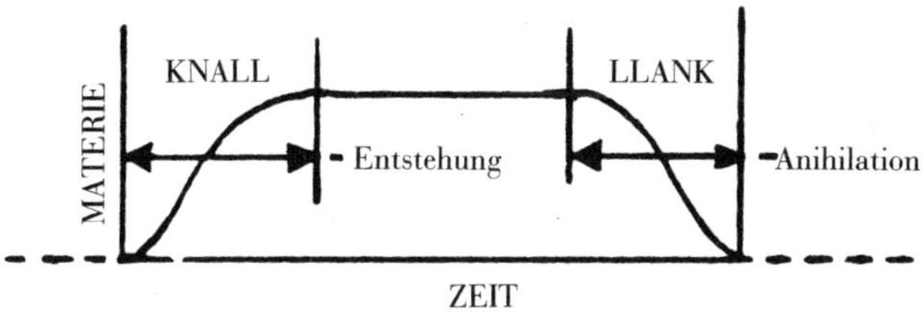

zes Äon (ein unbestimmter Zeitraum) besteht und dann in derselben Zeit, in der es entstanden ist, mit einem unerhörten LLANK oder einem fürchterlichen SCHLLP, verschwindet (SCHLLP spricht man aus, indem man mit gespitzten Lippen Luft einsaugt).

Betrachten wir die beiden Versionen der zweiten Theorie: Obwohl diese Art des Entstehens sich zur graphischen Analyse geradezu anbietet, vom Laien leicht verstanden und einfach interpretiert und gezeichnet werden kann, widerspricht sie dem ersten Hauptsatz der Thermodynamik, der besagt, daß Materie und Energie weder geschaffen noch vernichtet werden können. Darüber hinaus gerät sie in Konflikt mit dem zweiten Hauptsatz der Thermodynamik, der besagt, daß die Entropie in einem geschlossenen System zunimmt, wohingegen das plötzliche Entstehen des Universums eine plötzliche Abnahme der Entropie von einem Ausgangszustand aus impliziert, in dem keine Entropie existierte. Dieses ganze Ereignis ist ein einmaliges Phänomen, und in dem geordneten Reich der Wissenschaft gehört es sich nicht, aus einem einzigen nur teilweise beobachtbaren Ereignis einen Schluß zu ziehen oder ein Gesetz zu formulieren.* Daraus folgt, daß wir den zweiten Hauptsatz der Thermodynamik mit Mißtrauen betrachten müssen, und ich fürchte, dieses Gesetz muß weiterer kritischer und unvoreingenommener Untersuchung unterzogen werden.

Diese Beobachtungen zur zweiten Theorie, Versionen eins und zwei, könnten zu dem Schluß verführen, daß sich das Universum nicht mit einem großen Knall materialisierte und sich auch nicht mit einem LLANK (SCHLLP, beim Einatmen) auflöst.

Die dritte Theorie behauptet, das Universum sei immer dagewesen und werde immer da sein. Darüber hinaus sei es ein pulsierendes Universum, das aus Materie und Energie bestehe, die sich dauernd ineinander ver-

* Dies stimmt glücklicherweise nicht mehr. Vgl. Journal der unwiederholbaren Experimente, Frankfurt, Krüger, 1986, Einleitung (d. Ü.).

wandele und deren Gesamtbetrag konstant bleibe. Das ist in Übereinstimmung mit dem ersten Hauptsatz der Thermodynamik, aber in Widerspruch zum zweiten, da dieses pulsierende Universum erfordert, daß die Entropie auch pulsiert und nicht zunimmt; eine geringfügige Revision des zweiten Hauptsatzes der Thermodynamik ist hier angebracht.

Ein Graph, der das pulsierende Universum beschreibt, ist in Abbildung 8 gezeigt:

ABBILDUNG 8

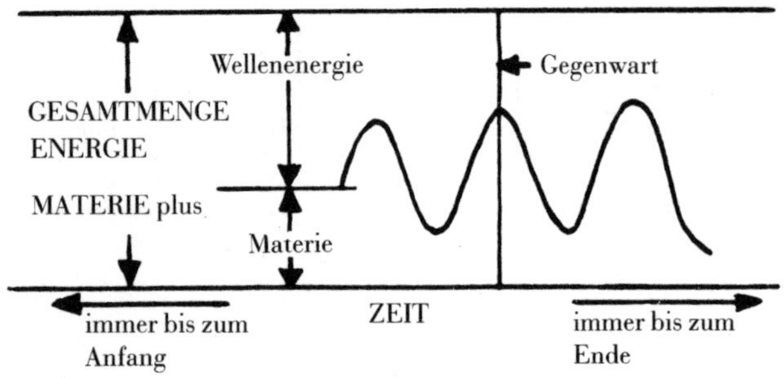

Man meint allgemein, die Zeit fließe in eine Richtung, aber bis jetzt hat noch niemand herausgefunden, in welche. Es gibt jedoch einen einfachen Weg aus diesem Dilemma. Wenn man Abbildung 8 auf eine Kugel zeichnet, dann kann die Zeit in jede beliebige Richtung durch den gekrümmten Raum fließen (nach Einstein), und es fällt auf, daß Minus immer im Graphen immer Plus immer begegnet und die Zeit offenbar in alle Richtungen fließt, etwa so, wie Licht sich in alle Richtungen ausbreitet.

Diese ganze Theorie des pulsierenden Universums ähnelt einem Baseball, dessen Fadenfüllung herausgezogen wird, während das Ende des Fadens wieder in ihn hineingestopft wird, so daß der Baseball immer so groß bleibt, wie er am Anfang war, wenn es einen gibt, und wie er am Ende sein wird, wenn es eines gibt. Die Pulsationen entsprächen natürlich dem Zustand, daß der Faden im Baseball in schneller Folge herausgezogen und hineingestopft wird, und offenbar geschieht ganz genau das im Universum. Dort werden große Materiekugeln in Energie verwandelt, und diese Energie wird gesammelt oder an einen Punkt gezwungen, wo sie sich wieder in Materie verwandelt.

Ein anderer Pluspunkt und ein wahrer Eckstein der Theorie des pulsierenden Universums ist, daß sie Fragen wie diese beantwortet: »Wann hat das Universum angefangen?« Die Antwort lautet: »Nie« oder »Minus immer«. Und auf die Frage »Wann wird das Universum aufhören?« lautet dieAntwort »Nie« oder »Plus immer«, wobei man sich den wichtigen Faktor in Erinnerung rufen muß, daß »Minus immer« und »Plus immer« der Anfang und das Ende sind. Wenn man sie auf eine Kugel zeichnet, die den gekrümmten Raum darstellt, werden sich Anfang und Ende treffen und an irgendeinem Punkt ein und dasselbe werden, abhängig natürlich davon, wo genau wir losgegangen sind, wenn das überhaupt Bedeutung hat, und umgekehrt. Als Schlußfolgerung können wir feststellen, daß dieses Konzept des pulsierenden Universums die plausibelste Beschreibung des Universums ist. Es pulsiert seit dem Anfang der Zeit und wird bis zum Ende der Zeit weiterpulsieren, vorausgesetzt, es gibt keine unvorhergesehene Katastrophe wie einen Dritten Weltkrieg.

Ich hoffe innig, diese Abhandlung wird die in der Vergangenheit oft recht verworren gewesene Situation in bezug auf die Entstehung des Universums erhellen.

TEIL IV

WER NICHT SCHREIBT, DER NICHT BLEIBT

DAS MANUSKRIPT

Über die Schwierigkeit, aktuelle Forschungsentwicklungen in provinzieller Makrostatik der eigenen Bibliographie hinzuzufügen

Arthur A. Dole

Dynastatische Rundschau
Abt. Angewandte Mikromakrologie
Fakultät für Dynastatik
Metropolis-Universität, Metropolis
Metroland

2. November 1961

Dr. Albert Bush
Abt. Grundlagen der Mikromakrologie
Fischer-Bauer-Universität
Provincia

Lieber Al,

es ist nicht nötig, Dir zu sagen, wie es mich gefreut hat, während des letzten Treffens ein paar Minuten mit Dir zusammensitzen zu können. Ich bin schrecklich beeindruckt von Deinem zukunftsträchtigen Forschungsprogramm. Wie ich schon damals gesagt habe, bin ich äußerst interessiert an einem Artikel für die *Rundschau.*

Ich bin sicher, Du bist Dir bewußt, daß es die gegenwärtige Strategie der *Rundschau* ist, die praktischen Implikationen reiner Forschung zu betonen. Schreib einen soliden Artikel, aber vermeide Fachausdrücke. Wir bevorzugen kurze Tatsachendarstellungen zur Stützung von Verallgemeinerungen statt methodologischer Details. Eine Tabelle technischer Illustrationen ist akzeptabel. Deine Bibliographie sollte eher kurz als erschöpfend sein. Bitte vermeide Fußnoten.

Darf ich damit rechnen, zum Ersten des Jahres etwas von Dir zu bekommen?

Mit herzlichen persönlichen Grüßen an Dich und Susan,

Herbert U. Wheel
Herausgeber

DYNASTATISCHE RUNDSCHAU
Fakultät für Dynastatik
Metropolis-Universität
Metropolis, Metroland

10. Juni 1962

Ihr Manuskript

Aktuelle Forschungsentwicklungen in provinzieller Makrostatik ist eingegangen und wird vom Gutachtergremium beurteilt werden. Sie werden benachrichtigt, sobald die Entscheidung gefallen ist.

DER HERAUSGEBER

Dynastatische Rundschau
Abt. Angewandte Mikromakrologie
Fakultät für Dynastatik
Metropolis-Universität, Metropolis
Metroland

5. Juli 1965

Albert L. Bush
Professor für Grundlagen der Mikromakrologie
Fischer-Bauer-Universität
Provincia

Lieber Al,

ich schäme mich fast zu sagen, daß ich mit der Einrichtung unseres neuen Instituts so viel zu tun hatte, daß ich mit meiner Korrespondenz ein bißchen im Rückstand bin. Es war toll, am 12. April Deine Mitteilung zu erhalten, und ich schätze Deine Geduld. Das Manuskript liest sich sehr gut, und wir würden es sehr gerne in einer der kommenden Ausgaben veröffentlichen. Andererseits würden wir es lieber zurückhalten, bis wir genügend anderes Material haben, um eine Sonderausgabe der *Rundschau* herauszubringen, die ausschließlich einen gründlichen und ausgewogenen Überblick über den Stand der Minimakrostatik im ganzen Land enthalten soll. Du möchtest vielleicht, was ganz verständlich wäre, das Manuskript zu einer früheren Publikation woanders einreichen, aber ich hoffe, Du entschließt Dich, noch ein bißchen Geduld mit uns zu haben.

Ich war schrecklich enttäuscht, Dir auf dem letzten Treffen nicht zu begegnen. Du hast eine fürchterliche Party mit der alten Blase versäumt, aber ich kann mir gut vorstellen, daß Dich die Installation Deines neuen Mikrospalters in der Nähe des Labors festgehalten hat.

Dein Dir sehr verbundener
Herbert U. Wheel
Herausgeber

Dynastatische Rundschau
Abt. Angewandte Mikromakrologie
Fakultät für Dynastatik
Metropolis-Universität, Metropolis
Metroland

7. September 1970

Dr. Albert Bush
Assistenzprofessor für Grundlagen der Mikromakrologie
Fischer-Bauer-Universität
Provincia

Sehr geehrter Dr. Bush,

Ihren Aufsatz »Aktuelle Forschungsentwicklungen in provinzieller Makrostatik« habe ich sehr gerne gelesen, und ich schätze es zutiefst, daß Sie an die *Rundschau* gedacht haben.

Unglücklicherweise entspricht dieser Artikel nicht ganz unserer gegenwärtigen Publikationsstrategie, weshalb ich Ihnen Ihr Manuskript mit Dank und besten Wünschen zurücksende. Denken Sie in Zukunft wieder an uns, bitte.

Mit freundlichen Grüßen
Herbert U. Wheel

Dynastatische Rundschau
Abt. Rhythmik
Fakultät für Dynastatik
Metropolis-Universität, Metropolis
Metroland

13. September 1970

Albert L. Bush
Professor für Grundlagen der Mikromakrologie
Fischer-Bauer-Universität
Provincia

Sehr geehrter Professor Bush,

zur Zeit übernehme ich die Herausgeberschaft der *Rundschau* von Professor Wheel, der an die Universität von Politania wechseln wird. In der unvermeidlichen Verwirrung dieses Wechsels ist uns ein Fehler im Begleitbrief zu dem Manuskript unterlaufen, das wir Ihnen zurückgeschickt haben.

Durch ein Versehen erhielten Sie die Mitteilung *pro forma*, die gewöhnlich den unverlangten Manuskripten beigelegt wird, die abgelehnt werden müssen. Wir haben aber festgestellt, daß Ihr Artikel erbeten war und daß seine Rücksendung mehr Erklärung erfordert, als Sie bekommen haben.

Wie Sie sicher verstehen, haben wir uns entschieden, *de novo* zu beginnen, da die Verantwortung für die Gestaltung des kommenden Jahres jetzt bei mir liegt. In dem noch recht skizzenhaften Plan, den ich im Moment habe, finde ich leider keinen Platz für Ihren guten Artikel. Ich habe jedoch Ihren Namen und Ihr spezielles Interessengebiet vermerkt, und ich hoffe, wenn ich Sie mit einem neuen Anliegen anschreibe, werden Sie mir diesen neuen Besen, der da kehrt, nicht negativ anrechnen.

Mit freundlichen Grüßen,
Grace Classica
Herausgeberin

KLAPPERN

F. H. Ames jr.

In verschiedenen Zeitschriften sind in der letzten Dekade Vorschläge zum Konzept des KLAPPERNs – das Kluge, Leichte Anwenden Praktischer Prinzipien des Expertenreferats und -nimbus – erschienen. Unglücklicherweise sind diese Artikel gewöhnlich bruchstückhaft und zielen besonders darauf, Regierungsaufträge zu bekommen. Die Absicht des Autors ist es, mit der Entwicklung von KLAPPERN Verfahren zu dokumentieren und zu beschreiben, die auf die grundlegende Kunst des Berichteschreibens in allen Bereichen der Wirtschaft, Forschung und Lehre anwendbar sind. Der Vorwurf, KLAPPERN käme von dem uralten Ausspruch »Klappern gehört zum Handwerk«, entbehrt jeder Grundlage und sollte als bösartiger Klatsch betrachtet werden. Es wird jedoch zugegeben, daß KLAPPERN im Prinzip eine Vereinigung der verschiedenen nützlichen Methoden des Berichteschreibens und Referierens darstellt, die es in der Rüstungsindustrie und in der akademischen Welt gibt, um auch anderen Unternehmen oder Berufszweigen ein gleichermaßen nützliches Managementinstrument in die Hand zu geben.

Der zukünftige Anwender des KLAPPERNs muß sich dieser Aufgabe mit derselben geistigen Einstellung nähern, in der dieser Artikel geschrieben ist. Sie kann vielleicht als sadistische Lust beschrieben werden, die von den humanitären Instinkten einer überempfindlichen Kobra überlagert ist. Der Empfänger Ihres Berichts ist Ihr Feind! Die Vernichtung gelingt nur, wenn Ihr Vorgehen richtig geplant und mit der richtigen geistigen Einstellung systematisch entwickelt wurde.

Der Autor muß in aller Bescheidenheit anerkennen, daß ihm seine »Expertenschaft« nicht die Schilderung bestimmter Beispiele etwa aus der Medizin gestattet. Jedoch sind das hier beschriebene Grundkonzept und Verfahren, obwohl sie an den Ingenieurwissenschaften orientiert sind, gleichermaßen anwendbar auf jeden Beruf oder jede Tätigkeit, bei der man vor einem übergeordneten Gremium Rechenschaft ablegen muß.

Dieser Artikel setzt sich hauptsächlich zum Ziel:

1. Das Berichtswesen zu definieren
2. Das Konzept und die Absicht von KLAPPERN zu erläutern
3. Dem Anwender von KLAPPERN Kriterien für verschiedene Kompetenzniveaus zu liefern
4. Besondere Methoden zu beschreiben, die KLAPPERN zur Verfügung stellt
5. Die Quellen für Hintergrunddaten zu nennen

Berichtswesen

Berichtswesen ist die informelle Methode, den Leser dazu zu verleiten, einen falschen Schluß zu ziehen. Sie ist nicht besonders systematisch und erfordert nicht die Originalität, die KLAPPERN erfordert.

Ein einfacher, aber interessanter Vorläufer des Berichtswesens ist die sanfte Kunst, das Gegenüber in Spielchen oder zwanglosen, unthematischen Unterhaltungen psychologisch zu testen. Eines der wenigen Dokumente dazu ist Potters vergnügliches kleines Buch *Gamesmanship*. Die Lektüre empfiehlt sich als Hintergrundinformation für den Neuling. Berichtswesen systematisiert und dokumentiert das eigentlich nur mit ein bißchen mehr Aufwand.

KLAPPERN, Konzept und Absicht

KLAPPERN ist ein systematisches und formales Verfahren, um mit der Technik, die weiter unten umrissen wird, einen beeindruckenden Wortbombast zustande zu bringen. Es wird definiert als Methode, einen Bericht so überzeugend zu schreiben, daß er mittels irrtümlicher Schlußfolgerungen einen Zustand hochgradiger Ehrfurcht beim Empfänger auslöst. Der Wortschatz muß sorgfältig gewählt werden, um sowohl den Leser mit dem Expertentum des Verfassers zu beeindrucken als auch um weitgehend echte Daten zu liefern, die beim Leser zu irrigen Schlußfolgerungen führen. Ein erfolgreicher Anwender wird ein wachsendes Gefühl von Respekt vor dem Autor erreichen, weil die einzige Alternative für den Leser darin besteht, zuzugeben, daß die Inhalte des Berichts über seinen Horizont hinausgehen. Dies wiederum kommt einem Geständnis von Unsicherheit und Ignoranz gleich. Kein Experte kann sich diesen Luxus leisten!

Der Hauptzweck ist, sich den Leser vom Fach vom Hals zu halten. Das gilt besonders, wenn der Empfänger den Bericht als Ergebnis seiner erreichten Position wahrnehmen und analysieren muß oder immer dann, wenn das Dokument für Vertragsabschlüsse oder die Verwaltung erforderlich ist. Dem Leser wird der Ausdruck »Amtsschimmelwiehern« vertraut sein; diese Methode darf nicht mit KLAPPERN verwechselt werden. Der Amtsschimmel macht nur aufgeblasen den Versuch zu verwirren, nicht aber den Versuch zu beeindrucken, obwohl einige besondere Elemente der Terminologie auch für KLAPPERN geeignet sein können.

Einstufung der Anwender von KLAPPERN

Es gibt keine Standardisierung oder Qualifizierung für Anwender von KLAPPERN. Dieser Beitrag definiert drei Kategorien, um die Fähigkeiten derjenigen zu beschreiben, die dieses besondere Verfahren anwenden. Der Abschnitt über das Verfahren wird genauere Meßkriterien enthalten.

Lehrling – Obwohl dieser Begriff sich selbst zu erklären scheint, sind ein paar Worte am Platz. Eine zufriedenstellende Leistung auf dieser Stufe zeigt sich daran, daß die Kameraden in einer Kleingruppe wie dem örtlichen Ingenieurverein, dem Kollegenkreis und verständigen Freunden sie akzeptieren. Diese Leute haben die Tendenz, den jeweiligen Autor mit »Herr« anzureden. Nach Meinung des Verfassers nimmt die Lehrzeit unter der Anleitung eines erfahrenen KLAPPERers mindestens zwei Jahre in Anspruch. Es empfehlen sich Veröffentlichungen in Hauspostillen oder kleinen Wir-drucken-alles-Zeitschriften.

Geselle – Eine zufriedenstellende Leistung auf dieser Stufe schlägt sich in Veröffentlichungen in großen Zeitschriften nieder, die einen maßvollen technischen Inhalt haben und den Berufszweig abdecken, in dem der Autor arbeitet. Die Leser, die den Autor nicht persönlich kennen, sprechen ihn mit »Herr Doktor« an. (Diese Anrede ist natürlich in der medizinischen Zunft nicht angemessen.) Die Anerkennung zeigt sich auch an der Mitgliedschaft in einem Arbeitsausschuß einer nationalen Gesellschaft oder Vereinigung, die seinen Berufsstand repräsentieren. An diesem Punkt müssen wir eine Warnung aussprechen: Diese Anerkennung darf nur auf den Veröffentlichungen als Geselle (oder höherer Stufen) beruhen. Technische Kompetenz, d. h. persönliches oder Faktenwissen einer Person, darf nicht mit Kompetenz beim KLAPPERN verwechselt werden. Viele bedeutende Leute, die auf ihrem Fachgebiet weithin geachtet werden, sind völlig unfähig zum KLAPPERN – solche Leute teilen tatsächlich in klarer, konziser Terminologie Information und Wissen mit. KLAPPERN führt den Leser so in die Irre, daß er als Person davon überzeugt ist, es mit jemandem zu tun zu haben, der mehr weiß als er selbst.

Meister – Dies ist die höchste erreichbare Stufe. Um diese erhabene Stufe zu erlangen, müssen die eigenen Artikel in den führenden Zeitschriften der Welt publiziert werden. Auch sollte man regelmäßig in einem Periodikum der Regierung erscheinen – und sei es nur als Quelle in einer Fußnote. Bei der Erstellung des Berichts braucht man ein Gutteil Originalität, und es muß tatsächlich beträchtliches Wissen aufgewandt werden. Der Meister verfügt über eine kühn-dreiste Fähigkeit, beeindruckende, grundlegende Dokumente zu produzieren, wird oft als Berater konsultiert und beständig mit »Herr Doktor« angesprochen.

Methoden des KLAPPERNs

Eines der bedeutendsten Anzeichen von Meisterschaft ist die Originalität bei der Entwicklung neuer Techniken, indem man die von anderen verwendeten verbessert. Der professionelle Autor wird niemals zögern, KLAPPER-Methoden, die von seinen Kollegen entwickelt wurden, zu plagiieren oder zu modifizieren.

Es ist sehr wichtig zu erkennen, daß KLAPPERN einen substantiellen Betrag tatsächlicher Information enthalten muß – man schreibt gelinde fiktiv und nicht etwa Science-fiction.

GRUNDQUALIFIKATIONEN

TECHNIK	LEHRLING	GESELLE	MEISTER
Fremdsprache[a]	Gelegentlicher Satzteil	Ganze Sätze; höchstens vier pro Bericht	Zitiert ganze Absätze – reichlicher Gebrauch
Fußnoten/Quellendokumente	Anerkannte Quellen der eigenen Disziplin; gelegentlich entlegene Quelle	Entlegene /veraltete Quellen; eine ausländische Quelle zugelassen	Fiktive und ausländische Quellen sowie solche anderer Disziplinen
Schwafelsätze/Akronyme	Taschenwörterbuch. Terminologie des Berufs des Verfassers	Ungekürztes Wörterbuch. Terminologie anderer Disziplinen	Münzt seine eigenen Wörter
Kurven	Begrenzte Anzahl Punkte	Nur 3–4 dargestellte Punkte	Keine Punkte – nur die Kurve
Nebelindex[b]	16	18	21
Tabellen	Viele Details	Stellt dieselben Daten in verschiedenen Formaten dar	Extensiver Gebrauch mit minimaler Beschriftung oder nur mündliche Beschreibung
Mündliche Präsentation	Nie	Sehr selten und dann vor lokalem Publikum	Auf jede Anfrage
Einstellung zu zitierter Literatur	Schlicht	Weist auf kleine Irrtümer hin	Zieht die Validität der Theorie in Zweifel
Titellänge	Mehrere Sätze oder kurzer Absatz	Langatmig	Wort oder Satz

[a] Geben Sie niemals, niemals eine Übersetzung bei. [b] Siehe Seite 39.

Der Schwafelphrasengenerator

Eine Methode, die in Schulungen des kreativen Denkens weithin angewandt wird, ist der Schwafelphrasengenerator (oder Nebelwerfer). Er besteht aus einer mehrspaltigen Matrix, die normalerweise zwei Adverbien und ein Substantiv enthält. Man wählt zufällig drei Wörter aus, um einen abstrakten, aber plausiblen Satz zu bilden. Normalerweise hat jede Spalte zehn Wörter, die mit 0 bis 9 durchnumeriert sind. Diese Kennzeichnung ermöglicht eine Auswahl mit Zufallszahlen. Bei einem verbreiteten Auswahlverfahren bittet man jemanden um eine dreistellige Zahl, mit der dann die drei Wörter ausgewählt werden. Angeblich ist diese Technik bei einem Essen in einem China-Restaurant entstanden: Man nimmt etwas aus Spalte »A«, etwas aus Spalte »B« und etwas aus Spalte »C«.

Die Wortauswahl erfordert sorgfältiges Denken, da alle möglichen Kombinationen für den Leser plausibel sein müssen. Der Anwender von KLAPPERN muß auch die resultierende Phrase für sich in verständliche Terminologie übertragen, um das Entstehen von Amtsschimmelgewieher zu vermeiden. Diese Vorsichtsmaßnahme ist unschätzbar, wenn der Ausdruck von einem ärgerlichen Leser, der wirklich ein Experte auf dem betreffenden Gebiet ist, in Frage gestellt wird.

Jeder Generator muß auf den Berufszweig des Anwenders zugeschnitten sein; vermeiden Sie Generatoren, die schon veröffentlicht sind – übernehmen Sie angemessene Wörter, aber benutzen Sie die Beispiele nicht blindlings.

Ein Sinn für Poesie ist ein großer Vorzug bei der Herstellung eines Schwafelphrasengenerators. Wenn die drei Wörter einen holprigen Rhythmus ergeben, sollte die Auswahl überdacht werden. Dichterisches Talent ist besonders hilfreich bei der Bestimmung der Reihenfolge der Adverbien in den ersten beiden Spalten. Ein Beispielschwafelphrasengenerator für die Industrie im allgemeinen folgt; er wird hier nur aufgeführt, um das vorher beschriebene Konzept zu veranschaulichen. Doch eine Anmerkung zur Warnung: Obwohl der Schwafelphrasengenerator verwendet werden kann, so wie er ist, gibt es bestimmte Personalgruppen, die man niemals mit dem Produkt des Generators konfrontieren sollte. Typische Beispiele sind gewerbliche Arbeitnehmer, die noch nie an einem Regierungsauftrag gearbeitet haben, und Manager, die nur aufgrund ihrer Fähigkeiten die Spitze erreicht haben. Solche Leute können bei der Würdigung des Produkts eines Schwafelphrasengenerators recht heftig werden.

1. Man muß es sorgfältig vermeiden, ein Adverb und ein Substantiv, die die gleiche Bedeutung haben, gleichzeitig zu gebrauchen; ein Beispiel: »perzeptive Perzeption« ist undenkbar. Ebenso ist es nicht ratsam, drei Wörter zu verwenden, die alle mit demselben Buchstaben anfangen; das Beispiel »synergistisches substantielles System« spricht am ehesten für schlechten Humor, nicht für KLAPPERN. So etwas zu vermeiden, erfordert beträchtliche Originalität.

2. Der Experte könnte sich vielleicht an der Einbeziehung dieser überstrapazierten Begriffe stoßen; die Rechtfertigung des Autors liegt darin, daß dies nur ein Beispielschwafelphrasengenerator ist, der nur zu illustrativen Zwecken benutzt wird.

BEISPIEL EINES SCHWAFELPHRASENGENERATORS

	»A«	»B«	»C«
0	diskret	behavioral	Kriterien
1	perzeptiv	adaptiv	Motivation
2	dynamisch	innovativ	Phänomene
3	synergistisch	empirisch	Systeme
4	kognitiv	operational	Modell
5	kontributiv	transitional	Stimuli
6	klassisch	Management-	Zentralität
7	subliminal	technologisch	Theorie
8	vormalig	kompetitiv	Neigung
9	systematisch	optimal	Interaktion

Quellendokumente

Zahlreiche Quellen werden als Fußnoten für die Phraseologie, als Eingaben für den Schwafelphrasengenerator oder zum Zitieren eingesetzt.

Die folgende Liste enthält die Hauptkategorien; der KLAPPERN-Anwender sollte seine eigene private Liste so detailliert wie möglich anlegen.

1. Dissertationen – besonders philosophische, verfahrenstechnische, soziologische und betriebswissenschaftliche. Diejenigen, die durch Regierungsstipendien gefördert wurden, sind besonders ergiebig und in allen Sparten anwendbar.
2. Die Prestigezeitschriften technischer Gesellschaften; gewöhnlich sind dies im Gegensatz zu den Monatszeitschriften für die allgemeine Mitgliederschaft Vierteljahresschriften.
3. Artikel über Forschung und Entwicklung, die von Regierungsorganisationen veröffentlicht werden. Die von den überall publizierenden »Think-Tank«-Gruppen sind äußerst empfehlenswert!
4. Veraltete technische Publikationen, besonders die, die kaum aufzutreiben oder vergriffen sind.
5. Science-fiction von Technikern. (Hüten Sie sich vor Räuber - und - Gendarm - mit - Laserpistolen - Geschichten.)
6. Lehrbücher für Fortgeschrittene, z. B. in Philosophie, Verfahrenstechnik, Forschung, Managementtheorie, Sozialwissenschaften, Kommunikation, Steuer- und Regeltechnik und Ingenieurwissenschaften. Zur Zeit stellt sich heraus, daß ein Newcomer, die Anthropologie, als Datenquelle für das KLAPPERN Beachtung findet.
7. Kongreßberichte.
8. Prospekt- und Werbematerial.

Überflüssig zu betonen, daß Quellen nicht auf solche in Ihrer Muttersprache begrenzt sein müssen. Wie wollen Sie sonst Ihre Leser mit *Know-how* oder *savoir faire* beeindrucken?

Gefahren

Die grundlegende Information in Ihrem Artikel oder Papier *muß sich auf echte Daten beziehen*, egal wie verworren sie dargestellt wird. Sie müssen sie gegen einen Leser verteidigen können, der eine Definition jeden Begriffs verlangt und dickköpfig genug ist, Fakten auszugraben. Wenn Sie solch ein Individuum identifizieren, versuchen Sie es davon abzuhalten, Ihr Meisterstück zu bekommen, und bewerben Sie sich um eine Stellung in seiner Organisation. Verwenden Sie nicht zu viele Akronyme oder Abkürzungen, Sie könnten sonst einen unvorteilhaften Eindruck machen.

KLAPPERN muß als Werkzeug eingesetzt werden; es ist eine Methode, um Information zu präsentieren – keine Technik, um eine Reihe unverständlicher Phrasen zu produzieren. Ihre Publikation muß, oberflächlich betrachtet, hochgestochen, logisch und äußerst beeindrukkend für Ihre Kollegen sein.

Allgemeiner Rat

Eine besonders effektive Technik beim Gebrauch von Akronymen ist die Auswahl eines gebräuchlichen mit zwei verschiedenen Bedeutungen.

Ziehen Sie Schlußfolgerungen mit »es folgt offensichtlich«, ohne zwischengeschaltete Erklärungen der Denkschritte, die zu diesem Schluß führen.

Zitieren Sie Theorien/Modelle aus Veröffentlichungen außerhalb Ihres Fachgebiets; natürlich sollten Sie die Theorie nicht erklären und die Veröffentlichung, aus der Sie sie haben, im dunkeln lassen. Aber seien Sie in der Lage, sie gegebenenfalls zu erklären!

Ein Verfahren, das Betrachtung verdient, ist die Aufnahme eines sehr, sehr detaillierten Indexes, der etwa 10 Prozent des Textes umfassen kann. Wer die *Meisterstufe* anstrebt, sollte auch eine massive Bibliographie in Betracht ziehen, die jedes Dokument enthält, das Sie während der Vorbereitung Ihres Artikels oder Papiers gelesen haben. Ob Sie dieser Literatur wirklich Information entnommen haben oder nicht, spielt keine Rolle. (Obwohl dieses Konzept strittig ist, schreibt ein namhafter Autor eines Managementlehrbuchs: »Die Liste enthält auch eine beträchtliche Anzahl Bücher, die hätten zitiert werden können.« Sein Text umfaßt 212 Seiten und eine Bibliographie von 35 Seiten.) Wenn man Literatur zitiert, ist es nicht ratsam, dem Leser so viel an Information zu geben, daß er die Stelle wirklich lokalisieren kann. Zitieren Sie nur den Titel und den Autor – mehr nicht – wie in diesem Beitrag vorgeführt.

Der Verfasser hofft ernsthaft, daß die zukünftigen Berichte der Leser von diesem Artikel profitieren werden.

Einheits-EG-Englisch vorgeschlagen

Englisch ist im Bereich der Europäischen Gemeinschaft die bevorzugte Sprache zwischen den Einwohnern verschiedener Sprachräume. Auf Vorschlag der Royal Aircraft Establishment News soll eine Kommission mit Vertretern aller Mitgliedsländer gebildet werden, deren Aufgabe es sein wird, die vielfältigen Ungereimtheiten der englischen Sprache in bezug auf Aussprache und Schreibweise zu vereinheitlichen. Die für alle Ausländer so unergründlichen Merkwürdigkeiten, wie z. B. although – no, rough – ruff, through – true – you, plough – cow usw. erschweren die Kommunikation zwischen den Menschen im Bereich der EG und verstoßen demnach gegen den Geist der Gemeinschaft. Zur Erleichterung der zwischenmenschlichen Kommunikation auf allen Ebenen ist ein Mehrstufenplan vorgesehen. Im ersten Jahr soll das weiche »c« durch »s« ersetzt werden. »Sertainly, sivil servants in all sities would reseive this news with joy«. Im zweiten Jahr soll das harte »c« durch »k« und das »ph« generell durch »f« ersetzt werden. »Not only would this klear up konfusion in the minds of klerikal workers, but this would make words like ›fotograf‹ 20% shorter in print«.

»In the third year, publik akseptanse of the new spelling kould be expekted to reatsh the stage where more komplikated tshanges are possible. Governments would enkourage the removal of double letters, which have always been a deterent to akurate spelling.

We would al agre that the horible mes of silent ›es‹ in the languag is disgrasful. Therfor we kould drop thez and kontinu to read and writ az though nothing had hapend. By this tim it would be four yearz sins the skem began, and peopl would be reseptiv to steps sutsh as replasing ›th‹ with ›z‹. Perhaps zen ze funktion of ›w‹ kould be taken on by ›v‹, vitsh iz, after al, half a ›w‹. Shortly after zis, ze unesesary ›o‹ kould be droped from words kontaining ›ou‹. Similar arguments vud of kors be aplid to ozer kombinationz of letters. Kontinuing zis proses yer after yer, ve vud eventuale hav a rele sensibl riten styl. After 20 yers zer vud be no mor trublsm difikultiz, and evrivun vud find it eze to understand etsh ozer. Ze dremz of Mr. Orvel vud finale kum tru«.

EIN BESCHEIDENER VORSCHLAG ZUR VERBREITUNG VON WISSENSCHAFT UND WISSENSCHAFTLERN[1]

Jonathan B. Quick
Institut für innovative Forschungsfinanzierung
Marvin Margoshes
Tarrytown, NY

Unter Wissenschaftlern und Laien macht man sich Gedanken über das exponentielle Wachstum der Wissenschaft. Die Öffentlichkeit sorgt sich wegen Atomwaffen und Atomenergie, wegen Genmanipulation und der Schaffung neuer Lebensformen im Labor und wegen des Verlustes von Arbeitsplätzen durch Computer und Roboter. Unsere Politiker sehen sich riesigen Budgetdefiziten gegenüber und sind besorgt wegen der Kosten der Forschung, einschließlich der Reisekosten zu wissenschaftlichen Kongressen, der Druckkosten zur Veröffentlichung der Forschungsergebnisse und der Bibliotheksmittel, um die stets wachsende Zahl wissenschaftlicher Bücher und Zeitschriften zu kaufen und zu inventarisieren.

Wissenschaftler beklagen sich über den zunehmenden Umfang der wissenschaftlichen Literatur, den Druck, Vorschläge und Manuskripte zu schreiben und zu beurteilen, und darüber, daß es zu viele Konferenzen gebe und zu viele Leute, die Konferenzen besuchen. Die Erkenntnis setzt sich durch, daß die Geschwindigkeit der wissenschaftlichen Entwicklung unsere wissenschaftlichen Karrieren bedroht, indem sie jeden von uns technologisch obsolet macht, bevor die Tinte auf unseren Diplomen getrocknet ist. Trotz dieser berechtigten Sorgen ist bis jetzt kein Weg gefunden worden, um das Wachstum von Wissenschaft und Technologie zu begrenzen. Man hat gehofft, die Wissenschaft werde selbstbegrenzend sein, da jeder Wissenschaftler einen wachsenden Anteil seiner Zeit dem Schreiben, Lesen und Begutachten von Artikeln und Projekten widmen müsse und sich so die Zeit verringere, die für Forschung zur Verfügung steht. Diese Begrenzung ist jedoch durch eine starke Zunahme der Zahl der Wissenschaftler und die Automation in den Labors aufgehoben worden. (Die Automation in der Fabrik reduziert die Zahl der Beschäftigten bei gleichbleibender Produktion. Die Automation im Labor erhöht die Produktion ohne Rückgang der Beschäftigtenzahl.) Die Textverarbeitung beschleunigt das Schreiben von Manuskripten (stimmt, d. Ü.) und Forschungsanträgen. Wenn die Computer erst einmal darauf programmiert sind, diese Dokumente auch zu begutachten, wird die letzte Schranke für die wissenschaftliche Produktivität fallen.

Zum Glück steht die Lösung des Problems vor der Tür. Die Regierungen der Europäischen Gemeinschaft haben herausgefunden, daß sie Bauern dafür bezahlen können, *kein* Getreide und *keine* Milch zu produzieren und so den Überschuß landwirtschaftlicher Produkte zu begrenzen. Ganz ähnlich *sollten wir Wissenschaftler dafür bezahlen, nicht zu forschen* (keine schlechte Idee, d. Ü.). Die Kosten dieses Programms werden nicht hoch sein. Wenn wir die Forschung abschaffen, entledigen wir uns der Kosten für Geräte und Service, Publikationen und sparen allgemein laufende Unkosten. Neue wissenschaftliche Bibliotheken werden überflüssig.

Gehälter bekommen nur Wissenschaftler mit Doktorgrad. Da keine Forschung durchgeführt wird, können die Studenten keine Dissertationen schreiben, und es werden keine akademischen Grade in den Naturwissenschaften mehr verliehen. Da der gute Wissenschaftler emeritiert wird, stirbt oder sein Brot anders verdient, nehmen die Kosten des Programms allmählich und schmerzlos ab.

Schnelles Handeln ist bei diesem Vorhaben lebenswichtig. Vielleicht gibt es in irgendeiner Fakultät für Computerwissenschaften schon ein Projekt zur Automatisierung der Lektüre und Begutachtung von Projekten und Manuskripten. Wenn dieses Projekt erst fertig ist, werden die Schleusentüren für immer offenstehen. Wenn nur eine Regierung in der EG diesen Vorschlag akzeptiert, muß sie auch Regelungen erlassen, um die Einfuhr ausländischer Forschungsergebnisse zu stoppen. Das wäre analog den Regelungen des Exports amerikanischer Technologie.

1 Dieses Forschungsprojekt wurde finanziert von Organisationen, die zu zahlreich sind, um sie alle zu nennen.

TEIL V

VERSCHALTET UND VERWALTET

DAS KREML-MEMORANDUM

Die Dechiffrierung einer aufschlußreichen Korrespondenz betreffend Milchtüten und Abwehrstrategien

Edward H. Katz
Barrington, R. I.

Die Central Intelligence Agency (CIA) hat kürzlich eine Anzahl abgefangener[1] Botschaften zwischen den Büros verschiedener sowjetischer Staatsführer und deren Gegenstücken im KGB dechiffriert. Diese Notizen warfen ein Licht auf Aspekte der sowjetischen Geheimdienstaktivität innerhalb des militärisch-industriellen Komplexes[2] der Vereinigten Staaten im Verlauf von 20 Jahren. Fünf dieser übersetzten[3] Botschaften werden hier abgedruckt.

Büro des Staatsratsvorsitzenden der UdSSR

29. Oktober 1962

AN: Iwan Stroganoff (KGB)
VON: Boris Moskwitsch
BEZUG: Zersetzung der US-Technologie

Mein liebster Iwan Iwanowitsch,

der Staats- und Parteichef hat mich davon unterrichtet, daß die UdSSR bei Raketen in Kuba von der Hand der Amerikaner gerade eine beschämende Niederlage erlitten hat. Er hat nicht vor, sich das wieder bieten zu lassen! Deshalb ordnet er ein massives Rüstungsprogramm (Heer, Marine, Luftwaffe) an. Das wird unser Land zwingen, eine technologische Macht zu entwickeln, die niemandem unterlegen ist. Er will auch die technologische Macht der Vereinigten Staaten zerstören. Er ist so wütend, daß er ihre Technologie persönlich ungespitzt in den Boden schlagen möchte. Diese Amerikaner sind schreckliche Innovatoren, die sehr schnell mit neuen Ideen auf jede vorstellbare militärische Situation reagieren können. Iwan, hast Du Vorschläge?

Boris Moskwitsch

[1] Der Agent war eine 65jährige Putzfrau, die im Kreml die Papierkörbe leerte.
[2] Nach der Definition von Präsident Dwight David Eisenhower.
[3] Verschiedene andere abgefangene Nachrichten wurden nicht veröffentlicht, da es nur Erinnerungszettel waren, auf dem Heimweg noch einen Liter Milch einzukaufen oder die Kühlerhaube des Autos ausbeulen zu lassen.

Büro des Kommissars des KGB

27. November 1962

AN: Boris Moskwitsch
VON: Iwan Stroganoff
BEZUG: Operation Erbse

Lieber Mos,

habe Deine Notiz vom 29. Oktober 1962 bekommen. Mach Dir keine Sorgen; mit Billigung meiner Vorgesetzten habe ich die Lage voll im Griff. Ich habe die »Operation Erbse« eingeleitet, die den militärisch-industriellen Komplex der USA lähmen wird. Ich kriege Gänsehaut, wenn ich nur dran denke. Eines Tages werden sie aufwachen und feststellen, daß sie so eingedeckt sind mit rotem Klebeband (das ist ein Witz, Mos), Buchhaltungsverfahren und übermäßigem Papierkram, daß nichts Produktives mehr läuft. Ich glaube, sie nennen es Erbsenzählen. Ich habe einen stillen Agenten in Washington, D.C., der im Pentagon für uns arbeiten wird. Er hat schon das Projekt EDSEL sehr erfolgreich durchgeführt. Das war ein Vorläufer von dem, was jetzt kommen soll. Besprechen wir alles beim nächsten Treffen des Präsidiums.

Iwan Stroganoff

Büro des Staatsratsvorsitzenden der UdSSR

10. Juli 1972

AN: Juri Borschtsch (KGB)
VON: Nikolaus Linski
BEZUG: Zersetzung der US-Produktivität

Genosse Borschtsch,

mein Vorgänger Boris Moskwitsch hat Dein Büro angewiesen, die »Operation Erbse« einzuleiten, die gegenwärtig erfolgreich in den Vereinigten Staaten durchgeführt wird. Die Ergebnisse sind noch verblüffender, als sogar Dein Vorgänger Iwan Stroganoff vorhergesehen hatte. Es dauert Jahre, eine neue Technologie in ihr Militärinventar einzuführen, weil Berge von Papierkram damit verbunden sind. Der Verwaltungsapparat des Pentagons wächst und wächst und versucht, neue Buchhaltungsmethoden zu erfinden, um die Industrie zu lähmen und zu stören. Da gibt es Budgetprüfungen, Rechnungsprüfungen, Programmprüfungen, Strukturreformprüfungen, Logistikprüfungen, Zuverlässigkeitsprüfungen und sogar ein paar Prüfungen für technische Pläne. Trotzdem hat mir unser gegenwärtiger Staatschef seine Bestürzung darüber mitgeteilt, daß uns die Amerikaner mit technologischen Erfindungen immer noch ausstechen. Juri, hast Du Vorschläge?

Nikolaus Linski

Übrigens, Juri, an Deine Frau Helga herzlichen Glückwunsch zum Geburtstag.

Büro des Kommissars des KGB

12. August 1972

AN: Nikolaus Linski
VON: Juri Borschtsch
BEZUG: Operation Pauken und Trompeten

Genosse Linski,

der KGB ist sich der Sorgen bewußt, die Du in Deiner Nachricht vom 10. Juli 1972 formulierst. Ich habe kürzlich die »Operation Pauken und Trompeten« eingeleitet. Sie wird sich unmittelbar negativ auf die Fähigkeit der Vereinigten Staaten auswirken, ihr Militär mit guten (die Philosophie meines Freundes Admiral Gruschenko) statt den besten technologischen Waffen auszurüsten. Diese neue Operation wird die »Operation Erbse« ergänzen und, wie ich hoffe, synergistische Effekte zeitigen. Da die Amerikaner mit allem technologischen Klimbim bewaffnet sind, werden wir versuchen, sie davon zu überzeugen, daß ihre Waffensysteme die besten sein müssen. Die besten heißt, daß sie alles haben müssen, was man mit Geld nur kaufen kann. Diese Operation ist so kitzlig, daß ich die Namen unserer Agenten in Washington, D.C., jetzt weder Dir, Nikolaus, und noch nicht einmal unserem Staatschef enthüllen kann. (Meine Frau dankt Dir.)

Juri Borschtsch

Büro des Staatsratsvorsitzenden der UdSSR

21. Dezember 1982

AN: Dimitri Zil (KGB)
VON: Lew Petrowitsch
BEZUG: Fortsetzung der kontraproduktiven Anstrengungen gegen die USA

Genosse Zil,

unser jüngst verstorbener Staats- und Parteivorsitzender (möge er ruhen in Frieden) brachte der »Operation Erbse« und der »Operation Pauken und Trompeten« großes Interesse entgegen. Unser neuer Vorsitzender zeigt ähnliches Interesse. Du mußt Dich jetzt natürlich um diese kontraproduktiven Anstrengungen in den Vereinigten Staaten besonders kümmern. Sie waren bemerkenswert erfolgreich. Das sieht man an den US-Schiffen, die ohne passende Bewaffnung (nur Raketen und Schießgewehre) herumschippern, an den Schnellfeuergewehren, die auf Inseln schießen, und an den teuren Panzern, die auseinanderfallen. Die Amerikaner selbst erfinden immer neue Wege, ihre Beschaffungszyklen zu vergrößern. Das Neuste ist ein Buchführungssystem namens »Anweisung des Bundesministeriums der Verteidigung (BMdV) 7000.2«. Übrigens können sie es sich nicht leisten, eines der Systeme, die wirklich so funktionieren, daß sie über das Planungsstadium hinaus serienreif sind, in größerer Menge zu kaufen.

Die Amerikaner haben auch etwas entwickelt, das sie »Berater« nennen. Manchmal werden diese Berater als »Abschlepphaie« bezeichnet. (Die schleppen auf der Autobahn liegengebliebene Autos zu horrenden Preisen ab, Dimitri). Ich weiß nicht, was diese »Abschlepphaie« machen, aber ich glaube, sie sind Pfeifenköpfe! Die meisten amerikanischen Verteidigungseinrichtungen und -labors wimmeln förmlich von diesen Autobahnhelfern. Dimitri, mein Freund, die Zahl der Erbsenzähler und der Berater übertrifft jetzt die ihrer arbeitenden Wissenschaftler und Ingenieure um zehn zu eins. Aber ach, leider hat mir unser neuer Vorsitzender anvertraut, daß die Amerikaner immer noch technologische Wunder wie die F 14, F 15 und F 16 bauen können. Dimitri, hast Du Vorschläge?

Lew Petrowitsch

EINE STUDIE GRUNDLEGENDER PERSÖNLICHKEITS- UND VERHALTENSMUSTER, DIE DIE HIERARCHIE SOZIALER MACHT ODER DES RANGS IN GROSSEN UNTERNEHMEN CHARAKTERISIERT

James A. Cunningham
Personalabteilung
Alabama Instruments, Inc.
Huntsburg, Alabama

Zusammenfassung

Eine quantitative Definition der sozialen Stellung in einem Unternehmen wird gegeben. Es werden Ergebnisse präsentiert, die die Korrelationen zwischen den verschiedenen Arten zu grüßen, der Vernehmlichkeit des Grüßens und der Verhaltensmuster während Besprechungen nachweisen.

Einleitung

In jeder Gruppe von höheren Lebewesen wird sehr bald eine Hierarchie sozialer Macht oder eine Ranghierarchie festgelegt. Ein klassisches Beispiel für ein Grundmuster der sozialen Organisation sehen wir in einer Hühnerschar. Hier hackt jeder Vogel die rangniedrigeren ohne Angst vor Vergeltung und läßt sich fügsam von denen mit einem höheren Rang hacken (1). Primaten zeigen ein ähnliches Verhalten (2). R. Nasini und A. Scala (3) beschreiben ein Experiment, bei dem man fünf Gibbons in einen Käfig setzte, dessen Tür so schmal war, daß immer nur ein Affe hindurchkonnte. Die Gruppe bestand aus drei Männchen, eines davon kastriert, und zwei Weibchen. Das Recht, als erster durch die Tür zu gehen, d. h. der soziale Rang, wurde rasch und zuverlässig festgelegt: Das größte Männchen ging zuerst, gefolgt vom zweitgrößten Männchen, einem Weibchen, dem kastrierten Männchen und zuletzt dem kleineren Weibchen. Diese Studien zeigen klar, wie wichtig Kraft und Körpergewicht bei der Festlegung der sozialen Stellung von Tieren ist. Natürlich sind sie von begrenzterem Wert für die Analyse menschlicher Verhaltensmuster, die sich in einer modernen Gesellschaft doch eher am Intellekt als an physischer Präsenz orientieren.*

Nichtsdestoweniger weisen moderne zoologische und anthropologische Studien interessante Korrelationen zwischen dem Verhalten niederer Primaten und dem von Menschen nach, was die soziale Stellung und den Status betrifft. Desmond Morris (4) führt zehn Grundgesetze an, nach denen Machtpositionen definiert werden und von denen er behauptet, sie träfen sowohl auf Menschen als auch auf Affen zu. Die zehn Gesetze lauten:

* Männlich-weibliche Begegnungen verliefen atypisch und wurden daher aus der Studie ausgeschlossen.

1. Sie müssen in Ihrem äußeren Erscheinungsbild, Ihrer Positur und Ihrer Gestik Ihre Macht deutlich zum Ausdruck bringen.
2. In Augenblicken aktiven Rivalitätsverhaltens müssen Sie Ihre Untergebenen aggressiv bedrohen.
3. In Momenten physischer Herausforderung müssen Sie (oder Ihre Delegierten) in der Lage sein, Ihre Untergebenen wirksam zu übertrumpfen.
4. Sollte eine Herausforderung mehr Hirn als Muskeln erfordern, müssen Sie Ihre Untergebenen überlisten.
5. Streitigkeiten, die unter Ihren Untergebenen ausbrechen, müssen Sie unterdrücken.
6. Ihre unmittelbaren Untergebenen sollten Sie mit der Erlaubnis belohnen, die Privilegien zu genießen, die an ihren hohen Rang geknüpft sind.
7. Sie müssen die schwächeren Mitglieder der Gruppe vor unangemessener Belästigung schützen.
8. Sie müssen Entscheidungen bezüglich der sozialen Aktivitäten Ihrer Gruppe treffen.
9. Von Zeit zu Zeit sollten Sie ihre entfernteren Untergebenen beruhigen.
10. Sie müssen die Initiative ergreifen, wenn es gilt, Bedrohungen und Angriffe von außen zurückzuschlagen.

Es ist unschwer zu erkennen, daß viele dieser Verhaltensmuster in einem großen Unternehmen tatsächlich vorkommen.

Obwohl das Unternehmensumfeld ein sehr dynamisches System sozialer Rangordnungen und Machtpositionen darstellt – die verschiedensten Individuen kommen und gehen, steigen auf und ab –, ist es trotzdem ein gut definiertes System, das leicht quantitativ zu beschreiben ist. Dieser Artikel soll die Ergebnisse verschiedener Tests darlegen, mit denen die individuellen Verhaltensweisen mit den Charakteristika einer genau definierten Rangposition im Unternehmen in Beziehung gesetzt werden sollten.

Ergebnisse

I. Definition des Rangs im Unternehmen

Dieser wird definiert wie folgt:

$$RU_1 = \frac{G_i}{G_p} + \frac{P_i}{P_p} + \frac{M_i}{M_q} + \frac{O_i}{O_N} + \frac{A_i}{3} + \frac{B_i}{B_p} + \frac{E_i}{E_p} \quad (1)$$

RU_i = Rang des Individuums i im Unternehmen
G_p = Gehalt des Präsidenten
G_i = Gehalt des Individuums
P_i = Arbeitsplatzeinstufung des Individuums laut Personalbüro
P_P = Arbeitsplatzeinstufung des Präsidenten
M_i = Zahl der dem Individuum zugeordneten Mitarbeiter
M_G = Gesamtzahl der Mitarbeiter des Unternehmens
O_1 = Zahl der Organisationsniveaus zum Präsidenten
O_N = Zahl der Organisationsniveaus im Unternehmen
A_i = Zahl der akademischen Abschlüsse bis maximal 3
B_1 = Zahl nur einmal vorhandener Büroausstattungsgegenstände
B_P = Zahl nur einmal vorhandener Büroausstattungsgegenstände im Büro des Präsidenten
E_1 = Anzahl von Jahren einschlägiger Erfahrung
E_P = Anzahl von Jahren einschlägiger Erfahrung des Unternehmenspräsidenten

Die Werte liegen zwischen einem Minimum von 0,13, das etwa dem RU eines neu eingestellten Dockarbeiters entspricht, und einem Maximum von 7,0, das der Unternehmenspräsident erreicht. Eine typische Verteilung der RU-Werte in einem Unternehmen mit 50 000 Mitarbeitern zeigt in etwa Abbildung 1.

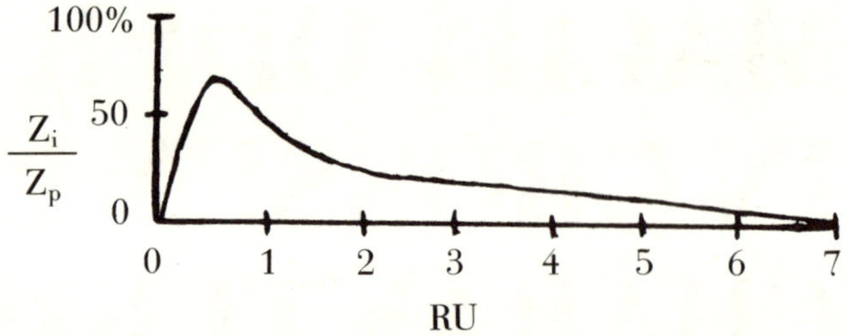

Abb. 1

Wir glauben, daß die Validität von Gleichung 1 im wesentlichen als axiomatisch gelten darf und sich jede weitere Diskussion damit erübrigt.

II. Grundlegende Beziehungen

Als erstes möchten wir erwähnen, daß bestimmte innerbetriebliche Verhaltensweisen wie (1) die Füße auf den Tisch legen, (2) nur schwarze Kleidung tragen, (3) Krawatten tragen, (4) nur blaue Hemden tragen, (5) nur weiße Socken tragen, (6) Pfeife rauchen und vieles mehr, doch mehr dem Konformismus und der Nachäffung von hochgestellten und individualistischen Unternehmensspitzen zu entspringen scheint als innerbetrieblichen Verhaltenscharakteristika allgemeiner Natur. Ebenso wurden, soweit es Männer betrifft, keine engen Korrelationen zwischen RU und Körpergewicht oder -größe, Haar- oder Augenfarbe oder anderen physischen Eigenschaften festgestellt, ausgenommen ein schwacher Zusammenhang zwischen den sehr hohen Positionen und dem Vorkommen starker Hämorrhoiden.

Klare und unzweideutige Korrelationen ließen sich in bezug auf das Geschlecht feststellen. In der ganzen amerikanischen Industrie scheint es keine Frau zu geben, deren RU-Wert über 3 liegt.**

** Nicht mehr lange, d. Ü.

III. Besprechungen

Schon in einer sehr frühen Phase dieser Studie trat klar zutage, daß eine Untersuchung des Verhaltens von Individuen während einer Besprechung, an denen Mitarbeiter mit verschiedenem RU teilnehmen, ein fruchtbares Forschungsgebiet darstellten. Folglich beobachtete und dokumentierte ein Team von drei ausgebildeten Beobachtern diese Persönlichkeitsmerkmale und Verhaltensmuster in annähernd 1600 Besprechungen in vier Unternehmen über einen Zeitraum von zwei Jahren.

Folgende Merkmale erwiesen sich als typisch für den höchstrangigen Teilnehmer an einer bestimmten Besprechung oder Konferenz.

1. Er stellt mehr Fragen, als er Antworten gibt.
2. Er stellt mehr Fragen über Termine und Pläne als über das Wie und Warum.
3. Er sitzt an der Stirnseite des Tisches.
4. Er erteilt Befehle und Ratschläge.
5. Er befindet sich mehr in der Offensive als in der Defensive.
6. Er kommt gewöhnlich zu spät zu den Besprechungen.
7. Er verläßt die Besprechung, während er seinen Sekretär eine anscheinend wichtige Notiz austeilen läßt.
8. Er macht selten Vorschläge – gewöhnlich ist er derjenige, der Vorschläge entgegennimmt.
9. Er zeigt mehr Interesse an finanziellen als an technischen Dingen.
10. Er scheint selten »zu« zu sein.
11. Er wird niemals emotional.
12. Er antwortet schnell und autoritativ.
13. Er läßt niemals einen anderen Teilnehmer die Oberhand gewinnen.
14. Er tadelt selten einen Untergebenen mit einem RU weit unter ihm. Er tadelt Untergebene mit gleichem RU.
15. Er zeigt eher einen extrovertierten als einen introvertierten Charakter.
16. Er sieht jedermann direkt in die Augen.
17. Niemals murmelt er, rutscht oder zappelt er herum.
18. Er weist Verantwortung eher anderen zu als sich selbst.
19. Er ist in Eile und versucht, die Besprechung abzukürzen.

Die allgemeine Anwendung dieser Taktiken in nahezu allen Situationen bleibt natürlich den Inhabern der höchsten Stellungen innerhalb des Unternehmens vorbehalten, d. h. denen mit RU = 6–7, also den Präsidenten und den Aufsichtsratsvorsitzenden. Weit niedriger stehende Mitarbeiter, d. h. solche mit RU = 0–2, sollten sich erwartungsgemäß im allgemeinen der obigen Liste entgegengesetzt verhalten.

Es wurde beobachtet, daß solche unerfreulichen Taktiken, wie sich einer rohen Ausdrucksweise zu bedienen, hochtechnische, auswendig gelernte Fragen zu stellen oder Konkurrenten offensichtlich in Verlegenheit zu bringen, untypisch für Personen in sehr hohen Positionen sind.

Wir wollen uns nun ansehen, wie diese Verhaltensweisen funktionieren. Dazu hören wir in eine Besprechung hinein, an der ein leitender Ingenieur, mehrere seiner Ingenieure, drei oder vier Verwaltungsangestellte und der Präsident des Unternehmens teilnehmen.

Dr. John Galaway, Diplomphysiker, führt den Vorsitz. Er spricht und richtet seine Äußerungen an Markus Hutson, den Präsidenten von Impact Ecotronics, Inc. Hutson sitzt an der Stirnseite des Tisches, seine engsten Mitarbeiter sitzen unmittelbar zu seiner Rechten und Linken. John kommt gerade zum Ende seiner Darstellung und sagt: »Der Pyridinaminokomplex (natürlich in Zusammenhang mit der ZFQ-Aktivation) wird wahrscheinlich reagieren oder die Zeta-Phase des PFP qua Bolonium-Zustand auslösen. Wir glauben, daß eine Computeranalyse der gequantelten spinorbitalen Gaudsmits-Integrale des $L_{II}L_{III}$-Zwischenzustandes uns zu einer Antwort führen könnte. (Die gesamte Analyse wird natürlich im Vektorraum durchgeführt werden müssen.) Was die Sache am ehesten verzögern könnte, Herr Hutson, ist die Finanzplanung des Unternehmens.«

Hutson, der Präsident des Unternehmens, antwortet ohne Zögern, eindringlich und bestimmt: »John, dies ist eindeutig eins unserer vordringlichsten Projekte für 1975. Was denken Sie, wann Sie die Analyse fertig haben können und ich den vollständigen Bericht auf meinem Schreibtisch habe?«

Obwohl der Präsident nicht die leiseste Ahnung hat, wovon der Ingenieur spricht, verteidigt und schützt er seinen RU dennoch, indem er im klassischen, aggressiven Stil reagiert. Das heißt, (1) er fragt wann und nicht wie oder warum, (2) er antwortet auf die implizite Frage mit einer anderen Frage, (3) er verweist die Verantwortung auf den Untergebenen zurück, (4) er gibt sich den Anschein, den Kernpunkt der Diskussion vollkommen zu begreifen, (5) er schiebt jegliche Entscheidung auf, die er eventuell zu treffen hätte, ohne sich die geringste Blöße zu geben, und schließlich (6) gibt er eine Anweisung. Eine Aussage, die mit der von Hutson vergleichbar ist, kann jeder mit dem höchsten RU in einer Besprechung von sich geben. Gelegentlich kann der zweithöchste Mann zu ähnlichen Taktiken greifen, allerdings riskiert er dabei, von der Nummer 1 niedergemacht zu werden. Werden solche Aussagen oder Taktiken von dritt- oder viertrangigen Personen verwendet, so bedeutet dies einen Tritt ins Fettnäpfchen allererster Güte.

IV. Grußformen

In einer Kurzstudie haben wir untersucht, in welcher Art und Weise sich zwei Leute, die einander kennen und sich auf den Fluren des Betriebs begegnen, grüßen oder ihr Erkennen zeigen. In drei großen Unternehmen zeichneten wir ca. 2500 solcher Situationen auf. Die folgende Tabelle enthält unsere Ergebnisse.

Grußform	**Häufigkeit in Prozent**
1. Sagen »Tag« oder »Hallo«	33
2. Sagen »Hallo« und hängen den Namen der gegrüßten Person dran	22
3. Augenbrauen hochziehen	10
4. Kopfnicken	10
5. Keine Reaktion	10
6. Strecken den Zeigefinger aus und »schießen«	5
7. Erheben die Hand wie zum indianischen »How«	4
8. Militärischer Gruß	4
9. Stehenbleiben und Händeschütteln, gefolgt von Schulterklopfen und längerem Schwatz	2

Wir versuchten nun, die verschiedenen Grußformen mit dem RU zu korrelieren.* Von einer Stichprobe von 10% der Grüßer berechneten wir den RU aus den Personalakten. Folgende Zusammenhänge zwischen den einzelnen Grußformen und den geschätzten Differenzen des RU-Wertes (△ RU) wurden ermittelt.

Kategorie	**△ RU**
I. »Schießen«, Augenbrauen hochziehen, keine Reaktion, Nicken, Salutieren	0–1
II. Hallo sagen, Namen nennen	1–3
III. Namen nennen, Schulterklopfen	3–6

Betrachtet man diese Ergebnisse, so wird klar, daß bestimmte Grußtechniken wie z. B. »Schießen« oder »How« zwischen Grüßern mit hohen △ RU, z. B. zwischen dem Vizepräsidenten und dem Pförtner, vermieden werden. Andererseits könnte »How« oder auch »Schießen« von zwei Fließbandarabeitern mit gleichem RU gebraucht werden, auch vom technischen Leiter und dem Assistenten des Vizepräsidenten, ohne Angst vor sozialen Konflikten.

Auch konnten wir feststellen, daß die Vernehmlichkeit von Grüßen zweier Personen, die sich begegnen, eine Funktion der Differenzen ihres RU (△ RU) ist.

Wir kamen zu unseren Daten, indem wir an den Namensschildern einer repräsentativen Anzahl von Mitarbeitern Miniatursender befestigten. Diese Personen wurden dann mit einem Empfangsgerät verfolgt und ihre Reaktionen aufgezeichnet. Die Daten geben die durchschnittliche Lautstärke der Reaktionen beider Grüßer an, obwohl zu vermerken war, daß die Person mit niedrigerem RU gewöhnlich besser zu vernehmen war. Abbildung 2 zeigt die Auswertung der Antworten in dB gegen △ RU.

Generell beweisen die Ergebnisse, daß sich die Wichtigkeit und/oder Lautstärke der Grüße proportional zum Grad der Konkurrenz verhält, die zwischen den grüßenden Parteien herrscht. Bei niedrigen und hohen Werten

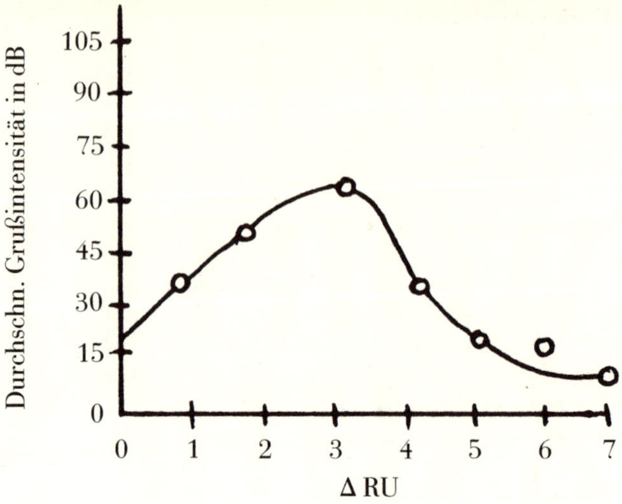

Abb. 2

von △ RU ist die Konkurrenz niedrig, sie erreicht den Gipfel bei RU-Werten von 1–3.

Schlußfolgerung

Die Ergebnisse machen deutlich, daß ein starker Zusammenhang zwischen dem Rang des Individuums im Unternehmen und seinem Verhalten besteht. Wir hoffen, diese Ergebnisse sorgen in Zukunft für mehr Harmonie in den Betrieben. Die Anwendung gewisser Verhaltensmuster mit hohen RU-Werten durch Personen mit niedrigem RU muß natürlich als extrem unethisch betrachtet werden.

Danksagungen

Die Durchführung dieser Untersuchung verdanken wir einer Stiftung des mexikanischen Instituts de los Gringos (MIDLG-68946-AF 126). Wir danken Horst Mackintose und Ellen Grantges, die die Gruß-Experimente durchgeführt haben. Unser spezieller Dank gilt Max Thorbes für seine Teilnahme am Kastrationsexperiment (leider war das Experiment nicht erfolgreich und wird somit hier nicht dargestellt); wir wünschen ihm viel Erfolg bei seiner neuen Karriere in der amerikanischen Frauenbewegung. Und schließlich bedanken wir uns für die Hilfe von Henry Tomplinson**, der die meisten der Abhörgeräte hergestellt und angebracht hat.

LITERATUR

Maximilian Grütlich, Dt. Ztg. für unheimliche Vögel, *39*, 864 (1939)
R. Nasini und A. Scala, Anal. Psychologie de Pucelage, *14*, 6 (1948)
Siehe zum Beispiel, S. Z. Himalya, »Primate Behavior«, S. 86, Venuzian Book Co., Spatoona, Lousiana, 1964
Desmond Morris, »The Human Zoo«, S. 42–53, McGraw-Hill Book Co., New York, 1969

* Bliebe zu erklären, wieso gegenwärtig die Body-building-Studios wie Pilze aus dem Boden schießen, d. Ü.

** Derzeitige Adresse: Staatsgefängnis Alabama, Katoola, Alabama.

TEIL VI

WÖRTER UND ZAHLEN

ENDLICH! WILLKOMMENE LINDERUNG DER PEIN UND BÜRDE DER PROZENTORRHOE

Dr. med. Michael A. LaCombe
Assistenzarzt am
Strong Memorial Hospital
Rochester, New York

Assistenzärzte, die von endlosen Prozentaufstellungen gelangweilt werden und Professoren, die stets geneigt sind, diese zu zitieren, werden davon profitieren, sich die unentbehrliche Regel einzuprägen, die in diesem Artikel vorgestellt wird.

LaCombes Regel der Prozentzahlen (ich heiße LaCombe) wird, wenn Assistenzärzte sie richtig anwenden, Visitenleiter und Belegärzte dazu zwingen zu lehren, statt das, was Orr »Verschiebung der Langeweile«[1] nennt, weiterzubetreiben. Die Regel lautet: *Die Wahrscheinlichkeit des Eintretens von allem, was wichtig ist, beträgt entweder 15–25 Prozent oder 80–90 Prozent.*

Mit dieser Regel im Hinterkopf muß man nur wissen, ob etwas gewöhnlich oder ungewöhnlich ist, um profunde medizinische Kenntnisse vorzuspiegeln, wenn es um Prozentfragen geht. Auf diese Weise zwingt man diejenigen, die einen belehren sollen, sich mit Pathophysiologie statt mit Prozentzahlen zu befassen, und man lernt vielleicht etwas.

Lassen Sie mich das an einem klinischen Beispiel zeigen.

Visitenleiter: Welcher Prozentsatz von Patienten mit Hodgkinscher Krankheit hat nach Alkoholkonsum Schmerzen in den Krankheitsherden?

Assistenarzt (denkt bei sich): Davon hab ich mal was gehört, als ich in einer Hämatologievorlesung eingeschlafen bin ... ich hab das noch nie gesehen, also kann's nicht zu häufig sein ... er grinst mich so an, als ob ich das wissen müßte, also kann's nicht zu selten sein. (Laut): Etwa 15 bis 25 Prozent, je nach der entsprechenden Untersuchung.

Visitenleiter: Hervorragend! Es sind tatsächlich 17 Prozent. Würden Sie gerne Assistenzprofessor für Medizin werden wie ich?

Assistenarzt: Ich fürchte, dazu weiß ich noch nicht genügend Prozentzahlen.

Nun denken Sie nicht, der Assistenzarzt sei unehrlich, betrügerisch oder nur zungenfertig gewesen. Er benutzte LaCombes Regel als Waffe und war sich der überwältigenden Macht des Satzes »Je nach der entsprechenden Untersuchung« bewußt, was alles bedeuten kann von »Ich kenne soviel Literatur wie du« aufwärts. Es gibt natürlich Ausnahmen von meiner Regel, und man muß sich zwei Korollarien merken. Das erste heißt Zusatz des skeptischen Stirnrunzelns und bezieht sich auf den Moment, in dem der Visitenleiter sein Gesicht verzieht (es in skeptische Falten legt) und vom Studenten zum PJler und zum Assistenzarzt blickt, bevor er nach einem wirklich bizarren Prozentsatz fragt. Das Korollar: *Ein Stirnrunzeln ist weniger als 1 Prozent.*

Das zweite heißt Dudenhöfers Korollar nach einem Assistenzarzt, der es zweimal benutzte, und lautet: *Eine Antwort von 50 Prozent genügt für die Spannweite von 40–60.* Es sollte selten verwendet werden und nur von einem Meister der Lässigkeit in Gesichtsausdruck, Wortnuance und Stimmfärbung. Warum? Als Visitenleiter muß man ganz schön cool sein, um eine Frage nach einem Prozentsatz zu stellen, wenn die gewünschte Antwort im 40–60-Bereich liegt. Glücklich und gesegnet der Mensch, der auch nur einmal in seinem Leben Dudenhöfers Korollar erfolgreich anwendet. Mit fortschreitender Übung wird sich LaCombes Regel als unentbehrlich erweisen. Wie der Pschyrembel ist sie eine Anschaffung, die man immer braucht.

[1] K. N. Orr, »Boredom, Tediousness, Ennui. A dull Study of a tiresome Phenomenon«, Dull Books, Burlington, Vermont, 1980, S. 80.

SAURE GURKEN UND HUMBUG

(Ein bißchen komparative Logik)

Anonym

Saure Gurken werden Sie umbringen! Jede einzelne, die Sie essen, bringt Sie dem Tode näher. Erstaunlicherweise hat »der denkende Mensch« die schreckliche Bedeutung des Ausdrucks »eingemacht« nicht verstanden. Obwohl führende Gartenfachleute seit langem wissen, daß *Cucumis sativus* indehiszente Cucurbitaceae enthält, expandiert die Konservenindustrie weiter.

Saure Gurken stehen in Zusammenhang mit allen schweren körperlichen Erkrankungen. Ihr Verzehr beschwört Krieg und Kommunismus herauf. Sie können mit den meisten Flugzeugkatastrophen in Verbindung gebracht werden. Autounfälle werden von sauren Gurken verursacht. Es gibt eine positive Beziehung zwischen der Rate krummer Dinger und dem Konsum dieser Frucht aus der krummen Familie. Zum Beispiel:

1. Fast alle kranken Menschen haben saure Gurken gegessen. Die Wirkungen sind offensichtlich kumulativ.
2. 99,9% aller Menschen, die an Krebs sterben, haben saure Gurken gegessen.
3. 100% aller Soldaten haben saure Gurken gegessen.
4. 96,8% aller Sympathisanten der Roten haben saure Gurken gegessen.
5. 99,7% der Menschen, die an Flugzeug- und Autounfällen beteiligt waren, hatten innerhalb von 14 Tagen vor dem Unfall saure Gurken gegessen.
6. 93,1% aller jugendlichen Delinquenten kommen aus Familien, wo häufig saure Gurken verzehrt werden.

Die Beweise sprechen für Langzeitwirkungen des Verzehrs von sauren Gurken:

Bei den im Jahre 1839 geborenen Menschen, die später saure Gurken aßen, gab es eine Sterblichkeit von 100%.

Alle Gurkenesser, die zwischen 1869 und 1879 geboren wurden, haben faltige Haut, haben die meisten Zähne verloren, haben brüchige Knochen und sehen schlecht – wenn die üblen Folgen des Gurkenverzehrs nicht schon ihren Tod verursacht haben.

Noch überzeugender ist der Bericht einer bekannten Gruppe ärztlicher Spezialisten: Mit 2 Pfund saurer Gurken pro Tag 30 Tage lang zwangsgefütterte Ratten entwickelten ausgebeulte Bäuche. Der Appetit auf *ausgewogene Nahrung* wurde zerstört.

Der einzige Weg, die zerstörerischen Wirkungen des Konsums von sauren Gurken zu vermeiden, ist die Änderung der Eßgewohnheiten. Essen Sie Orchideenblütensuppe. Praktisch niemand hat irgendwelche Probleme nach dem Verzehr von Orchideenblütensuppe.

Kleine Weidenröschen-Tee

(In Heft 3, Seite 70 hatte sich »unser Jägerarzt« Dr. W. Schmid mit dem Problem »Die leidige Blase« beschäftigt.)

Vor Jahren merkte auch ich, daß es mit dem Wasserlassen problematischer wurde. Trotz der Medikamente meines Hausarztes war es eines Tages soweit, daß der Strahl gerade noch vor den Stiefelspitzen zu Boden ging. Ein Leidensgenosse überließ mir letztes Jahr im Mai eine Packung »Kleine Weidenröschen-Tee«, mit der er selbst gute Erfahrung gemacht hatte. Als ich diese 50 g verbraucht hatte, konnte ich – trotz meiner 80 Lenze – einen Strahl bis zu 45 Grad Winkelmaß hervorbringen.

Wichtig ist, den nach Vorschrift zubereiteten Tee präzise jeweils eine halbe Stunde vor dem Frühstück und vor dem Abendessen einzunehmen.

Mein Hausarzt wundert sich, weil ich seit letzten Mai keine seiner Medikamente mehr genommen habe. Zu geeigneter Zeit werde ich es ihm verraten, obwohl er für Kräuter-Heilkunde nicht viel übrighat.

Hermann Rodehorst,
3103 Becklingen

aus: Die Pirsch 8/87

WIE MAN TECHNISCHE ARTIKEL SCHREIBT

****

»Wenn ich ein Wort gebrauche«, sagte Goggelmoggel, »dann heißt es genau, was ich für richtig halte, nicht mehr und nicht weniger.«

– Alice hinter den Spiegeln

****

Zusammenfassung: *Wir werden versuchen, mit absoluter Gewißheit zu beweisen, daß, entgegen verbreiteten Mißverständnissen, Schreiben keine Kunst, sondern eine Wissenschaft ist, demnach nichts, mit dem man geboren wird, sondern ein Attribut, das man durch fleißiges Üben erwirbt.*

Lieber Schriftsteller,

wenn Schreiben eine Kunst wäre, wie kommt es dann, daß so viele Künstler erbärmlich schreiben und so viele Wissenschaftler gut? Umgekehrt, wäre Schreiben eine Wissenschaft, dann ist ein Schriftsteller ipso facto ein Wissenschaftler, und ein Künstler hat nichts bei Berufen zu suchen, die ihn nichts angehen. Q. e. d. Anders: Schreiben ist entweder eine Kunst oder eine Wissenschaft.

Bevor Du Deine Feder ins Tintenglas tauchst, bedenke, wer Deine Leser sind. Anscheinend wenden sich technische Artikel an eine technische Leserschaft, d. h. eine, die mit einem Intelligenzniveau etwas über dem allgemeinen begabt ist. Wenn Du also vorhast, »heiße Luft« zu erzeugen, ziemt es Dir, Gebrauch zu machen von scheinbar unbeabsichtigten Verständnishindernissen, z. B. sporadischer Kakologie und nicht zusammengehörigen Juxtapositionen auf einem Niveau, das sich für diese Leser schickt. Es ist praktisch Deine Pflicht, das zu tun, wenn alles, was Du mitzuteilen hast, trivial, platt und offensichtlich ist. Aber die Wissenschaft dieser Disziplin ist bisher noch nicht befriedigend formuliert worden. Halte Dich also künftig an die Zehn Gebote, die dieses geheime Wissen betreffen, und Du wirst das ganze Jahr Luft genug haben, um tausend Mongolfieren steigen zu lassen.

Du solltest Dir bewußtmachen, daß auch der glühendste Anhänger des »Stands der Wissenschaft« (ein leerer Euphemismus für »unsere gegenwärtige Unwissenheit«) mal müde wird, wenn er nämlich die ersten grauen Haare entdeckt und seine allgemeine Abgeklärtheit (eine konstante Funktion der Zeit) ein bestimmtes »Sensibilitätsniveau« erreicht. Dann wird es zur Sache von verwirrtem Desinteresse, höflicher Langeweile oder ärgerlichem Erstaunen, den schweren verbalen Sand eines solchen Meisterstücks mühsam nach einem Goldklümpchen origineller Information zu durchwühlen.

So befolge denn fleißig die folgenden Grundsätze, wenn Du dauernden Ruhm in Druckerschwärze erwerben willst:

1) Benutze Wörter, die nur das bedeuten, was Du für richtig hältst und verrate das dem perplexen Leser nicht. (Ein Professor schrieb mir tatsächlich: »Die Erde hat keine Grenzen, trotzdem ist sie begrenzt!«)
2) Erkläre alles mit pompösen Bandwurmwörtern, verwende geläufige Leerformeln und rede mit umschreibender Weitschweifigkeit.
3) Stelle geniale Verkettungen wohlklingender Phrasen mit vernachlässigbarer Folgerichtigkeit zusammen.
4) Rekurriere verstohlen auf geheimnisvolle Etymologien, das macht den Eindruck von glänzender Gelehrsamkeit.
5) Stelle Deine Syntax aus zwei- und mehrdeutigen Umschreibungen zusammen, und Du wirst esoterisches Dunkel erreichen.
6) Verwende unveränderliche Quantifizierungen, um Dich in die Aura peinlich genauer Gelehrsamkeit zu hüllen.
7) Erwecke Deinen Leser sporadisch mit bombastischen Superlativen und hochtrabenden Imperativen aus seiner schläfrigen Starre.
8) Streue hie und da technologische Nomenklatur ohne terminologische Redundanz in Dein thematisches Opus ein; setze Dich dafür ein, Trübnis und schädliche Dunkelheit auszurotten.
9) Schließe unhaltbare Behauptungen aus, die von widerspenstigen Lesern zurückgewiesen werden können, wenn sie dazu genügend gereizt sind, und vermeide so schimpfliche Folgen für Dich.
10) Schreibe nie so, wie man spricht.

Natürlich ist Natriumchlorid so allgegenwärtig, daß einige Leser es reichlich verwenden werden, wenn sie Deine Texte lesen. Wenn Du aber in den Prinzipien der SONICHT-Logik bewandert bist und sie auf das Obige anwendest, könnte es geschehen, daß die Körnchen vieler Salzstreuer andere Verwendung finden. Wenn Du immer an die journalistischen Grundsätze denkst: Wer, wann, wo, warum, wie und was solls, und wenn Du weiterhin über Innovationen zu berichten hast, dann solltest Du mit der Anwendung der SONICHT-Logik auf obige goldene Regeln in der Lage sein, das Licht der Publikation für Deinen ewigen Ruhm leuchten zu sehen.

Der Deine in der Kunst der Schönschreiberei
Semper lucidus
Jack Eliezer
Western Union August 1968

DIE PHYSIKALISCHEN DIMENSIONEN UND DER WERT DES FLUCHS

R. J. Hoyle
Halifax, Nova Scotia, Kanada

»... Worte (sind) Streiche ...« sagt die Königin zu König Kymbelin (10). Dieser Satz bezieht sich eher auf die Synonymität von ›Streich‹ mit ›Schlag‹ als auf die mit ›Streicheln‹, wie einen Hund streicheln, und verweist auf den beleidigenden Gebrauch von Worten. Diese Funktion nimmt derselbe Autor in anderem historischen Zusammenhang wieder auf: »Jedes Wort pufft kräftiger als eine fränk'sche Faust.« (12) Diese frühen Belegstellen für die konkreten Wirkungen von Sprache erzwingen eine Untersuchung der beteiligten physikalischen Faktoren. Daß ein verbaler Angriff eine physikalische Komponente enthält, wird auch von den Arabern dokumentiert, die laut Montague (6) »wenn sie verflucht werden, den Kopf einziehen oder sich platt auf den Boden fallen lassen, um einen direkten Treffer zu vermeiden«. Das legt nahe, daß der Fluch ein Vektor ist, der eine Richtung und wahrscheinlich einen Betrag hat.

Kennt man die Natur des Schalls und seiner Fortpflanzung, könnte man zuerst vermuten, daß der Impuls eines Fluchs abhängt vom Gewicht der betreffenden Luftmoleküle und deren Geschwindigkeit in Richtung auf das Ziel. Einen Schlüsselhinweis, daß das Bild nicht vollständig ist, liefert ein oben zitierter Autor, der die Beobachtung einer Person berichtet:

»Schwer fällt Margaretas Fluch auf meinen Nacken« (13); offensichtlich wird hier auf ein beträchtliches Gewicht angespielt. Dies wird bestätigt von Graves, der behauptet, daß »auf Jesus Christus zu schwören ein Eid ist, der Gewicht hat«. (4, S. 6). Obwohl das letztere Beispiel sich eher auf die bekräftigende als die beleidigende Funktion des Eides bezieht, ist doch deutlich, daß die Anwendung derselben Prinzipien gerechtfertigt ist. Ein weiterer Nachweis findet sich bei Shirley (14), der aufzeigt, daß »eine gewisse Häufigkeit von Eiden Gewicht haben kann« (S. 52). Bei der Interpretation dieser Aussage ist ein hohes Maß an Sorgfalt nötig, da Hinweise von Echols (1) ihr offenbar widersprechen. Dieser weist darauf hin, daß ein Fluch »seine Kraft zu schützen und zu überzeugen verlieren kann, wenn er zu oft ausgesprochen wird, ohne daß der gewünschte Effekt eintritt«. Dies wurde schon viel früher von Paley (9) festgestellt. Er kommentierte dies mit den Worten: »Die Leichtigkeit und Häufigkeit, mit der Flüche verwandt werden, bringt es allgemein mit sich, sie nicht mehr ernst zu nehmen.« Diese Daten sind dahingehend zu interpretieren, daß der Wert des Fluchens insgesamt erhöht werden kann, wenn man pro Zeiteinheit die verwandten Begriffe variiert, statt ständig dieselben zu wiederholen.

Einem Fluch schreibt auch Naracic (7) Kraft zu, wenn er versichert, daß »der Fluch dieselbe Kraft wie die Person hat, die ihn ausspricht«. In diesem Zusammenhang erzwingt die frühere Erwähnung der »fränk'schen Faust« (12) dazu, die Kraft eines manuell ausgeteilten Schlages zu untersuchen. Es wurde berichtet (2), daß bei einem Karate-Schlag die Hand »eine Spitzengeschwindigkeit von 10 bis 14 Metern pro Sekunde und eine Kraft von mehr als 3000 Newton entwickeln kann, einen Schlag also von 675 Pfund«. Dennoch wird der Fluch oft auf größere Entfernung angewandt, als ein Schlag der menschlichen Hand normalerweise überbrücken kann. Möglicherweise kann man daraus schließen, daß ein Fluch einige der Eigenschaften eines Projektils (6) hat, und Naracics Hinweise legen nahe, daß seine physikalischen Dimensionen dem entsprechen, was man bequem werfen kann. Dafür sind schon Beweise dokumentiert worden (12), die beim Gewicht ein mögliches Maximum von einigen Pfund pro Fluch nahelegen.

Ein Minimalwert ist schwieriger zu bestimmen, obwohl es einige indirekte Anhaltspunkte zu geben scheint. Es wurde vermutet (16), daß eine bestimmte Art nachlässiger, ungerichteter Sprache, wie die eines bequem zurückgelehnten Gammlers, »nicht in der Lage ist, eine Bedeutung zu tragen, die gewichtiger ist als ein Seufzer«. Dies weist auf ein niedriges Gewicht von etwa derselben Größenordnung wie ein mäßig kräftiges Ausatmen hin. Es liegt wahrscheinlich annähernd auf halbem Wege zwischen dem Lungenrestvolumen (ca. 500 ml) und der Vitalkapazität (ca. 3600 ml) (5) bei – sagen wir – 2000 ml. Das Gewicht dieser Luft (ungefähr 2,5 g) ist ein Schätzwert für das Mindestgewicht.

Man darf erwarten, daß die Wirksamkeit eines Fluchs sowohl mit seinem Volumen als auch mit seinem Gewicht zusammenhängt. Wiederum liefert Shakespeare dazu einen Nachweis; er erwähnt das Prinzip, den »Mund mit derben Schwüren voll« zu nehmen (11). Wenn »derb« »effektiv« impliziert, dann hätte solch ein Fluch ein ähnliches Volumen wie die Gaumenhöhle. Dies und die Deduktionen bezüglich des Gewichts sprechen für das Modell eines kleinen Balls. Graves bestätigt das Konzept des Fluches als physikalischer Entität, wenn er sagt, daß durch das »negative Fluchen« »die thermodynamische Entropie einer klugen Abfolge von Flüchen intensiviert wird« (4, S. 14). Das schließt die Verwendung einer besonders höflichen Sprache statt der Epitheta von der üblichen abfälligen Art ein. Jedoch ist der genaue Zusammenhang zwischen dieser Art der Intensivierung und der Entropie des Systems unklar. Montague gesteht ebenfalls eine physikalische Grundlage zu (6, S. 44), wenn er die »Bioenergetik ... des Fluchtäfelchens« erwähnt und sich auf eine Verstärkungsmethode der Naturvölker bezieht.

Die sozioökonomische Geschichte des Fluchens liefert einige interessante Daten über den fallenden Wert des Fluchs. Zu Beginn des zwölften Jahrhunderts n. Chr. belegte Heinrich I. von England die Mitglieder seines Hofes, die beim Fluchen erwischt wurden, mit Strafen. Diese reichten von 40 Schilling für einen Herzog bis zu einer Abreibung für einen Pagen (8). Ungefähr fünfhundert Jahre später erklärte Wilhelm III.: »Wenn jemand flucht, ein Arbeiter, Diener oder einfacher Soldat, soll er für die erste Beleidigung einen Schilling, für die zweite zwei etcetera den Armen geben, aber das Doppelte gilt für jeden, der kein Diener ist«. (3) Dieser Klassenunterschied taucht nicht auf in einem Gesetz, das 1953 in Maryland erlassen wurde (15), obwohl der deflationäre Trend beibehalten wird. Das Gesetz sieht eine Strafe von 25 Cent für das erste Fluchwort und 50 Cent für jedes folgende vor. Wir stellen fest, daß Flüche bald wertlos sein werden und überhaupt nicht mehr benutzt werden müssen, wenn dieser inflationäre Trend sich fortsetzt.* Man denkt jedoch, daß dieser Punkt nie erreicht werden wird, weil dann ein bedeutender Anteil der Bevölkerung nichts mehr zu sagen hätte. Paley teilt auch Informationen über den vernachlässigbaren Wert des Fluchs mit: »Kein Pfund Tee kann regulär vom Schiff zum Kunden gelangen, ohne mindestens ein halbes Dutzend Flüche zu kosten.« Obwohl man sicher sein darf, daß solche Kosten leicht auf den Kunden abgewälzt werden könnten, ist es zweifelhaft, ob der Wertverlust des Fluchs auf Null zur Abnahme des Zwischenhandels und zu einem niedrigeren Warenpreis führen würde.

* Tatsächlich könnten wir hier denselben Effekt haben wie überall, wo die Billigware die gute verdrängt. So sehen wir einen wachsenden Trend, im gebildeten Gespräch in Film und Fernsehen, das Wort »Scheiße« zu verwenden, während einfallsreichere und anschaulichere Möglichkeiten, sich Luft zu machen, aus dem allgemeinen Gebrauch nahezu völlig verschwunden sind.

Schlußfolgerungen

Flüche werden geschätzt auf ein Gewicht zwischen einem Gramm und einem Kilogramm mit einem Modalwert von 150 Gramm. Die Obergrenze des Volumens bewegt sich zwischen 150 und 200 cm^3.

Der Geldwert des Fluchs hat fast bis zum Verschwinden abgenommen: Die Kurve verläuft offenbar asymptotisch.

LITERATUR

1. Echols, E. 1979. *The Art of Swearing in Latin.* American Scholar, 49, 111. (Winter '79–'80).
2. Feld, M. S., R. E. McNair & S. R. Wil, 1979. *The Physics of Karate.* Sci. Amer., 240 (4), 150–158, (April).
3. Good, J. M., O. Gregory & N. Bosworth. 1819. *Pantologia.* London.
4. Graves, R. 1927. *Lars Porsena.* London: Kegan, Paul, Tranch, Trubner.
5. Mathews, D. K. & E. L. Fox, 1976. *The Physiological Basis of Physical Education and Athletics.* Philadelphia: W. B. Saunders, Co.
6. Montague, A. 1967. *The Anatomy of Swearing.* New York: MacMillan.
7. Naracic, V. G. 1972. *The Psychology of Swearing Among Sportsmen.* J. Sports Med. & Phys. Fit. 12 (3), 207–210, (Sept.).
8. Nowell, Alexander. 1611. *A Sword Against Swearers and Blasphemers.* London (zitiert nach F. A. Shirley).
9. Paley, Wm. 1785. *Elements of Moral Philosophy.*
10. Shakespeare, W. 1610, *Kymbelin.* 3. Akt, 5. Szene, Z. 40
11. Shakespeare, W. *Heinrich IV* (Teil I), 3. Akt, 1. Szene
12. Shakespeare, W. *König Johann,* 2. Akt, 2. Szene
13. Shakespeare, W. *Richard III.,* 5. Akt, 1. Szene, Z. 25
14. Shirley, F. A., 1979, *Swearing and Perjury in Shakespeare's Plays,* London, Geo. Allen & Unwin
15. *Time,* 16. Mai 1969, S. 78
16. *Time,* 25. August 1975, S. 57

MULTIVARIATIONALE STIMULI SUBTURGIDER FOCI ZUR ERFASSUNG VON KREUZEVALUATIONS-TECHNIKEN ZWECKS KOGNITIVER ANALYSE HYPERSIGNIFIKANTER GRAPHENGIPFEL ALS FOLGE VON INTER-SUBJEKTIVITÄTSMODULEN MIT BIOLOGISCH ABBAU-BARER DURCHSICKERUNG

David Louis Schwartz

Zusammenfassung

Nach einer Definition der Grundbegriffe wird ein Modell konstruiert, in dem interdisziplinäre Kognitionsmuster zunehmend lebensunfähigen Stimuli unterworfen werden. Es wird festgestellt, daß ein Focus punktsensitiver Trivalenz trotz der offensichtlichen tripolaren Diskontinuität nicht notwendigerweise molekulare Dispersion voraussetzt. Es wird gezeigt, daß frühere Untersuchungen in die Irre führten, da sie allumfassende Einstufungsverfahren betonten und sie auf jüdisch-christliche Parameter anwandten.

Grundbegriffe

Multi: Viele davon. Ganze Massen. Mehr als nur ein paar.
Variational: Veränderbar. Unwahrscheinlich, daß man dasselbe Ergebnis erhält wie bei der letzten Prüfung.
Stimuli: Dinger, zu denen man andere Dinger macht, damit sie andere Dinger machen.

Subturgid: Nicht viel zu tun bis nächsten Freitag. Weniger aktiv als einfach nur träge, ein Unterton von drohender Rigidität. Nützlich zur Beschreibung von Managementmerkmalen.

Foci: Orte, wo Dinge zusammenkommen. Verbindung zu »wuseln« und »Herumwusler« im quasi-normativen Sinn.

Herumwusler: Jemand, der immer um dieselbe Sache herumwuselt (»foci«), ohne sich einen Deut darum zu kümmern, was Sie interessiert.

Hypersignifikant: Große Sache. Topmanagementprojekt. Siehe hyposignifikant, hypochondrisch, Hyperschmüper und Hippopotamus.

Intersubjektivität: Intime Kreuzbeziehungen zwischen Gegenständen. Manchmal sind die Gegenstände Personen; in diesem Fall ist Intersubjektivität ein schmutziges Wort.

Jüdisch-christlich: Jüdisch und christlich. Auch christlich und jüdisch. Oder beides. Siehe Rose von Jericho, Nimzoindianische Verteidigung, den früheren Bürgermeister Wie-hieß-er-doch-gleich von Dublin, und ich verkündige euch große Freude.

Trivalenz: Die Sorte Kleiderbügel, auf die man drei Sachen auf einmal hängen kann, ohne daß sie sich überlappen. Siehe auch trivial, Valencia und Linus Pauling.

Vivaldi: Italienisches Wort für eine tragbare, batteriegetriebene Nudelmaschine mit einem deutlichen »Ticketicketicketicketicke«. Siehe Abb. 4.

Nimzoindianische Verteidigung: Verluste für Schwarz. Auch Verluste für Weiß. Sehr zu empfehlen.

Mit: Hat einen Beiklang von Besitz. Sehr nützlich, um die gegenteiligen Aspekte von ohne aufzuzeigen. (q. v.)

Ohne: Fehlend. Draußen. Wenn nicht. Jenseits. Das Wort wird aus sanitären Gründen selten genau untersucht. Ohne, ohner, am ohnesten: Diese Formen haben sich in soziologisch-manipulativen Parallelen eingebürgert. Zum Beispiel sind arme Leute bedürftig, aber manche sind bedürftiger als andere.

(q. v.): Abkürzung für das lateinische quizzimus vitalisius, was bedeutet »Wer hat das ganze Haarwasser verbraucht?« Heute benutzt, um den Partizipialkonjunktiv einzuführen, wenn ein Präsidentschaftskandidat Vertrautheit mit dem Bauernproblem zeigen will.

Aufwärtsmobil: Eine vertikale Transfiguration eines Perzentils mit horizontalem Wachstum. Wird in Kubikgeronimos ausgedrückt; die Reziprokwerte haben sich als nützlich bei der Vorhersage von Schwankungen bei den Hundefutterumsätzen erwiesen.

Abwärtsmobil: Fast wie Aufwärtsmobil, außer in Feinheiten der Richtungsmodalitäten.

Sizilianische Verteidigung: Starke Bindung zwischen König und Läufern. Siehe Don Carleone und die Fortsetzung der Fischer-König-Legende.

Lebensunfähig: Nicht allzu gesund. Eher kränklich. Ein allgemeiner Krankheitszustand. (Siehe regungsunähnlich, real dämlich, reaktionsarm, Restrisiko.) So ein Gefühl von Lustlosigkeit und Erschöpfung. Hundemüde. Nehmen Sie zwei Aspirin, etwas Hühnerbrühe und rufen Sie mich nächsten Dienstag an.

Rhesus: Eine Art Affe. Siehe Abb. 4.

Biologisch abbaubar: Zehn Minuten, nachdem Sie es weggeschmissen haben, verwandelt es sich in einen köstlichen Ananasyoghurt, und Sie können es essen.

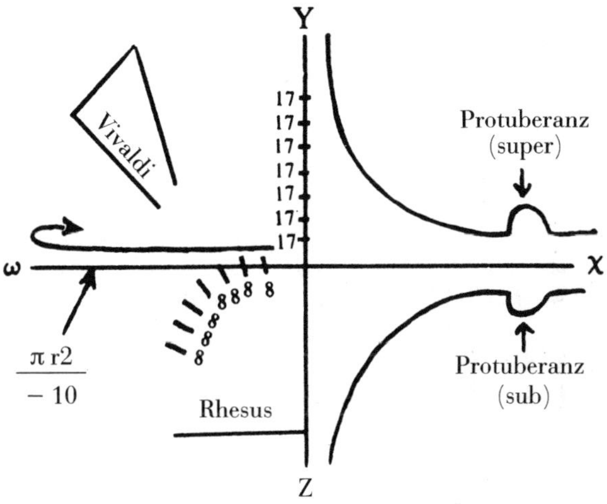

Abbildung 4

DIE KUNST, DIE RECHTE SKALA ZU VERWENDEN

S. A. Rudin

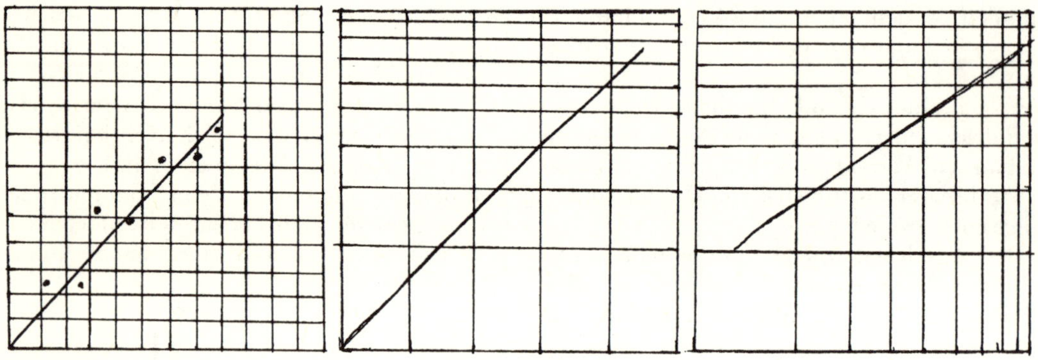

Abb. 1, 2, 3

Wie auch der Dümmste sehen kann, ist die gerade Linie die kürzeste Verbindung zwischen zwei Punkten. Wenn nun, wie es häufig der Fall ist, Punkt *A* dort ist, wo man selbst ist, und Punkt *B* einen Forschungsauftrag bezeichnet, so ist es höchst wichtig, darauf zu achten, daß die Verbindungslinie so gerade wie möglich ist. Außerdem sieht die gerade Linie besonders wissenschaftlich aus. Daher wurde ja das Millimeterpapier erfunden.

Die erste Erfindung war einfaches Millimeterpapier, wodurch die gerade Linie (1) populär wurde. Andere Leute, die mit konstant beschleunigendem oder verzögerndem Papier gearbeitet hatten, mußten nun Logarithmenpapier verwenden (2). Wenn beide Koordinaten logarithmisch waren, wurde doppeltlogarithmisches Papier notwendig (3).

Hatte man es mit einer wahrlich sprunghaften Variablen zu tun, so war Papier mit Log-log-Skala das richtige. Und so geht es weiter mit allen Kombinationen und Permutationen des oben Gesagten (4).

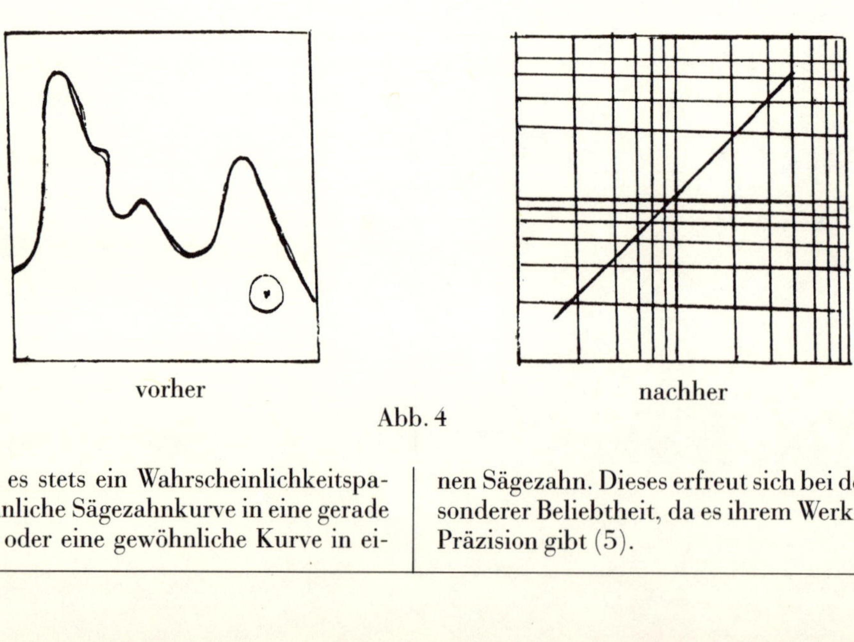

vorher nachher

Abb. 4

Für Statistiker gibt es stets ein Wahrscheinlichkeitspapier, das eine gewöhnliche Sägezahnkurve in eine gerade Linie transformiert oder eine gewöhnliche Kurve in einen Sägezahn. Dieses erfreut sich bei den Statistikern besonderer Beliebtheit, da es ihrem Werk den Anschein von Präzision gibt (5).

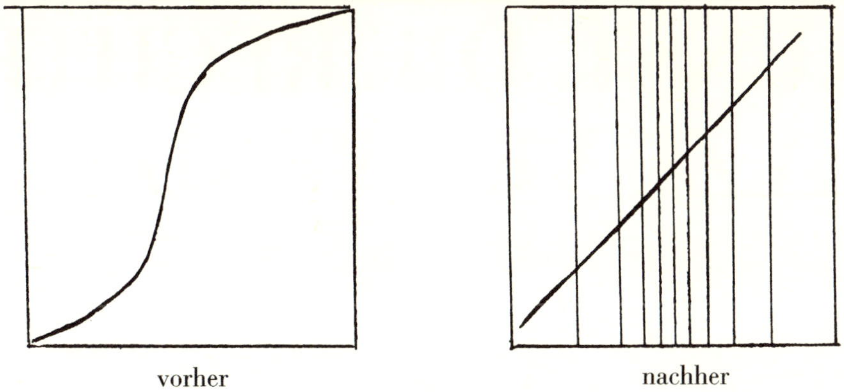

Abb. 5

Für U-Boot-Fahrten unter der Nordpolkappe gibt es polares Koordinatenpapier (6).

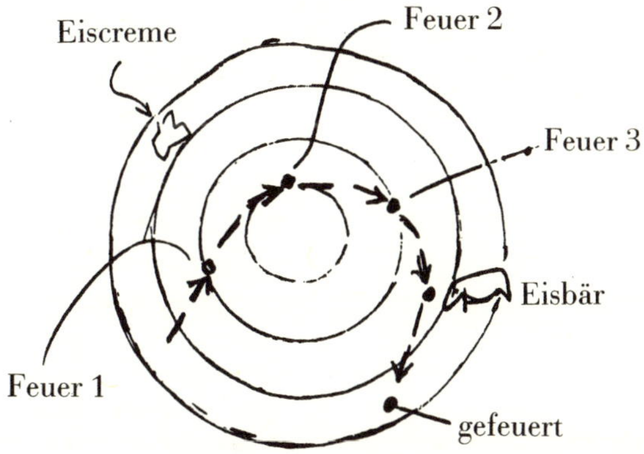

Abb. 6

Aber man mischt erst dann wirklich vorne mit, wenn man sich mit der neuesten Reihe von Skalenpapieren vertraut macht, die der Urururururenkel des Erfinders des Skalenpapiers, Graf Zenti-Meter, herausgebracht hat. Besonders Psychologen werden von Kurven geplagt, die steigen, fallen und andere entnervende Dinge tun. Wenn zum Beispiel der Laborassistent ein fauler Sack ist, ist sein Arbeitsergebnis Null. Wenn man ihn anschreit und ihm droht, steigt es. Je mehr man ihn anschreit, desto höher steigt es, bis zu dem Punkt, an dem er ein nervöses Wrack geworden ist und alles hinschmeißt. Von da an wird es immer schlimmer mit ihm, je mehr man ihn anschreit. Für diese Situation wird kurvilineares Papier den Zuwachs zeigen, die Abnahme jedoch so schrumpfen lassen, daß sie wie ein bloßer Irrtum aussieht (7A – normales Papier, 7B – kurvilineares Papier).

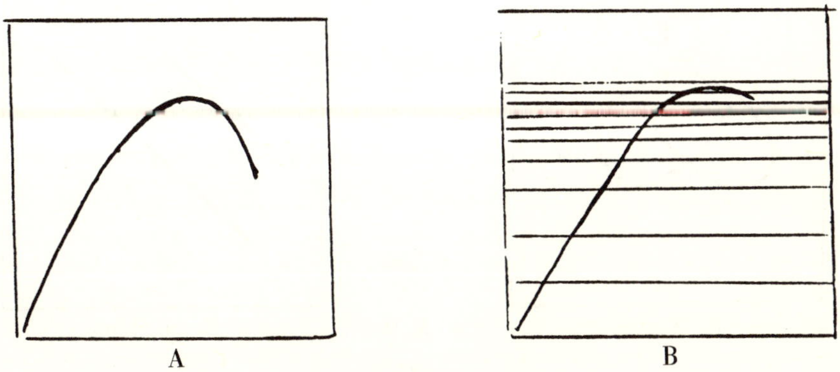

Abb. 7

Hin und wieder ergeben sich in einem Korrelationskoeffizientendiagramm Korrelationen (8A). Doch die Verwendung von »Korrelationspapier« gestattet es, Pearsons *r*-Koeffizienten von jeder beliebigen Größenordnung mit Leichtigkeit zu erreichen (8B). Natürlich gibt es auch Negativkorrelationspapier: Bei ihm zeigt das Diagramm einfach nach der anderen Seite.

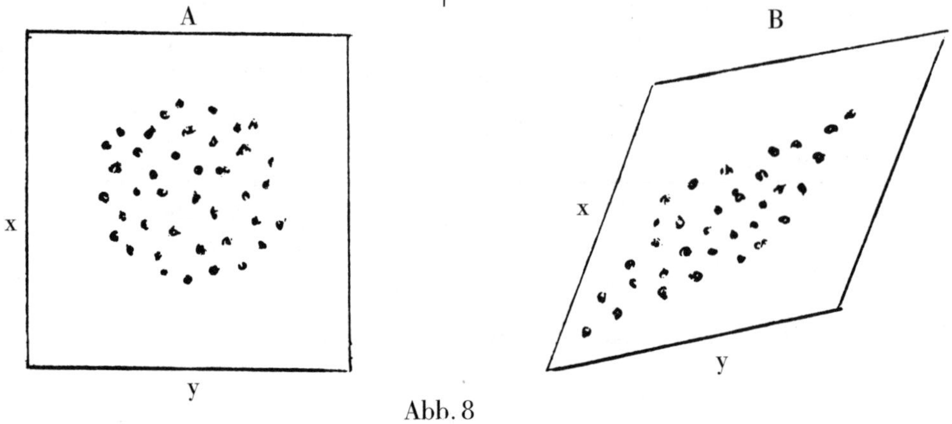

Abb. 8

Wenn man eine periodische Funktion erhält, wo man eigentlich eine gerade Linie erhalten sollte, verwendet man die folgende Methode. Zunächst werden die Berge und Täler auf der ursprünglichen Zeichnung markiert (9A). Dann wird ein durchsichtiges Plastikblatt darübergelegt und lediglich die Punkte kopiert. Nun ist es ganz offensichtlich, daß diese Punkte bloß Abweichungen von einer geraden Linie darstellen, die man in gestrichelter Form einträgt (9B). Schließlich wird die gerade Linie allein auf ein weiteres Zeichenblatt kopiert (9C).

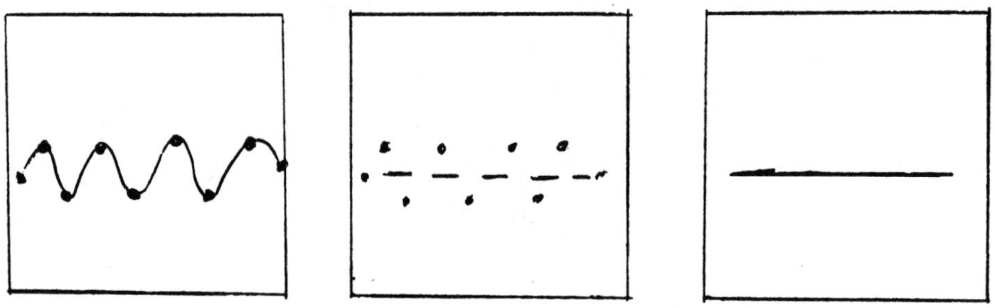

Abb. 9

Aber der allerneueste Kniff beim Skalenpapier (ha!) ist die Do-it-yourself-Packung. Sie besteht aus gewöhnlichem Millimeterpapier mit gleichen Linienabständen und rechte Winkeln wie in 1, ist aber auf eine große transparente Gummifolie gedruckt. Der Benutzer kann damit nach Belieben seine eigene Technik entwickeln, indem er die Folie nach seinen Wünschen dehnt (10A und 10B).

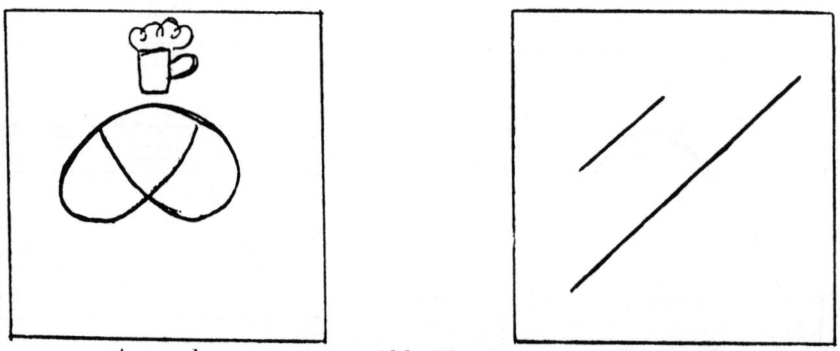

A vorher Abb. 10 B nachher

Es ist nichts so graphisch wie ein Diagramm, um einen Sachverhalt programmatisch darzustellen.

DIE SCHÜTTELFUNKTION (S. F.)*

Richard J. Sassetti
H. Hugh Fudenberg
Universität von Kalifornien, Medizinisches Zentrum
San Francisco

Die »Informationsexplosion« und der sie begleitende Anstieg der Zahl wissenschaftlicher Publikationen hat die wissenschaftlichen Zeitschriften zu strengeren Publikationsrichtlinien gezwungen. Diese Richtlinien sehen vor, daß zur Veröffentlichung eingereichte Arbeiten von Leuten begutachtet werden, die sich auf dem Gebiet gut genug auskennen, um eine kritische Bewertung zu liefern. Diese Last ist Leuten zugefallen, die schon sehr damit beschäftigt sind, die »Informationsexplosion« zu produzieren.

Um die Last zu erleichtern und den mühsamen Prozeß der Begutachtung von wissenschaftlichen Artikeln zu beschleunigen, haben wir eine Methode zur raschen Bewertung von zur Veröffentlichung eingesandten Artikeln entwickelt. Diese Methode kann in der folgenden Formel zusammengefaßt werden:

$$N = \frac{P}{f} \cdot \frac{R(r/a)r!(Oo-Os)}{2\,Oo}$$

wobei N der numerische Wert ist; P die Zahl der Seiten des Artikels; f die Zahl der Abbildungen; R die Gesamtzahl der Zitate; r die Zahl der Zitate aus Werken, die der Gutachter verfaßt hat; a die Zahl der Zitate aus Arbeiten des Autors des eingesandten Manuskripts; Os die Zahl der Zitate von Arbeiten anderer, deren Daten die Hypothesen des Gutachters bestätigen; Oo die Zahl der Zitate von Arbeiten von anderen, deren Daten den Hypothesen des Gutachters widersprechen.

Daraus kann man ersehen, daß die Größe von N von einer Anzahl Parameter abhängt. Zum Beispiel erhöht ein Anstieg von P, der Seitenzahl (die oft proportional ist der Verschwommenheit des Themas), N direkt, während f, die Zahl der Abbildungen, die ganz grob proportional der in der Untersuchung erhaltenen Menge harter Daten ist, tendenziell N direkt vermindert.

Da R, die Gesamtzahl der Zitate, viel bedeutungslose Information enthalten kann, ist ein Faktor nötig, der diesen Effekt mäßigt. Dazu haben wir den Faktor r/a einbezogen, wobei r, die Zahl der Zitate aus Arbeiten des Gutachters, durch die Zahl der Zitate aus den Arbeiten des Autors, a, dividiert wird. Auf diese Weise mäßigt der unabsichtliche Ausschluß bedeutsamer Information tendenziell den Effekt von R. Um die richtige Gewichtung von N zu sichern, wurde daher mit r! multipliziert, um kleine Differenzen zwischen r und a auszugleichen.

Um die widrigen Effekte zu minimieren, falls die Daten kontrovers sein sollten, haben wir schließlich den Normalisierungsfaktor (Os-Oo) eingefügt. Dadurch wird eine Verzerrung durch zu zahlreiche Zitate aus Artikeln, die mit den akzeptierten Theorien nicht in Übereinstimmung stehen, zugunsten der akzeptierteren Hypothese minimiert.

Die Interpretation des numerischen Wertes ist relativ einfach und zerfällt in vier Kategorien.

1. *N ist größer als 0, aber gleich oder kleiner als 1.*
   Das könnte eintreten, wenn P und 1 fast gleich sind oder wenn f (Zahl der Abbildungen) sehr groß ist, aber r im Vergleich zu a relativ groß ist. Wenn r klein oder Null ist, wird N Null. Auch ein großer (Oo-Os) (was eintreten kann, wenn Os klein oder Oo ungewöhnlich groß ist) führt zu einem kleinen N.
2. *N ist größer als 1, aber gleich oder kleiner als 10.*
   Das kann eintreten, wenn entweder P, r oder Oo relativ groß ist oder f und r relativ klein sind.
3. *N ist größer als 10, aber gleich oder kleiner als 100.*
   Das kann eintreten, wenn P, r oder Oo relativ groß sind.
4. *N ist größer als 100.*
   Das kann eintreten, wo r signifikant groß oder Oo vernachlässigbar ist.

Die Interpretation von N lautet demnach folgendermaßen:

N = 0–1:	ABLEHNEN	(Autor ist nicht vertraut mit einschlägiger Literatur)
N = 1–10:	ANNEHMEN	(Es ist schwierig zu bestimmen, wie gut der Autor den Gegenstand gemeistert hat, aber seine Ausführungen werden sicher keine Kontroverse auslösen. Um sicherzugehen, Überarbeitung verlangen.)
N = 10–100:	ANNEHMEN	(Der Artikel sollte angenommen werden, da er offensichtlich Vorzüge hat.)
N = 100:	ABLEHNEN	(Exzellente Arbeit. Sie sollte abgelehnt werden, da Experten auf dem Gebiet, nämlich der Gutachter (oder seine Freunde), dabei sind, dasselbe Material zu publizieren.)

Diese Untersuchung wurde gefördert durch Hilfsmittel von DFG (Diese filzigen Geizhälse) und BMFT (Besser miese Forschungstexte).

* Saubere Fachzeitschrift, Spezielle Formulierung, Sassetti-Fudenberg, San Francisco.

HÖHERE ANWENDUNGEN DER THEORIE DES BALKENDIAGRAMMS

Picrocole Rashcalf et al.

In einem Bericht an das US-Arbeitsministerium findet sich das folgende Zitat:

»Das Fiskaljahr 1975 wurde in Abbildung 2 nicht berücksichtigt, da das Diagramm nicht lang genug war, um den projektierten Zustand und die örtlichen Mittel für die vier Projekte zusammen darzustellen.«[1]

Essentiell für die Durchführung nichtreproduzierbarer Grundlagenforschung ist das Verständnis der grundlegenden Theorie des Balkendiagramms. Bei unseren Mitforschern stellen wir jedoch gefährliche Lücken in der Beherrschung dieser statistischen Grundfähigkeit fest. Es ist bedauerlich, daß die Autoren so in der Patsche saßen, denn ausgerechnet das FJ 1975 war für die lokale, bundesstaatliche und nationale Statistik über Berufsausbildung ein wahres Erntejahr. Sogar einfache Mittelwerte und Standardabweichungen auf der Basis von Daten des FJ 1975 haben, wie bekannt, jeden gelegentlichen statistischen Auswerter dieser Daten zu Paroxysmen getrieben, die an den Orgasmus grenzten.

Wären die Autoren wirklich interdisziplinär vorgegangen, hätten sie zum Beispiel erfahren, daß Wirtschaftswissenschaftler das statistische Problem schon bald, nachdem sie damit konfrontiert worden waren, geknackt hatten. Der Fachausdruck für die Lösung des Problems von Miller und Miller heißt »Prokrustes-Stock«. Man verlängert oder verbreitert die Seite (das Verfahren ist vollkommen üblich), oder man ändert die Skala auf dem Balken. Die Korollarien zum Prokrustes-Stock betreffen verschiedene Dimensionen. Wenn man auch noch eine große Anzahl Balken hat, wie im Falle von M-M, die sich mit einer festen Seitengröße, einer festen Skala, aber einer nahezu unendlichen historischen Aufzeichnung konfrontiert sahen, dann kann man die Breite der Balken verkleinern und die Typengröße verringern. Oder, da sechs Datenjahre dargestellt wurden, hätte man FJ 69 weglassen und so Platz für FJ 75 schaffen können. Das einzige übrige Problem hätte man dann lösen können, indem man die Analyse der bundesstaatlichen und lokalen Mittel wegließ und nur über Bundesmittel berichtete, was leicht auf die Seite gepaßt hätte.

Ein Ausweg, wenn auch keine sehr professionelle Reaktion, wäre einfach gewesen, den oben zitierten Satz wegzulassen, worauf der Leser wahrscheinlich angenommen hätte, FJ-75-Daten seien nicht vorhanden gewesen. Auf die Gefahr hin, daß ein oder mehrere andere Kollegen wußten, daß Daten von FJ 75 vorhanden waren, hätten die Autoren über die fehlenden nötigen Mittel klagen können, um die FJ-75-Daten zu veröffentlichen und zu diskutieren oder um die erforderliche Papiergröße zu kaufen. Tatsächlich wären die Autoren auf Seite 1 beinahe auf diese Lösung verfallen:

»Die Verfasser dieses Berichts wollten keine vollständige Darstellung aller Hauptprojekte vorlegen ... Das wäre zu einem vernünftigen Zeit- und Kostenaufwand nicht möglich gewesen.«[2]

Aber anscheinend verlor sich diese Gedankenlinie in dem Mischmasch zwischen den Seiten 1 und 3, ein übliches Problem bei Artikeln mit Mehrfachautorenschaft.

Nehmen wir jedoch an, keine dieser Alternativen war für M-M akzeptabel. Der Prokrustes-Stock erweist sich als unwirksam. Dann ist die unfehlbare Lösung der »Phallische Stengel«. Dieses einfache, aber elegante Verfahren besteht nur darin, den Balken entlang dem vertikalen rechten Seitenrand nach oben zu knicken (siehe Abbildung 2). Oft kann man, je nach den Maßen der Seite und der Plazierung der Abbildung darauf, die darzustellende Datenmenge verdoppeln oder vervierfachen. Man erhält am Knick entweder eine glatte, zweifach differenzierbare Kurve oder einen einfachen rechten Winkel. Beides ist korrekt.

Wenn man wirklich von der Skala zu einer horizontalen Achse gezwungen wird, ist es schließlich möglich, den Phallischen Stengel zu verallgemeinern, um sich zunutze zu machen, daß jede Seite vier Ränder hat. Dies ist bekannt als »Wickelbeziehungsanalyse« (siehe Abbildung 3). Je nach Balkendicke und Typengröße (bei gegebenen Seitenrändern natürlich) kann man den Balken im wahrsten Sinn des Wortes millionenfach um die Seitenränder wickeln; man ist nur dadurch eingeschränkt, daß die Menge der reellen Zahlen bei plus unendlich endet. Das stellt natürlich den Gipfel der Entwicklung der Theorie des Balkendiagramms dar. Quod erat demonstrandum.

[1] Robert Miller und LaRue W. Miller, *Impact of Vocational Education Research at the State and Federal Level: Projekt Baseline Supplemental Report*, Projekt Baseline, Northern Arizona University, Flagstaff, Arizona, 25. Oktober 1974, S. 3, Paragraph 2, Zeile 1, 2 und 3.

[2] Ebd., S. 1, Paragraph 3, Zeile 1, 2, 3 und 4.

Abbildung 1: Normale und abweichende Balken

a. Der Normalbalken

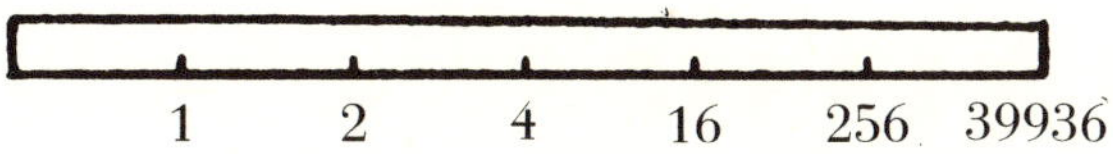

b. Der Normalbalken mit geometrisch wachsender Skala

c. Der schwule Block

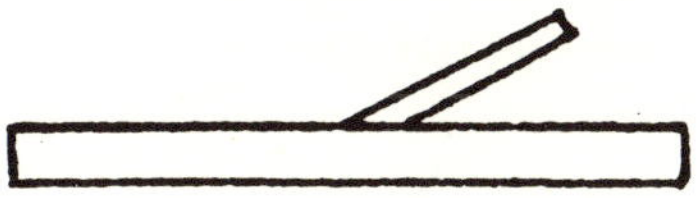

d. Der Normalbalken mit Splitter

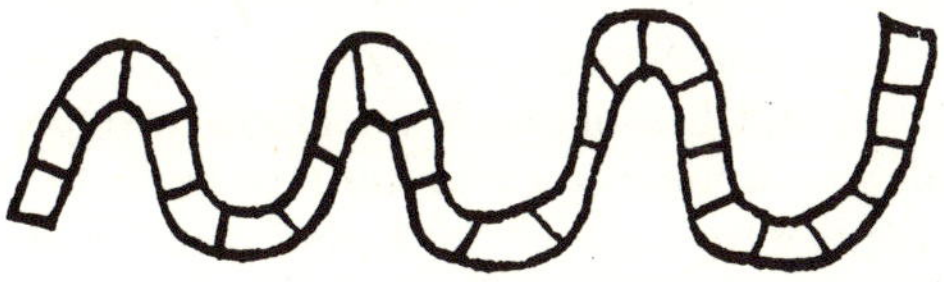

»Trampel nicht auf mir rum«

e. Die Sinuswelle für kurze oder schmale Seiten

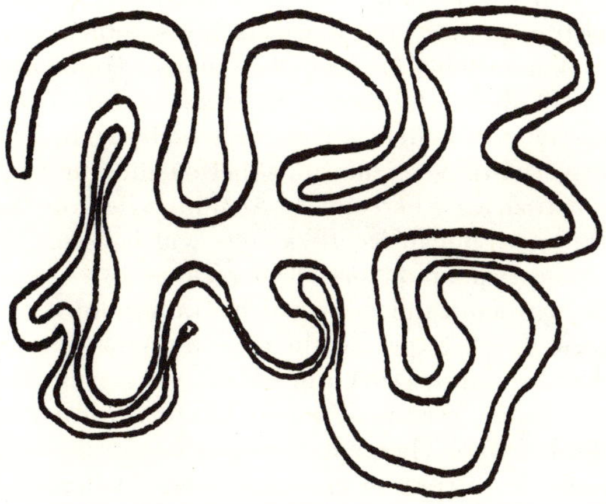

f. Der zusammengerollte Balken für kleine Seiten und eng begrenzten Platz

g. Der Polygonbalken für multivariate Analysen

Nicht abgebildet

h. Der Säuferbalken

Abbildung 2: Der Phallische Stengel

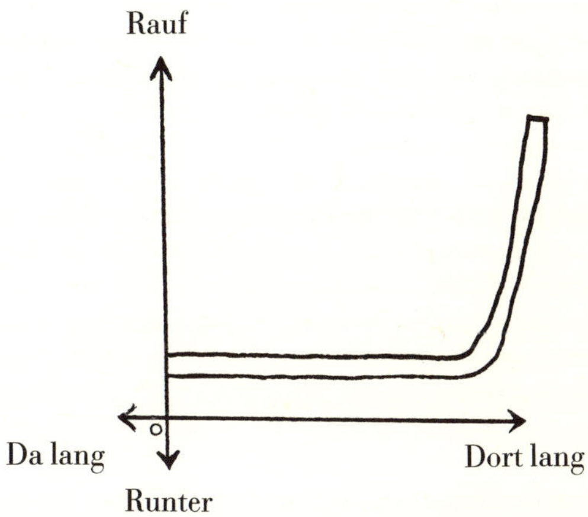

Abbildung 3: Wickelbeziehungsanalyse

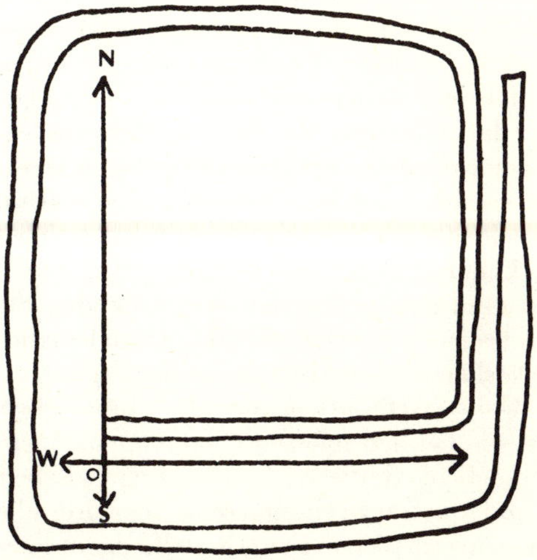

THEORETISCHE RITSCHRATSCHDYNAMIK

Harry J. Ritsch
Max-Ratsch-Instritschtut für theoratschische Physitsch

Einleitung

Vor der Entdeckung der Quantentheorie (1) konnten die Grundprinzipien der Wirkungsweise von Reißverschlüssen nicht hinreichend verstanden werden. Nachdem nun die Rolle von Quanteneffekten bei Reißverschlüssen überzeugend bewiesen worden ist (2), kann man feststellen, daß der gegenwärtige Stand unseres Wissens von der Wirkungsweise von Reißverschlüssen annähernd gleich Null ist. Man muß nämlich beachten, daß man wegen der Quantennatur des Problems nicht sagen kann, der gegenwärtige Stand unseres Wissens sei **exakt** Null. Es existieren gewisse, typisch quantenmechanische Nullpunktsschwankungen; daher kann unser Verständnis des Reißverschlusses mit der Zeit variieren. Die mittlere quadratische Schwankung unseres Verständnisses bleibt jedoch in der Größenordnung h.

Ritschratschbewegung

Das Problem, das alle klassischen Forscher vor unlösbare Schwierigkeiten gestellt hatte, war das der »Ritschratschbewegung« (3) oder, wie sich ein Reißverschluß von einer Position zur nächsten verändert. Erst nachdem Niels Bohr (4) das Prinzip der Komplementarität darauf angewandt hatte, konnte die im wesentlichen quantentheoretische Natur des Problems erkannt werden. Bohr zeigte, daß jede Reißverschlußposition einen Quantenzustand darstellte und daß die Zugbewegung von einer Position zur nächsten ein Quantensprung war, der nicht mit klassischen Ausdrücken beschreibbar war und dessen Einzelheiten niemals durch ein Experiment bestimmt werden konnten. Der Reißverschluß springt bloß von einem Zustand zum nächsten, und es hat keinen Sinn, danach zu fragen, wie er das tut. Man kann lediglich statistische Vorhersagen der Ritschratschbewegung machen.

Die Unbeobachtbarkeit der Ritschratschbewegung stammt wie bei den meisten Quantenphänomenen von der Unmöglichkeit, die Wechselwirkung zwischen Beobachter und Apparat zu eliminieren. Dies wurde allerdings von Einstein ernstlich in Frage gestellt, der in einer wohlbekannten Kontroverse mit Bohr eine Reihe von Experimenten vorschlug, um die Ritschratschbewegung nachzuweisen. Bohrs Auffassung bewahrheitete sich jedoch in allen Fällen. Bei jedem Versuch, einen Reißverschluß sorgfältig zu studieren, wird die Wechselwirkung mit dem Beobachter so stark, daß der Reißverschluß seine Funktion vollständig verliert (5).

Der halbunendliche Reißverschluß

Ein Reißverschluß ist ein quantenmechanisches System, das eine Serie von Niveaus oder Zuständen mit gleichen Abständen hat. Obwohl die meisten Reißverschlüsse, die tatsächlich verwendet werden, nur eine endliche Anzahl von Zuständen besitzen, ist der halbunendliche Reißverschluß von beträchtlichem theoretischem Interesse, da er leichter behandelt werden kann als der endliche Fall. Dies leistete erstmals Schrödritscher (6), der darauf hinwies, daß man die halbunendliche Serie von Niveaus mit gleichem Abstand auch beim harmonischen Oszillator findet, der von Talmi (7) entdeckt wurde. Schrödritscher transponierte das Reißverschlußproblem mit Hilfe einer kanonischen Folded-Woodhouse-Transformation auf den Fall des Oszillators. Er konnte dann Übergangswahrscheinlichkeiten, Niveauverschiebungen, Verzweigungsverhältnisse, Senioritätskoeffizienten und Junioritätskoeffizienten berechnen. Ausführliche Tabellen der assoziierten Racah-Koeffizienten wurden vor kurzem von Rose, Bead und Horn (8) berechnet.

Es wurden zahllose Versuche unternommen, diese Theorie durch Experimente zu untermauern, doch alle blieben erfolglos. Der Grund für die Unvermeidbarkeit eines solchen Versagens wurde kürzlich im berühmten Weisgal-Eshkol-Theorem (9) gefunden; dieses zeigt, daß die Konstruktion eines halbunendlichen Reißverschlusses ein halbunendliches Budget erfordert und daß dies sogar am Max-Ratsch-Instritschtut nicht möglich ist.

Auch sind alle Versuche gescheitert, die Methoden, die beim halbunendlichen Reißverschluß angewendet werden, auf den endlichen Fall zu übertragen, da der Unterschied zwischen einem endlichen und einem halbunendlichen Reißverschluß unendlich groß ist und daher nicht als eine kleine Störung behandelt werden kann. Wie in anderen Fällen hat dies jedoch nicht die Publikation einer großen Anzahl von Arbeiten behindert, die Resultate in einer Störungstheorie erster Ordnung präsentieren – niemand publiziert Berechnungen höherer Ordnung, da sie alle divergieren. Nach dem Erfolg von M. G. Mayer (10), der eine Spin-Bahnkopplung beim harmonischen Oszillator einführte, wurde dasselbe für den Reißverschluß versucht, was jedoch mit einem völligen Mißerfolg endete. Dies illustriert den fundamentalen Unterschied zwischen Reißverschlüssen und Atomkernen und zeigt, daß wenig Hoffnung besteht, die Ritschratschenergie zur Stromerzeugung auszunutzen. Es bestehen jedoch die besten Aussichten, die Ritschratschenergie für nutzlose Forschung auszuschlachten.

Der endliche Reißverschluß

Das Problem des endlichen Reißverschlusses wird am besten direkt behandelt, ohne Bezug auf den unendlichen Fall. Man hat zuerst die Schrödritschergleichung für das System aufzuschreiben:

$$H \cdot Z = -ih\, dZ/dt.$$

Die Lösung dieser Gleichung wird dem Leser als Übung überlassen. Aus dem Resultat können alle gewünschten, beobachtbaren Informationen berechnet werden.

Der interessante Fall des endlichen Reißverschlusses ist jener, in dem Störungen auftreten. Für diesen Fall wird die Schrödritscher Gleichung

$$(H + H')Z = -ih\, dZ/dt.$$

Wegen des Störterms H′ sind die ursprünglichen Zustände des ungestörten Reißverschlusses nicht länger Eigenzustände des Systems. Die neuen Eigenzustände, die den gestörten Reißverschluß charakterisieren, sind Überlagerungen der ungestörten Zustände. Grob gesprochen bedeutet dies, daß der Reißverschluß wegen der Störung in einem Zustand irgendwo zwischen seinen gewöhnlichen Zuständen ist.

Ein interessanter Fall einer Reißverschlußstörung ist früh berichtet worden (11). Das betreffende Ritschratschsystem befand sich an der Vorderseite der Hose eines Mannes, der im Kino saß. Der Reißverschluß war auf seinen niedrigsten Zustand gefallen, als er vom Rückenteil eines Kleides gestört wurde, das einer Dame gehörte, welche versuchte, vor dem Herrn vorbeizukommen. Der Reißverschluß sprang sofort in einen äußerst gestörten Zustand, und die Reißverschluß-Kleid-Koppelung erwies sich als so stark, daß es unmöglich war, die Variablen mit konventionellen Methoden zu trennen. Die betroffenen Individuen mußten das Kino verlassen; bei ihrem Gang durch den Korridor in »ratschanter Umarmung« waren sie weiteren Störungen durch Lichtquanten aus der Taschenlampe der Platzanweiserin und durch intensive Schallwellen aus dem Publikum ausgesetzt. Die Trennung wurde später mit »roher Gewalt« bewerkstelligt. Dadurch wurde das Kleid zur weiteren Verwendung unbrauchbar, und der Eigentümer des Reißverschlusses mußte Schadenersatz zahlen.

Eine weitere theoretische Möglichkeit für eine solche Störung wurde kürzlich von einer Dame geäußert, die für ihren Gatten Hosen kaufen wollte. Man bot ihr ein Modell mit Reißverschluß an, doch sie lehnte dies ab. Sie formulierte ihr Unbestimmtheitsprinzip mit folgenden Worten: »Ich glaube nicht, daß solche Hosen für meinen Gatten gut wären. Als ich ihm zuletzt einen Pullover mit Reißverschluß kaufte, wurde seine Krawatte durch Reißverschlußstörung höchst gestört.«

RITSCHERATSCHUR

1) H. Quantum, »Eine neue Theorie der Ritschratsch-Funktion, die zufällig auch auf solch kleinere Probleme anwendbar ist wie die Hohlraumstrahlung, die atomare Spektroskopie, die chemische Bindung und das flüssige Helium«, ZIP, 7, 432 (1922).
2) H. Eisenritsch, »Das Unbestimmtheitsprinzip bei der Wirkung des Reißverschlusses«, Zeiritschrift für Phyzip, Band 2, S. 54 (1923).
3) I. Newton, M. Faraday, C. Maxwell, L. Euler, L. Rayleigh und J. W. Gibbs, »Die Ritschratschbewegung« (unveröffentlicht).
4) N. Bohr, »Vorlesung über Komplementarität bei Reißverschlüssen«, Genfer Konferenz über friedliche Anwendung von Reißverschlüssen (1924).
5) P. R. Ritschel und N. Bohr, Einstein-Gedenkvorlesung; Haifa, Technion (1956).
6) E. Schrödritscher, »Was ist ein Reißverschluß«, Dublin (1950).
7) E. Talmi, Helv. Phys. Acta 1, 1, (1901).
8) M. E. Rose, A. Bread und Sh. Horn (wird veröffentlicht).
9) M. Weisgal und L. Eshkol, »Ritsch-Ökonomie«, Ann. Rept. Max-Ratsch-Instritschtut (1955).
10) Metro G. Mayer, »Bereicherung durch die Monte-Carlo-Methode: Rotationszustände mit magischen Zahlen«, Gamblionics, 3, 56 (1956).
11) Tageblatt Ithaca, »Eine ratschante Umarmung« (1939).

DIE HALBWAHRHEIT ÜBER HALBLEITER

M. A. Vinor
Fakultät für Halbheiten
Institut für höhere Anti-Halbheiten

Zur Zeit wird die Forschung auf dem Gebiet der Halbleiter so schwer von mathematischer Artillerie beschossen und ist so voller Ablenkungsmanöver mit neuen Begriffen wie Lücken, Defekte, Löcher, Fehlstellen und Ähnlichem, daß man vor lauter Löchern kaum noch den Halbleiter sieht. Deshalb glauben wir, daß es höchste Zeit ist, die Grundbegriffe und Hauptaxiome wiederzubeleben und so den erschöpften neugierigen Leser davon zu befreien, sich durch Berge sinnloser Artikel durchzukämpfen, die doch in fünf Jahren sowieso völlig nutzlos sein werden.

Das erste Dogma des Halbleiterglaubens lautet:

> EGAL BEI WAS, IMMER IST DAS ELEKTRON DRAN SCHULD (seine negative Ladung, seine negative Einstellung zum Leben etc.)

Metalle sind insofern außergewöhnlich, als sie Elektrizität gut leiten. Sie können das, weil sie freie Elektronen haben und irgendein schlechter Einfluß, wie ein elektrisches Feld, sie in die Verdammnis stößt.

Wenn man ein Stück Halbleiter (d. h. nicht eigentlich ein Nicht-Metall) an einem langen Stück roten Klebebands mitten in einer Kongreßhalle aufhängt, und wenn die anwesenden Leute heiß genug darüber debattieren, dann kann das Vorzeichen der Ladungsträger in dem Halbleiter bestimmt werden. Das ist bekannt als Halleffekt.

Bei der Anwendung des Halleffekts auf viele Dinge stellte sich heraus, daß einige Halbleiter Elektronen als Ladungsträger, andere hingegen positive Ladungsträger hatten, die offensichtlich keine Elektronen sein konnten, da Elektronen per definitionem immer negativ sind (siehe Dogma oben).

Die armen Halbleiter wurden daher in zwei Klassen geteilt:

1. Halbleiter vom Typ *n* (*n* = normal), in denen sich die Elektronen so schlecht wie üblich benehmen.
2. Halbleiter vom Typ *p* (*p* = pervers), in denen sich die Elektronen noch schlimmer benehmen.

Nun konnten die Festkörperphysiker nicht annehmen, daß die positiven Ladungsträger eine Art positiver Elektronen (Positronen) seien, weil die schon von den Kernphysikern entdeckt worden waren, und dann wäre ja keine originelle Idee in der ganzen Geschichte gewesen. Deshalb fand sich nach vielen schlaflosen Nächten, wo alles soff wie die Löcher (!), eine neue und sehr, sehr originelle Idee. Die positiven Ladungsträger sind LÖCHER!

Wenn ein Elektron von seinem Platz abhaut und, wahrscheinlich voller zweifelhafter Absichten, zum Leitungsband wandert – dann sind alle so froh, daß seine Fehlstelle positives Loch genannt wird. Wenn ein anderes Elektron die Fehlstelle füllt – fordern die guten Sitten (besonders, wenn Damen anwesend sind), daß man sagt: »Das Loch ist weggegangen.« Wenn man also einen Sizilianer voll Löcher pumpt, kriegt man kein Sieb, sondern ein Stück Silizium vom Typ *p*.

Ein Festkörper steckt auch voller andrer verrückter Unwichtigkeiten wie Phononen, angeregten Zuständen, Lücken etc. Elektronen werden immer von Photonen und Phononen herumgeschubst, verstoßen und wieder eingefangen. Das verursacht einige Verwirrung, weil nette Leute nicht sagen, ein Elektron sei abgehauen, sondern statt dessen: »Ein Loch ist eingefangen worden.« Das sollte keine Mißverständnisse auslösen, wenn man die wahren Fakten im Gedächtnis behält und nur auf die persönliche Schamhaftigkeit verweist.

Wir sollten auch das Halbleitertabu erwähnen. Aufgrund der genialen obigen Definition haben Löcher negative Masse. Das soll heißen, wenn man genügend Löcher in einen Halbleiter injiziert, müßte er schweben wie ein Ballon. Man findet gewöhnlich, daß Physiker der Frage nach dieser Eigenschaft im Gespräch ausweichen oder einen ablenken. Dafür gibt es zwei Gründe.

(a) Es ist ihnen peinlich, weil die Idee nicht so sehr originell ist; sie wurde schon von den Chemikern verwendet, die Anhänger der Phlogistontheorie waren (aber wissen Physiker was von Chemie?).

(b) Die ganze Sache ist streng geheim, da dieses Prinzip, die Gravitation außer Kraft zu setzen, heimlich entwickelt wird, und zwar für Lenkwaffen gegen Lenkwaffen gegen Lenkwaffen.

Wir hoffen, dem Leser die wesentlichsten Tatsachen über Halbleiter offengelegt und gezeigt zu haben, daß man in sehr gelehrter Weise über sie reden kann, ohne sich bloßzustellen; man muß nur zwei einfache Regeln befolgen (ein Dogma und ein Tabu) und todernst dabei bleiben.

Viel Glück!

TEIL VII

SICHER IN DIE 90ER JAHRE

SCHOENFIELDS GEHEIMMITTEL: DER THERAPEUTISCHE UNIVERSALCOCKTAIL. EIN VORSCHLAG ZUR RETTUNG DER WELT

Myron R. Schoenfield*
Scarsdale, New York

Genug! Die Wirtschaft der westlichen Welt bricht zusammen, Bananenrepubliken haben das Sagen, geistige Knirpse (manchmal in körperlichen Riesen, d. Ü.) steuern das Staatsschiff, kleine Männer werfen große Schatten (manchmal sogar geblümte, d. Ü.) und, wenn wir überhaupt eine haben, dann sieht die Zukunft noch trüber aus. Die Zeit für mutiges Handeln ist gekommen, kein schwächliches Zögern mehr; die Zeit für kreative, neue Verfahren zur Lösung der neuartigen Probleme von heute; lassen wir endlich die alten, plumpen Methoden, die wir seit Jahren probieren und die so viel zu wünschen übriglassen. Ernste Krankheiten erfordern starke Mittel und rechtfertigen Risiken. Da unsern Politikern offensichtlich der Mut oder die Phantasie fehlt, die heutige verzweifelte Lage anzugehen, nehme ich die Herausforderung an. Und das schlage ich vor:

Die Regierung sollte unserem Trinkwasser – genau wie ihm in den USA schon Fluor zugefügt wird – einen Cocktail aus Drogen zufügen, die die meisten der verbreiteten Krankheiten der Menschheit lindern und deren weiter Gebrauch, therapeutische Wirksamkeit und geringe Nebenwirkungen bewiesen sind. Sie werden heute alle mit immer breiteren medizinischen Indikationen benutzt, so daß ihre Verordnung oft nahezu wahllos zu erfolgen scheint. Wenn dem so ist, warum sollte der Arzt noch Mittelsmann sein müssen? Ich sage, die Gesellschaft sollte diese Wunderdrogen auf Wunsch per Automat ausgeben oder noch besser im Trinkwasser, damit die ganze Menschheit und die Gesellschaft als ganze ihre Wohltaten empfangen kann. Diese Drogen und ihre herrlichen Hauptwirkungen sind:

... *Valium:* Das ist das nahezu perfekte Allheilmittel. Es zähmt die widerspenstige Jugend, verhütet Unruhen in den Städten und sediert die alltäglichen Spannungen fort, die mit Beruf und Familie verknüpft sind.

... *Gelusil-Lac:* Sollten es Ängste schaffen, den Schutzschild von Valium zu durchbrechen und Sodbrennen und Magengeschwüre zu verursachen, eilt Gelusil-Lac zur Rettung herbei.

... *Floracit:* Nur im Falle einiger weniger Fälle von Dyspepsie durch Valium und Gelusil-Lac wird Floracit die Sache schmeißen. Noch wichtiger, seine milde abführende Wirkung wird jene äußerst gefürchtete Geißel der Menschheit – ich spreche natürlich von Verdauungsstörungen – vertreiben und jedem einzelnen von uns jeden Tag eine erfreulich erfrischende Erleichterung gewähren.

... *Aspirin:* Aspirin trägt dazu bei, Herz- und Schlaganfälle zu verhüten, und hilft auch gegen Kopfschmerzen und Rheumatismus. Das beste aber ist, daß einige ernsthafte wissenschaftliche Untersuchungen gezeigt haben, daß sogar ein Hauch wirkt – ein Babyaspirin alle zwei Tage –, so daß sich einige von uns heimlich fragen, ob es nicht sogar reichen würde, einfach ab und zu ein Aspirin in der Hand zu halten.

... *Dociton:* Sollte Aspirin versagen und Angina pectoris auftreten, müßte Dociton die Lage in den Griff kriegen. Als Pluspunkt heilt es zusätzlich Migräne, senkt den

* Obwohl man allen Grund hat zu glauben, der hier beschriebene Vorschlag sei wirklich das langgesuchte Elixier des Lebens und des Glücks, hat Dr. Schoenfeld mit für ihn typischer Bescheidenheit das Ansinnen zurückgewiesen, sich zum neuen Messias zu erklären. Immer noch zu unser aller Nutzen und mit *Dem Geheimmittel* als Wahlplattform erwägt er, als Präsidentschaftskandidat in den Ring zu steigen. Dafür wird in aller Bescheidenheit die Unterstützung des Lesers erbeten.

Blutdruck und verhütet lähmendes Lampenfieber, das uns alle gewöhnlich bei kritischen Anlässen befällt ... beträchtliche Vorteile in der Tat.

... *Lidocain:* Wenn es einem Herzanfall trotz Aspirin und Dociton irgendwie gelingen sollte, sich durchzusetzen, verhütet Lidocain die Arrhythmien, die so viele Todesfälle aufgrund dieser schrecklichen Krankheit verursachen. Kein Problem.

... *Esidrix:* Das sollte den Blutdruck bei milder Hypertonie zuverlässig senken und in Verbindung mit Dociton auch bei den meisten schweren Fällen wirken. Insoweit Esidrix die Sterblichkeitsrate auch bei milder Hypertonie bewiesenermaßen um 25% senkt, folgt daraus logisch, daß ein chronischer Schock gut für die Gesundheit ist und daß deshalb die Zeit gekommen ist, diese verlängerte Lebenserwartung auch mit Normotonen zu teilen. Das fordert schließlich die simple Höflichkeit.

... *Vitamin E:* Vitamin-E-Mangel verursacht bei Hühnern Muskelschwäche und Unfruchtbarkeit. Für den hellen Kopf folgt daraus, daß ein Zusatz dieser Chemikalie zur menschlichen Nahrung als Herztonikum fungieren, müde Muskeln stärken und daher Erschöpfung überwinden könnte; die geschlechtlichen Säfte flössen wieder und stützten die nachlassende sexuelle Potenz. Wirklich, in keinem Haus sollte es fehlen.

... *Hühnerbrühe:* Hühnerbrühe rundet die Mischung ab, denn sie kuriert alles, was die andern Drogen noch nicht kuriert haben. Viertausend Jahre jüdischer Geschichte können nicht falsch sein! Da haben Sie's! Ich garantiere Ihnen, die breite Anwendung meines Programms wird alle sozialen Unruhen dämpfen; es wird die rebellische Jugend umgänglicher machen; es wird die meisten wichtigen Krankheiten, die die Menschheit bedrohen, weitgehend verhüten – Angst, Herzkrankheiten, Schlaganfälle, sexuelle Impotenz und chronische Erschöpfung; es wird die meisten Symptome heilen oder lindern, die man nicht verhüten kann; und, was am wichtigsten ist, es wird uns allen die Freude und das Vergnügen der sanften Wärme eines täglichen Morgenstuhlgangs bescheren – all das zu einem lächerlichen Preis und mit minimalem Risiko. Haben Sie eine bessere Idee?

Das einzige Problem, das noch zu lösen bleibt, ist die Dosierung der Medikation, solche Details können aber leicht von den Technokraten ausgearbeitet werden. Diese Trivialitäten überlasse ich geringeren Geistern ... und packe meine Sachen für Stockholm.

Dr. Eisenbarths Vorexamen

Aus undichter Stelle in Berlin sind Vorabinformationen über zu erwartende multiplechoice-Fragen des nächsten Mediziner-Physikums durchgesickert. Zwei Beispiele:

1. Bei der Kondensation von Alkohol (z. B. Spätburgunder) mit Essigsäure (z. B. Kräuteressig) entsteht.:
A. Weihwasser
B. Meerwasser
C. Mehr Wasser als man denkt
D. Brackwasser
E. Alle Alternativen sind alternativ

2. Zu einer Mischung aus Toluol, Muskat und Penaten-(1)-creme geben Sie 31 °C der unbekannten Substanz E 605. Was passiert?
A. Das System dissoziiert gelb und explodiert schlagartig
B. Es entsteht diffusionskontrolliert die pinkfarbene Verbindung 4-Butyl-1-(p-hydroxyphenyl)-2-phenylpyrazolidin-3,5-dion-monohydrat
C. Das Gleichgewicht reagiert gelassen und verschiebt sich gelangweilt nach unten
D. Der pH verschwindet antarafacial
E. Keine der Alternativen ist richtig, besonders die dritte.

aus: »Nachrichten aus Chemie und Laboratorium« 34 (1986)

DER HOBBYFORSCHER: WIR VERTEIDIGEN UNS GEGEN MARSCHFLUGKÖRPER

D. I. Radin
Columbus, OH

Einleitung

Da der US-Kongreß mehrere Milliarden Dollar für neue Verteidigungstechnologien bewilligt hat, ist die Zukunft der Marschflugkörper im Prinzip gesichert.[1] Im Lichte dieser Ereignisse hat der *Hobbyforscher* Tausende von Anfragen von besorgten Lesern erhalten, die uns darum baten, die Umweltprobleme zu erforschen, die Marschflugkörper mit sich bringen, und ein Hobbybastelprojekt zu entwickeln, um diesen potentiellen Gefahren oder Unbequemlichkeiten zu begegnen.

Folgen für die Umwelt

Wir haben uns auf zwei weite Umweltkategorien konzentriert: Stadt und Land. Wir stellen uns vor, wie Eigenheimbesitzer in den Städten ihre Fäuste wütend gegen den Himmel ballen, wenn die Raketen über ihre Häuser donnern, Ziegel vom neugedeckten Dach rasieren – Kacheln lockern sich, Hunde weinen, Kinder bellen, der Fernsehempfang ist gestört ...[2] Keine schöne Aussicht.

Auf dem Land geben die Kühe keine Milch mehr. Ganze Hühnervölker werden in mächtige Strudel eingesogen, die die Raketen hinter sich herziehen. Die Bauern werden umsonst fluchen, wenn sie vergeblich versuchen, die silbernen Vorboten des Todes mit ihren traurigen, ärmlichen Büchsen vom Himmel zu holen.

Das Szenario flößt Angst ein. Die Bürger werden in Furcht einhergehen und stets fluchtbereit den Horizont nach den Lufttorpedos absuchen, die mit plötzlichem Rauschen zur Erde hinabtauchen. Werden wir zu einer unterirdischen Zivilisation werden, die ihr erbärmliches Leben in dunkler Erde vergräbt, gelähmt von Himmelsphobie? Können wir etwas tun, um uns vor diesen grinsenden Todesgeschossen zu schützen?

Der *Hobbyforscher* hat dieses Problem in den letzten Monaten sehr sorgfältig untersucht, und wir glauben, es *gibt* etwas, das der gewöhnliche besorgte Bürger tun kann. Untersuchen wir zunächst die Rakete selbst.

Die Rakete selbst

Also was ist der Marschflugkörper, und warum ist er so angsterregend und tödlich? Die Antwort auf diese Frage ist der Schlüssel zu seiner Abwehr.

Der Marschflugkörper ist im Prinzip eine sich selbst steuernde, horizontal fliegende Rakete. Sie wird von einem normalen Flugzeug, z. B. einem Bomber, abgeworfen und fliegt mit einer Geschwindigkeit von bis zu 500 Meilen pro Stunde in einer Höhe von nur 50 Fuß über dem Boden zu ihrem Ziel.[3] Die Rakete trägt einen nuklearen Gefechtskopf, der eine ganze Stadt in weniger als einer Millisekunde vernichten kann.

Was aber den Marschflugkörper besonders entsetzlich macht, ist, daß er eine ›intelligente‹ Bombe ist. Er kann das Terrain ›sehen‹ und ›weiß‹, wo sein Ziel liegt. Er vermeidet Hindernisse und vollführt eine unglaubliche Luftakrobatik, um sein Ziel zu erreichen und sich selbst in die Luft zu jagen.

In dieser Verbindung von Intelligenz und Niedrigflugeigenschaften liegt die Beinahe-Unbesiegbarkeit dieser Waffe. Da die Rakete in etwa 50 Fuß Höhe fliegt, können normale Frühwarnradarsysteme sie nicht orten, und deshalb ist keine (normale) Verteidigung möglich. *Der Hobbyforscher* hat jedoch herausgefunden, daß grade diese Verbindung von Intelligenz und niedriger Flughöhe ihre Achillesferse ist.

Wie schlau ist schlau?

Stellen Sie sich einem Moment lang vor, Sie seien ein Marschflugkörper. Sie haben genug Treibstoff, um etwa 1500 Meilen zu fliegen, und Sie wollen mit satten 500 Meilen pro Stunde vorwärtskommen. Ihre Flanken rasieren die Wipfel von Bäumen ab, wie Sie so Ihrem Ziel zu-

[1] Wir nehmen an, daß »Marsch« in diesem Zusammenhang bedeutet »herumreisen um des Herumreisens willen« oder »ziellos in den Straßen herumstreifen«.

[2] Warren, M. W.: Marschflugkörper: Allheilmittel oder Aberwitz? Implikationen für das Fernsehen. *Zeitschrift für theoretische Ausstrahlung*, 173, 22, 1982.

[3] Es ist uns bewußt, daß diese Beschreibung ebenso für die meisten Pendler im Berufsverkehr auf dem Autobahnnetz zutrifft.

donnern, und Sie sind ganz scharf darauf, zu explodieren und in ›Fitzelchen‹ zu zerstäuben.[4] Sie mögen schlanke, metallische Formen, eine genau umrissene Aufgabe und den unglaublichen, fast unterwürfigen Respekt von anderen. Sie rasen schneller als ein Ferrari und sind wendiger als eine Katze in einem Leinensack. Sie sind eine Rakete – ein M*arsch*flugkörper –, und Sie sind verdammt stolz darauf.

Nun zu diesem Rollenspiel. Spüren Sie einen Hauch von Aufregung, wenn Sie sich all diese Macht und Schrecklichkeit vorstellen? Natürlich tun Sie das. Aber denken Sie auch, daß es spaßig wäre, in winzige Stückchen zu explodieren? Nein! Das ist der Schlüssel, das schwache Glied in der vergoldeten Kette der Rakete.

Wie intelligent kann der Marschflugkörper sein, wenn er sich am Ende einer mühsamen Reise in die Luft sprengt? Welches kluges Stück Hardware vernichtet sich gehorsam selbst? Kein sehr schlaues, ganz sicher. Das bringt uns dazu, zu glauben, daß die sogenannte »schlaue Bombe« in Wirklichkeit ziemlich doof ist.

Wir haben also eine fast schwachsinnige Bombe mit einem begrenzten Treibstoffvorrat, die mit halsbrecherischer Geschwindigkeit praktisch am Boden entlangschrappt. Das summiert sich zu einem schmucken kleinen Hobbyprojekt, um Ihr Heim vor dem fiesen Marschflugkörper zu schützen.[5]

Das Projekt

Sie brauchen einige Aluminiumstäbe, Holz, 2 mal 4 Zoll, und Stahlblech. Eine Auswahl brauner und weißer Acrylfarben wäre praktisch, wie auch einige alte Federn aus Schrottautos und ein Radargerät, wie es die Polizei benutzt. Das Projekt erfordert etwa 10 Stunden Arbeit. Unsere Version kostet etwa 350 Dollar, wenn man hauptsächlich Restmaterial benutzt.

1. Befestigen Sie das Radargerät auf Ihrer Fernsehantenne. Legen Sie einen Draht von der Alarmsirene des Geräts die Antenne hinunter bis zu ihrem »Marschflugkörperverteidigungszentrum« in der Garage. Die Kinder werden ganz wild drauf sein.
2. Bauen Sie eine Konstruktion von 55 Fuß Höhe aus den Aluminiumstäben und dem Holz. Ein Mini-Eiffelturm wäre eine gute Idee, weil dies den wahren Zweck des Projekts tarnt.
3. Verstärken Sie die Spitze des Turmes mit dem Stahlblech. Lassen Sie Ihre künstlerische Ader walten, und bauen Sie was, das zur Gegend paßt.
4. Ermitteln Sie die Richtung, aus der ein Marschflugkörper wahrscheinlich auf Ihr Haus zugeflogen käme, und legen Sie dann den Turm so hin, daß sein Fuß in diese Richtung zeigt.[6]
5. Befestigen Sie die Federn an der Basis des Turms. Bauen Sie etwa so einen Federmechanismus wie bei einer Mausefalle. Vielleicht kaufen Sie sich eine, damit Sie ihn studieren können.
6. Verbinden Sie ein Relais so mit dem Radar, daß, sobald der Alarm ausgelöst wird, der Federmechanismus des Turms betätigt wird und dieser in die Senkrechte hochschnellt.
7. Streichen Sie das Stahlblech an der Turmspitze so, daß es wie eine Ziegelmauer aussieht. Benutzen Sie dazu die braune und weiße Farbe.
8. Das ist alles! Jetzt lehnen Sie sich zurück und genießen Sie rund um das Jahr den Schutz vor diesen lästigen Marschflugkörpern!

Funktionstheorie

Wenn das Radar einen Marschflugkörper entdeckt, wird das Federrelais aktiviert, das den Turm in die Höhe schnellen läßt. Die Rakete sieht sich plötzlich etwas gegenüber, das offenbar eine Ziegelmauer ist.[7] Weil die Bombe, wie wir gesehen haben, nicht allzu schlau ist, wird sie sehr verwirrt sein, denn niemand hat ihr gesagt, sie solle in 50 Fuß Höhe auf Ziegelmauern aufpassen. Als Ergebnis dieser Verwirrung wird die Rakete mit aller Kraft von der angeblichen Ziegelmauer abdrehen und dabei einen beträchtlichen Teil des kostbaren Brennstoffs verbrauchen. Sie kann ihre Mission daher nicht erfüllen und wird vor Scham im Meer versinken. So verschont sie Sie vor weiteren Belästigungen, und wer immer auch in ihrem Zielgebiet war, wird vor der Vernichtung bewahrt. Alles in allem ist das eine humanitäre Geste, die Freund und Feind gleichermaßen schätzen werden.[8]

Wenn die Rakete weg ist, kippen Sie einfach den Turm wieder um, justieren die Federn und entspannen sich in Ihrem Garten, voll Vertrauen auf die Sicherheit eines kuscheligen, verteidigungsstarken Heims. Ihre Nachbarn werden Ihre Fürsorglichkeit sicher zu schätzen wissen und Sie sehr wahrscheinlich für das Bundesverdienstkreuz vorschlagen.

Errata

In unserem Beitrag »Das Schwarze Loch: ein billiger Staubsauger« vom letzten Monat haben wir versehentlich vorgeschlagen, den Staubsaugerschlauch innerhalb des Schwarzschild-Radius zu plazieren. Es hätte *außerhalb des Schwarzschild-Radius* heißen müssen. Wir bedauern, wenn dieser Fehler irgendwelche Unbequemlichkeiten verursacht hat.

[4] *Fitzelchen* ist ein Fachausdruck, der in der Verteidigungstheorie benutzt wird. Strenggenommen bedeutet er »winzig kleine Teile, die, würden sie wieder zusammengesetzt, dem Original irgendwie ähneln würden«.

[5] In größerem Maßstab könnte man ein ganzes Land schützen. Wir halten es kaum für unpatriotisch, das zu betonen, denn wenn wir daran gedacht haben, dann sicher andere auch. Wir beanspruchen keine speziellen Kenntnisse oder Expertenschaft auf dem Gebiet der Verteidigungstechnologie, außer bei der Vervollkommnung unseres »Verteidigungsgeräts auf großem Fuß«, das wir in *Das Pentagon heute*, 2, 27, 1979 beschrieben haben.

[6] Wir haben absichtlich auf technischen Jargon verzichtet, um Verwirrung zu vermeiden.

[7] Das ist der Grund dafür, die Turmspitze so zu streichen, daß sie Ziegeln ähnelt. Je besser die Malerei, desto effektiver die Abwehr, ganz klar.

[8] Wir haben das Problem der Häuser, die nicht an der See liegen, bis jetzt noch nicht gelöst. Es ist möglich, daß sich der Marschflugkörper so schämt, daß er sofort bei der Begegnung mit der Pseudoziegelmauer detoniert und so Sie und die ganze Gegend atomisiert. In diesem Falle müssen Sie sich über weitere Belästigungen nicht mehr den Kopf zerbrechen.

EINE STUDIE ÜBER IRREGULÄRE, ZUM VERKEHRSFLUSS TRANSVERSALE FUSSGÄNGERBEWEGUNGEN

R. F. Wilde
Harvard Computer Center

Einleitung

Eine Durchsicht der bestehenden Verkehrsliteratur zeigt, daß zwar dem Fahrzeugverkehr beträchtliche Aufmerksamkeit gewidmet wird, jedoch vergleichsweise wenig den Fußgängern.[1] Gegenstand dieses Beitrags* sind irreguläre, zum Verkehrsfluß transversale Fußgängerbewegungen (IVTFB), in der Öffentlichkeit gemeinhin als »falsch über die Straße laufen« bezeichnet.

Was ist »falsch über die Straße laufen«?
Zuerst ist der Ausdruck IVTFB zu klären. Es gibt eine bestimmte Wahrscheinlichkeit, die von den Verkehrsbedingungen und dem psychologischen Zustand des Bewußtseins eines Fußgängers abhängt, daß dieser an einem ampelgeregelten Fußgängerüberweg während der Rotphase versuchen wird, senkrecht zum Verkehrsfluß die Straße zu überqueren. IVTFB oder »falsches Rüberlaufen« bezieht sich dann auf diese Art Wanderung. (Das Wort »irregulär« in der Definition scheint mit seinen Konnotationen »zufällig« und »illegal« in diesem Kontext besonders angemessen.)

Durchführung der Studie:
Die einfache Zwei-Phasen-Kreuzung, die in der Studie benutzt wurde (44. Straße und 3. Avenue in Manhattan), wurde in erster Linie aufgrund ihrer Bequemlichkeit gewählt. An der Ecke wurde ein Beobachter mit Stoppuhr und Notizbuch stationiert. Da IVTFB gewöhnlich gerade bei Abwesenheit von Autoritäten vollzogen wird, hielten wir es für angebracht, den Beobachter als Stadtstreicher zu tarnen. 419,5[2] falsche Überquerer wurden beobachtet und unter variierenden Verkehrsbedingungen gemessen. Querläufer, die voneinander abhängige Bewegungen zeigten (z. B. Kinder an der Hand ihrer Mütter), wurden nicht einbezogen. Unglücklicherweise mußte, um den Beobachter nicht zu enttarnen, das letzte Drittel der Studie einen Block weiter östlich durchgeführt werden. Die Analyse der Ergebnisse zeigte jedoch, daß die geographische Variation über eine Distanz dieser Größe statistisch nicht signifikant war.

Ergebnisse

1. Der I-Fußgänger:
Es stellte sich bald heraus, daß das I-Verhalten grob in drei Gruppen unterteilt werden konnte:

Typ A: der Bluffer
Typ B: der Spieler
K. A. D.: der Unaufmerksame

Der Typ K. A. D. (Kleine Alte Dame) versäumt es gewöhnlich, die Ampel oder den Verkehr zu beobachten. Er wird manchmal mit einem Typ A verwechselt, bis er vom Hupen der sich nähernden Autos erschreckt wird. Man bemerke, daß ungeachtet der Terminologie beide Geschlechter in dieser Kategorie klassifiziert werden können. Ein anderer gebräuchlicher Ausdruck dafür ist Z. P. (Zerstreuter Professor), ganz abgesehen von einer Anzahl weniger schmeichelhafter Benennungen.

Wir hofften, ein Mittel zu finden, um das Verhalten eines einzelnen Fußgängers vorhersagen zu können, da es für den Motorisierten von höchster Wichtigkeit ist, Verzögerungen zu vermeiden. Unglücklicherweise gelang dies nicht. Manchmal wurde eine Stratifizierung nach Alter, Geschlecht und Haarfarbe beobachtet, wenn z. B. ein Typ A unter Streß eine rasche Metamorphose in einen Typ B vollzog.

2. Die IVTFB-Fraktion:
Betrachten wir nun eine Anzahl Fußgänger, die mehr oder weniger zufällig an einer Kreuzung ankommen. Ob-

* Arbeitspapier des Mass. Institute of Technocracy, Kurs G1143A (Makrobiotischer Verkehr).
[1] R. F. Wilde: Die Evolution der Schutzkleidung beim großstädtischen Fußgänger, Trauben Verlag 1968, S. 47.
[2] Das Teilindividuum hatte ungefähr auf halbem Weg zu seinem Ziel Pech, wurde aber für typisch gehalten und daher mitgezählt.

wohl, wie oben erwähnt, das Verhalten eines Individuums nicht mit Genauigkeit vorhergesagt werden kann, entwickelt sich ein definitives IVTFB-Muster, wenn man das Verhalten vieler Personen mittelt. Das folgende Diagramm illustriert die Kurvenform, die man erhält, wenn die Fraktion der angesammelten Fußgänger versucht, die Straße illegal zu überqueren (die IVTFB-Fraktion, hier mit F(t) bezeichnet, wird gegen die Zeit abgetragen).

Der hohe Wert und der steile Abfall von F(t) bei kleinen Werten von t ist begründet durch die große Anzahl von Fußgängern, die auf halbem Weg auf der Straße von der umspringenden Ampel überrascht werden, und durch die Schnelligkeit, mit der sie vom Schauplatz entfernt werden. Das Ende des Hauptfahrzeugstromes (von der Gruppe der ungeduldigen Fußgänger stets etwas vorweggenommen) mündet in einen neuen Anstieg der IVTFB-Aktivität. Ein letzter Aufschwung ergibt sich, wenn die Gelbphase für die kreuzenden Fahrzeuge eintritt.

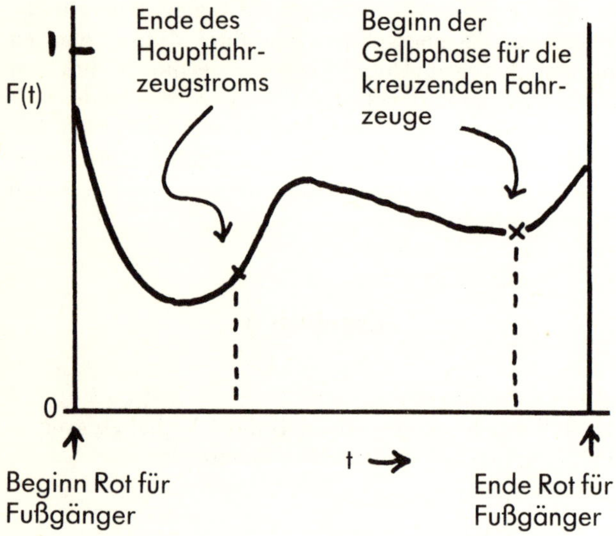

Es stellte sich heraus, daß die eben beschriebene Kurve stark mit solchen Faktoren wie Tageszeit, Zykluslänge, vorherrschender Windrichtung und Fußgänger- sowie Verkehrsdichte variiert. Konsistentere Ergebnisse erhielten wir, als wir einen zusammengesetzten Faktor berücksichtigten, den wir hier als *Angstfaktor* bezeichnen.

Definitionsgemäß ist der Angstfaktor

$$AF = k\left(c + \frac{v\,d\,l}{b}\right)$$

wobei v = durchschnittliche Fahrzeuggeschwindigkeit
d = Verkehrsdichte (gemessen in Autos pro Kubikfuß)
l = Länge des Fahrzeugstroms (Meilen)
b = Beinfaktor, nimmt mit der Unsicherheit auf den Beinen ab[3]
k = Regressionskonstante für jeden Abschnitt
c = Lichtgeschwindigkeit (Lichtjahre/Jahr)

[3] Ein Beinfaktor von eins sollte in der Praxis nicht angewandt werden.

Die *Standard-I-Fraktion* wird dann dargestellt durch

$$S.F.(t)^{+} = \frac{F(t)}{AF}$$

Obwohl S. F. nicht den geringsten besonderen Wert hat, bleibt ihre Kurve bemerkenswert konstant, wenn man alles in Betracht zieht.

3. Der IVTFB-Weg:
Die Untersuchung des IVTFB-Wegs wurde zuerst im Rahmen von Versuchen vorgenommen, die IVTFB-Geschwindigkeit zu schätzen. Wir bemerkten jedoch bald, daß der Weg während IVTFB selten eine grade Linie senkrecht zum Bordstein war. Das Diagramm unten zeigt einen typischen Weg.

Intensive Beobachtungen von IVTFB-Verhalten weisen darauf hin, daß der Weg *mit den Hindernissen* (Hunde, Autos, verschiedene Gefahren auf dem Asphalt) *unterwegs variiert.* Weiterhin konnte nahezu schlüssig bewiesen werden, daß der Weg in gewissem Grad von der Richtung abhing, die der Fußgänger danach einschlug[4]. Auch vermutet der Autor, daß einige der übertriebeneren Wegabirrungen von verschiedenen Graden alkoholischer Sedierung[5] beeinflußt waren, aber diese Hypothese konnten nicht im einzelnen verifiziert werden.

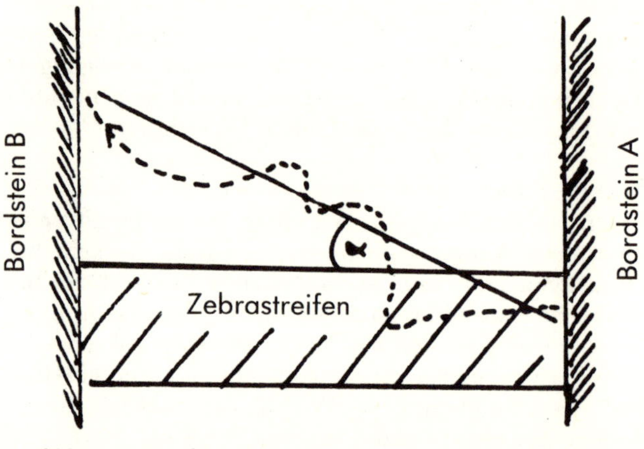

[4] Dieses bemerkenswerte Ergebnis würde bedeuten, daß *die Zukunft die Vergangenheit beeinflußt* – Widerlegung des Kausalitätsprinzips in der makroskopischen Welt.

[5] Unbekannter Taxifahrer aus Manhattan, persönliche Mitteilung.

TEIL VIII

WIRTSCHAFT UND MISS-WIRTSCHAFT

ÜBER DEN KAUF VON FLEISCH UND OBST

Picrocole Rashcalf

Wir leben in schweren Zeiten. In diesem unserem Lande gibt es eine Verschwörung zwischen der papier- und der fleischverarbeitenden Industrie. Durch grenzenlos zufälligen Empirismus konnte der Autor entdecken, daß der Hausfrau enorme Kosten aufgebürdet werden. Wußten Sie, daß die Hausfrau, die Fleisch kauft, auch eine schwere Kartonschale und Zellophanfolie zu Fleischpreisen kauft? In der Obst- und Gemüseabteilung werden die Schalen für Obst und Gemüse zu Obst- und Gemüsepreisen bezahlt! Die Folie beim Fleisch ist dieselbe wie beim Gemüse, und so wird die Hausfrau betrogen, weil sie Fleischfolienpreise statt Gemüsefolienpreise bezahlt, wenn sie Gemüse kauft.

Wir haben uns einen cleveren Test ausgedacht, um diese Verschwörung aufzudecken. Wir gingen los und kauften ein paar Steaks, Eisbeine, Schnitzel, Tomaten, Äpfel und so weiter und erfaßten Größe und Gewicht der Kartonschalen, den Preis der Waren pro Kilo und die Farbe der Schalen. Fleischschalen sind weiß. Nicht-Fleischschalen sind grün und blau. Bei unserer Datensuche und -sammlung bemerkten wir diesen Farbunterschied fast sofort. Wir sahen uns nach einer Methode um, um unsere Hypothese zu überprüfen, und entschieden uns für das folgende lineare ökonometrische Modell:

$Y = a_0 + a_1X_1 + a_2X_2 + a_3X_3 + a_4X_4 + a_5X_5 + e.$

Dabei gilt

Y = Gewicht des Kartonbehälters in Gramm;
X_1 = Größe der Schale;
X_2 = Gesamtgewicht der Ware in Pfund;
X_3 = stumme Variable, wobei die Zuordnung 1 = Obstschale, 0 = Fleischschale gilt;
X_4 = Gesamtkosten der Ware in Pfennig;
X_5 = Preis pro Pfund der Ware in Pfennig;
e = ein Irrtumsfaktor.

Das Ergebnis lautete:

$$Y = .35 + .0016X_1 + .0023X_2$$
$$(.24) \quad (.0009) \quad (.00123)$$
$$+ .19X_3 + .0026X_4 - .0017X_5$$
$$(.10) \quad (.0020) \quad (.0036)$$
$$R^2 = .79 \quad F = 11.5 \quad SSE = 11.01 \quad N = 15$$

Zwei Dinge heben sich bei diesen Ergebnissen heraus. Erstens ist das Modell hoffnungslos falsch spezifiziert. Zweitens müssen weitere Untersuchungen durchgeführt werden. Aber wir lassen uns nicht entmutigen.

Wir stellen zum Beispiel fest, daß eine Obstschale netto 6 Gramm mehr wiegt als eine Fleischschale, für jede Preissteigerung um einen Pfennig pro Pfund der gekauften Ware erhöht sich jedoch das Gewicht der Schale um 0,078 Gramm. Unserer Meinung nach besteht kein Zweifel, daß das Durchschnittsgewicht der Fleischware größer ist als das der Obstware. Berücksichtigt man also, daß die Obstschale schon mehr wiegt als die Fleischschale, und das besonders, wenn sich der Preis der Ware erhöht, dann zahlen die Leute mehr für Obstschalen als für Fleischschalen. Das kann man beweisen, denn wir kauften tatsächlich zwei Pfund Äpfel, aber nur 0,85 Pfund Steak.

Wie kann nach diesem unumstößlichen Beweis ein solcher Skandal weiterbestehen? Einfach durch den alten Roßtäuschertrick, das Produkt dadurch zu unterscheiden, daß man Fleisch in ganz weißen Schalen verkauft, Obst und Gemüse dagegen in grünen und blauen (was den Käufer verunsichert)! Was halten Sie davon?

Wissenschaftliche Forschung ist nicht schwierig, wissen Sie, wenn man nur seinen Grips ein bißchen anstrengt.

ALLES GUTE KOMMT AUF EINMAL

Sylvan D. Schwartzman
Albuquerque, NM

SAMARITER-VERSICHERUNGSGESELLSCHAFT
»Ihr lebenslanger Freund mit Herz«

Kundennummer 839-750-299-9173AL
Bei Schriftwechsel bitte diese Nummer angeben

2. Januar 1980

Prof. Alfred Gutmut
Waterlu-Universität
Wolkenkuckucksheim

Sehr geehrter Professor Gutmut,
herzlichen Glückwunsch! Nach 40 Jahren Mitgliedschaft in unserer Versicherungsgesellschaft ist Ihre Lebensversicherung nun auszahlungsreif. Wir haben Ihren Wunsch nach Auszahlung der gesamten Summe auf einmal zur Kenntnis genommen. Senden Sie uns bitte die folgenden Unterlagen schnellstens zurück, damit wir Ihren Antrag zügig bearbeiten können:

1. Formular 27385 (Antrag auf Gesamtauszahlung), ausgefüllt und unterschrieben. Wenn Sie alle 18 Seiten in vierfacher Ausfertigung ausgefüllt haben, lassen Sie diese auch von Ihrer Frau, Ihren Kindern und Enkelkindern (falls vorhanden) unterzeichnen.

2. Drei (3) beglaubigte Kopien Ihrer Geburts- und Ihrer Heiratsurkunde, sowie zwei (2) neuere Fotos von Ihnen und Ihrer Frau.

3. Ein (1) Satz Fingerabdrücke, abgenommen vom FBI oder dem örtlichen Polizeirevier.

4. Zwei (2) beglaubigte Kopien Ihres Führerscheins und Ihres Sozialversicherungsnachweises.

5. Die Formulare 1382 (Gesundheitszeugnis) und 1383 (Zahnärztliche Bescheinigung), von Ihrem Arzt und Zahnarzt vollständig ausgefüllt. Alle neueren Röntgenbilder, Kardiogramme, Computertomogramme und Testergebnisse sollten beigefügt werden.

6. Falls Sie jemals in einen Prozeß verwickelt waren, teilen Sie uns alle Einzelheiten einschließlich der Namen, Adressen und Telefonnummern Ihrer Anwälte mit.

Wir freuen uns, Ihnen auch weiterhin zu Diensten sein zu können.

Mit freundlichen Grüßen,
Harald Fellzieh, Präsident

Kundennummer 839-750-299-9173AL

15. Mai 1980

Sehr geschätzter Kunde,
in Beantwortung Ihres Schreibens teilen wir Ihnen mit, daß Ihr Antrag zur Zeit bearbeitet wird. Allerdings benötigen wir noch eine Liste aller Ihrer Adressen seit Januar 1940.
Senden Sie uns diese freundlicherweise per Einschreiben.

AUSZAHLUNGSABTEILUNG
gez.: Eloise Fellzieh,
Abteilungsleiterin

Kundennummer 839-750-299-9173AL

22. März 1981

Lieber Prof. Gutmut,
Ihre Anmahnungen vom 8. Dezember und 13. Februar 1981 waren wirklich nicht nötig, da wir Ihren Antrag zügig weiterbearbeiten.
Unglücklicherweise wurde Ihre Akte bei unserem Umzug in das neue Samariter-Hochhaus verlegt, aber wir haben sie inzwischen wiedergefunden.
Vielen Dank für Ihr Verständnis.

RECHTSABTEILUNG
gez.: Hermann Fellzieh, Abteilungsleiter

Kundennummer 839-750-299-9173AL

6. Juli 1981

Prof. Alfred Gutmut
Waterlu-Universität
Wolkenkuckucksheim

Mein lieber Herr Professor,
ich wurde von Ihren beiden Ferngesprächen und Ihrem Telegramm in Kenntnis gesetzt. Unsere Firma macht wegen Ihres Antrags Überstunden. Leider funktionieren die Aufzüge in unserem neuen Gebäude noch nicht richtig. Viele unserer Angestellten waren sehr erschöpft, bis sie unsere Büros im 104. Stockwerk erreicht hatten. Nichtsdestotrotz wird die Abschlußkalkulation Ihrer Pauschalauszahlung innerhalb kürzester Zeit fertiggestellt sein. Wegen des aktuellen Zinsfußes kann die Summe etwas schwanken, aber darüber müssen Sie sich keine Sorgen machen.

Ich bedaure jede Unannehmlichkeit, die die Verzögerung verursacht hat.

Mit freundlichen Grüßen
Harald Fellzieh, Präsident

P. S.: Nehmen Sie bitte zur Kenntnis, daß unsere Gesellschaft keine R-Gespräche akzeptiert.

Kundennummer 839-750-299-9173AL

22. Oktober 1981

Professor Alfred Gutmut
Waterlu-Universität
Wolkenkuckucksheim

Lieber Professor Gutmut,
in Beantwortung Ihrer zahlreichen Schreiben bis zum heutigen Tag freue ich mich, Ihnen mitteilen zu können, daß Ihr Auszahlungsscheck in kurzer Zeit in die Post gehen wird. Wir sind sicher, Sie werden mit der Summe mehr als zufrieden sein. Sollten Sie sich in der Zwischenzeit irgendwo in unserer Nähe aufhalten, hoffe ich, daß Sie sich die Zeit nehmen, unser neues Einkaufszentrum im Samariter-Hochhaus zu besuchen. Teilen Sie den Verkäufern mit, daß Sie zu unseren geschätzten Kunden gehören. Ich bin sicher, Sie wissen unsere Bemühungen zu würdigen, Ihnen zu Diensten zu sein.

Mit freundlichen Grüßen
Harald Fellzieh, Präsident

Kundennummer 839-750-299-9173AL

3. Februar 1982

Lieber Professor,
wir konnten wirklich nicht verstehen, warum Sie Ihren Auszahlungsscheck nicht erhalten hatten. Doch schließlich fanden wir ihn zusammen mit unserem Brief vom 18. Dezember 1981 – er steckte in der Rohrpost im 73. Stockwerk fest.

Wir danken Ihnen herzlich für Ihr Verständnis.

REVISIONSABTEILUNG
gez.: Harald Fellzieh jr., Leiter

Kundennummer 839-750-299-9173AL

22. März 1982

Professor Alfred Gutmut
Waterlu-Universität
Wolkenkuckucksheim

Lieber Professor Gutmut,
ich war erfreut zu hören, daß Sie Ihren Auszahlungsscheck erhalten haben, allerdings befremdet mich Ihr Ton gegenüber unserem Hauptabteilungsleiter.

Eine gründliche Überprüfung Ihrer Abrechnung ergab, daß die Summe auf Ihrem Scheck vollkommen korrekt ist. Es ist Ihnen sicherlich klar, daß Sie nur 1000 Dollar jährlich, und das nur 40 Jahre lang, eingezahlt haben, und die Zahlung, die Sie erhalten haben, liegt in unserer Branche weit über dem Durchschnitt.

Seien Sie versichert, daß ich alle Ihre eventuell noch vorhandenen Fragen gerne persönlich beantworte.

Mit freundlichen Grüßen
Harald Fellzieh, Präsident

Kundennummer 839-750-299-9173AL

17. August 1982

Professor Alfred Gutmut
Waterlu-Universität
Wolkenkuckucksheim

Lieber Professor,
es ist wirklich nicht nötig, uns jede Woche anzurufen. Wie Ihnen unser Abteilungsleiter bereits mitgeteilt hat, wird der Betrieb unserer Computer durch die Höhenlage unserer Büros beeinträchtigt. Daher verzögerte sich die Ausfertigung der von Ihnen gewünschten Abrechnung.

Nun sind wir jedoch in der Lage, Ihnen die gewünschte Information zu liefern:

GESAMTAUSZAHLUNGSABRECHNUNG
Professor Alfred Gutmut
Kundennummer 839-750-299-9173AL

40 jährliche Einzahlungen, 1000 $ pro Jahr	40.000
abzügl. Gebühr für Erstellung eines Anlageprogramms 4%	1.600
Gesamteinzahlung	38.400
zuzügl. aufgelaufene Zinsen, 3% pro Jahr	1.152
Zwischensumme	39.552
abzügl. Inflationsfaktor für 2 Jahre seit Zuteilung der Versicherung (14% für 1980, 11% für 1981 = 25%)	9.888
Einstandskosten der Rente	29.664
abzügl. 40,8% für Gesamtauszahlungsoption	12.103
Gesamtkapital	17.561
abzügl. Umrechnungsrate 18,3% (Kurzzeitzinsrate für August 1981	3.214
Gesamtwert	14.347
abzügl. Barauszahlungsgebühr 4%	574
Auszahlungssumme	13.773

(Scheck Nr. 8269173)
Ich bin sicher, Sie nun davon überzeugt zu haben, daß Ihr Auszahlungsscheck korrekt war.

Mit freundlichen Grüßen
Harald Fellzieh, Präsident

P. S.: Unglücklicherweise kann die Gesellschaft nicht für die Kosten aufkommen, die Ihnen in Zusammenhang mit Ihrem Antrag entstanden sind.

(Telegramm)

13. Oktober 1982

Prof. A. Gutmut
Waterlu-U.
Wolkenkuckucksheim

Antwort auf Ihren letzten Anruf. STOP. Weitere Berechnungen ergaben Irrtum in unserer Abrechnung. STOP. Samariter versäumte Berücksichtigung zusätzlichen Zeitwertrabatts 3% für 40 Jahre. STOP. Ihre 13 777 reduzieren sich somit um 3066 oder 4223. STOP. Rückzahlung dieses Betrags innerhalb zehn Tagen. STOP.

Harald Fellzieh, Präs.
Samariter Versicherungen

KÖRPERSCHAFTS-BIORHYTHMEN

Robert A. Steiner
El Cerrito, CA

Heute verstehen und akzeptieren viele Menschen, daß Biorhythmen einen tiefgreifenden Einfluß auf ihr persönliches Leben ausüben. Bevor ich Ihnen das Konzept der Körperschaftsbiorhythmen vorstelle, scheint es mir vernünftig, einen Überblick über das allgemein akzeptierte Konzept des Biorhythmus bei Menschen oder Menschenbiorhythmen oder, wie wir in unserer kleinen wissenschaftlichen Gemeinschaft sie nennen, MBs vorauszuschicken.

Der Grund, weshalb unsere Forschungsgemeinschaft zu diesem Gegenstand so winzig ist, liegt darin, daß es uns als gute Idee erschien, unsere Forschungen während der Entdeckung und Testung der Grundideen geheimzuhalten. Da dies als eine recht egoistische Idee erscheinen könnte, ist eine Erklärung angebracht.

Die ganzen wunderbaren Vorteile, die Sie haben, wenn sie Ihren MB befragen, bevor Sie irgendeinen Schritt in diesem Leben tun, kommen einzig und allein Ihnen und natürlich denen zugute, mit denen Sie zu tun haben. In dieser Hinsicht gibt es keine Konkurrenz.

Bei KBs (das heißt Körperschaftsbiorhythmen) liegt der Fall jedoch anders. Wir untersuchten die Einkünfte von Körperschaften sowie die Kursentwicklung auf dem Aktienmarkt und korrelierten sie mit unserem stets wachsenden Wissen über KBs.

Das versetzte uns in die Lage, zukünftige Firmengewinne und Aktienkurse mit beträchtlicher Genauigkeit vorauszusagen.[2] Wohlversehen mit diesem Wissen, konnten wir am Aktienmarkt klug investieren und verdienten an unserer Untersuchung im wahrsten Sinn des Wortes Millionen.

Wäre, anders als bei MBs, die Information über KBs rausgekommen, wären alle auf den fahrenden Körperschaftsbiorhythmuszug aufgesprungen, und unsere präzisen Investitionen wären nicht mehr die einzigen gewesen. Um also unsere Investitionen zu schützen, war Geheimhaltung das Schlüsselwort.

Nachdem wir jetzt Reserven in achtstelliger Höhe angesammelt haben, halten wir es für unsere Christenpflicht, die investierende Öffentlichkeit an dieser neuesten wissenschaftlich-finanziellen WIK teilhaben zu lassen.

Wie in jeder wissenschaftlichen oder wirtschaftlichen Disziplin gibt es unvermeidlich ein neues Lexikon von Begriffen, Abkürzungen und Akronymen, die der Student zu lernen hat. Der Ausdruck »WIK«, der im vorangehenden Absatz benutzt wird, steht für »Wissenskapitalsammlung«. Der letzte Buchstabe ist »K« statt »S« aus den folgenden beiden Gründen:

1. Wir wollten möglichst nur Akronyme mit höchstens drei Buchstaben.

2. Ursprünglich benutzten wir den Ausdruck »WIKS«; wir stellten jedoch fest, daß gelegentlich eine gewisse lüsterne Albernheit die ernsthafte Studie unter der Hand zu stören drohte.

Ihr MB beginnt mit dem Tag Ihrer Geburt. Eigentlich haben Sie drei Biorhythmen, die in sich immer wiederholenden Zyklen Ihr ganzes Leben lang anhalten: einen physischen MB von 23 Tagen, einen emotionalen von 28 Tagen und einen intellektuellen von 33 Tagen. Die WIK über MBs enthält, daß diese Zyklen sich während Ihres ganzen Lebens nicht verändern, unabhängig von Traumen, Krankheiten, Unfällen oder der Statistik, die die entgegengesetzten Folgerungen schlüssig beweist. Nun, wir dachten uns, daß auch Körperschaften biorhythmische Zyklen haben müßten. Wir testeten das, und siehe da, es stimmt! Es war keine leichte Aufgabe, die Komponenten der KBs herauszufinden. KBs sind viel komplexer als MBs. MBs hängen nur vom Geburtsdatum ab und von nichts sonst.

Ein KB dagegen beruht auf der Überlappung des betreffenden Zustands (das heißt »ÜBS«) der MBs der Aufsichtsräte, der Spitzenmanager und des Geschäftsführers

der Firma. Er berücksichtigt auch das »Geburtsdatum« der Firma, das natürlich das Datum der ersten Übereinkunft mit der betreffenden »Stiftung« (also »DÜBS«) ist.

Zusammenfassend können wir sagen, daß wir eine ÜBS nach dem DÜBS kriegen. Und von ÜBS kommt der KB. Und mit dem KB können wir ein Vermögen machen und ein Desaster vermeiden.[3] Was für eine WIK!

Hätte die allgemeine investierende Öffentlichkeit vor dem Börsenkrach von 1929 um unsere WIK gewußt, dann hätte es keinen Krach gegeben!

Mit der KB-Information für diesen Zeitraum, die wir aus der vorteilhaften Position der Rückschau rekonstruiert haben, wäre der genaue Tag des drohenden Unglücks mit leuchtender Klarheit *im voraus* zu erkennen gewesen. Alle Zeichen wiesen darauf hin! Mit dem Vorauswissen zur Vorhersage des Krachs versehen, hätte jeder im Land seine Aktien genau acht Tage *vor* dem Krach verkaufen und ihn so vermeiden können.[4]

Der zur Verfügung stehende Platz und eine kluge Geschäftsstrategie zwingen uns dazu, in diesem Artikel nicht mehr preiszugeben. Für weitere Informationen einschließlich Schritt-für-Schritt-Anleitungen zur Berechnung der ÜBS für jede Firma schicken Sie uns bitte einen gedeckten Scheck über 1000 Dollar. Wir enthüllen Ihnen dann unsere vollständige WIK.

[1] Wir halten die gesamten bestätigenden Daten für diesen Artikel für so wichtig, daß wir sie vollständig in ihn eingebaut haben. Deshalb gibt es konsequenterweise keine Fußnoten.
[2] Siehe Diagramm I – Diagramm der perfekten Finanzmasche
[3] Siehe Diagramm I – Diagramm der perfekten Finanzmasche
[4] Siehe Diagramm I – Diagramm der perfekten Finanzmasche

Diagramm I: Diagramm der perfekten Finanzmasche

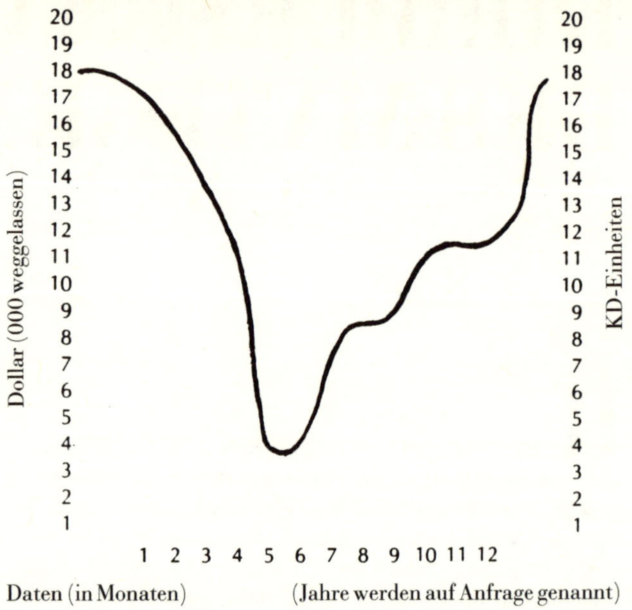

Legende:
– – – – – Tageskurs einer zufällig ausgewählten Aktie
– – – – – Körperschaftsbiorhythmus derselben Firma

Sie werden das Auftreten nur einer durchgezogenen Linie feststellen. Dies ist tatsächlich die perfekte Überlappung der beiden gestrichelten Linien: eine für den Tageskurs einer zufällig ausgewählten Aktie und die andere für den Körperschaftsbiorhythmus derselben Firma, die, wie oben festgestellt, perfekt miteinander vermascht sind.

Die Anwendung der Körperschaftsbiorhythmen-WIK führt unweigerlich zu einer perfekten Finanzmasche.

DIE MOLEKULARTHEORIE DES MANAGEMENTS

Russel de Waard

Es ist interessant und informativ, das Wachstum und das Verhalten eines Unternehmens mit dem eines synthetischen organischen Moleküls zu vergleichen. Nehmen wir PVC als Beispiel. Vor dem Zusatz von Weichmachern ist das Material sehr hart, unelastisch und spröde. Zwischen eng benachbarten, geladenen Atomen bestehen viele starke Bindungen. Fügt man jedoch sogenannte Weichmacher hinzu, werden die Bindungen geschwächt, da die großen, gummiähnlichen Moleküle die Bindungsstärke mit dem Quadrat der Entfernung zwischen den Atomen reduzieren. Das Material wird flexibel, kann Stöße absorbieren und zeigt Eigenschaften, die es kommerziell verwertbar machen, z.B. für Duschvorhänge, Scheibenwischer, Lenkräder, Schonbezüge und ähnliches. Diese großen Moleküle dienen hier einem nützlichen Zweck und tragen darüber hinaus in genau der richtigen Weise zur modernen Wirtschaftsstrategie des »geplanten Verschleißes« bei. Langsam verlieren die Moleküle ihre Kraft und bröseln aus Ihrem Scheibenwischer. Sie lassen ein brüchiges Lenkrad zurück, und zwar genau dann, wenn der Rost sich durch Ihren rechten Kotflügel frißt.

Nun fängt eine Firma gleichfalls mit einer kleinen Gruppe geladener Teilchen an. Eine Menge Energie wird freigesetzt, die Effektivität ist hoch, und folglich läuft das Geschäft gut. Dieser Kern zieht schnell immer mehr Teilchen an. Da die Zeit für eine sorgfältige Auswahl fehlt, wird dem Gemisch eine große Anzahl großer, gummiartiger Moleküle zugefügt. Noch viele andere Arten von Teilchen werden aufs Geratewohl aufgenommen. Deren Qualität verhält sich umgekehrt proportional zu den Managementfähigkeiten des Personalchefs, ihr Gehalt dagegen direkt proportional. Unglücklicherweise erweisen sich viele dieser großen Moleküle als völlig unelastische Weichmacher, deren Funktion darin zu bestehen scheint, die Energie zu absorbieren, die von den geladenen Teilchen produziert wird.

Es ist interessant, diese gummiartigen Zusätze mit dem Neutrino der Atomphysik zu vergleichen. Während letzteres weder Ladung noch Masse besitzt, haben erstere keine Ladung und sind nur Masse. Falls ein expandierendes Unternehmen die Akkumulation zu vieler dieser Teilchen vermeiden kann, hat es eine Chance zu überleben. Falls jedoch das Umgekehrte gilt, wird die ganze von den geladenen Teilchen erzeugte Energie von den Weichmachern absorbiert, und weder Energie noch irgendein Produkt können herauskommen. Obwohl die diesbezüglichen Belege manchmal überzeugend sind, fällt es schwer zu glauben, daß ein Unternehmen seinen eigenen Verschleiß bewußt plant.

SANFT, ABER GRÜNDLICH

Russell Baker

Tagebuch
WASHINGTON, 11. MÄRZ

8. März 1972: Heute meldet das Pentagon, es suche nach einem neuen Papiertyp, der nicht kopiert oder sonstwie dupliziert werden könne. Dies solle verhindern, daß Staatsgeheimnisse zu den Zeitungen durchsickern. Die jetzigen Papiere sind leicht von Regierungsangestellten zu kopieren, die ein Interesse daran haben, daß sie publiziert und gedruckt werden, bevor man »Intervention« sagen kann.

5. Mai 1972: Das Pentagon beantragt heute 983 000 Dollar vom Kongreß, um zu untersuchen, ob Sickersicher, ein neues Papier aus Bartstoppeln eines schnellen Brüters und Roßhaar, in großem Umfang herstellbar ist. Regierungssprecher teilten mit, erste Tests hätten gezeigt, daß Sickersicher tatsächlich kopiersicher sei. Weitere Untersuchungen seien allerdings notwendig.

16. Oktober 1972: Das Pentagon beantragt heute 18,3 Millionen Dollar vom Kongreß, um eine Methode zur Rasur eines schnellen Brüters zu entwickeln. Brüterbartstoppeln und Roßhaar sind die Bestandteile von Sickersicher, einem experimentellen Papier, das zur nationalen Sicherheit erforderlich ist.

28. Januar 1973: Zwischen dem Pentagon und der Atomenergiebehörde (AEB) sind Meinungsverschiedenheiten darüber aufgetreten, wer berechtigt ist, einen schnellen Brüter zu rasieren. Die Firma PfuschCo, die den Vertrag zur Entwicklung von Sickersicher hat, möchte eine neue Rasiertechnik an einem Reaktor der AEB erproben. Die AEB bestreitet, daß die Sicherheitsprüfung von PfuschCo der Firma gestattet, die Reaktorrasur vorzunehmen.

17. März 1973: Kampfbereite Manager von PfuschCo wollen zusätzliche 42 Millionen Dollar, um genügend Brüterbartstoppeln zur Entwicklung eines Prototyps von Sickersicher zu bekommen, dem neuen kontroversen Papier.

11. April 1974: Dem Untersuchungsausschuß zum Sickersichervertrag des Pentagons mit PfuschCo wurde heute mitgeteilt, daß bei zwecklosen Versuchen, einen schnellen Brüter mit einem starren Rasierer zu rasieren, 900 Millionen Dollar verschwendet wurden. Beamte des Pentagons erklärten jedoch, daß das Problem seitdem gelöst sei – ein Elektrorasierer für 39,95 Dollar erledigte es schließlich – und daß PfuschCo jetzt beginnen könne, einen Prototyp von Sickersicher zu erarbeiten, wenn der Kongreß 1,5 Milliarden Dollar bewillige, um die Firma vor dem Bankrott zu retten.

3. November 1974: Das Pentagon gab heute bekannt, es wolle ein Sofortprogramm zur Produktion von Roßhaar starten, ein Bestandteil, der bei der Herstellung des neuen umstrittenen Sickersicherpapiers gebraucht wird. Das Pentagon erklärte, es habe, statt die Kavallerie nur für dieses eine Projekt wiedererstehen zu lassen, einen Vertrag über 795 Millionen Dollar mit Gaso da Morte, dem internationalen Chemiekartell, zur Entwicklung eines neuen synthetischen Roßhaars abgeschlossen.

24. Juli 1975: PfuschCo teilt Prüfern des Weißes Hauses mit, heute habe das erste Ries eines Prototyps von Sickersicher den Kopierversuchen nicht widerstanden, weil sich das synthetische Roßhaar nicht richtig mit den Brüterbartstoppeln verbinden ließ. Damit das Produkt funktioniere, müßte nach Angaben der Firma echtes organisches Roßhaar verwendet werden.

14. August 1975: Die Armee wird nächstes Jahr eine Budgeterhöhung von 6 Milliarden Dollar beantragen, um die US-Kavallerie zu reaktivieren.

9. Oktober 1977: Wie heute bekannt wurde, war der Verteidigungsminister einer der 42 Regierungsbeamten, die Symptome von Strahlenkrankheit zeigten, nachdem sie vor kurzem an einer Pressekonferenz teilgenommen hatten, bei der das Pentagon sein neues Wunderpapier Sickersicher vorführte. Ein Xerox-Kopierer, mit dem die Demonstration durchgeführt wurde, schmolz. Der historische Papierstoß, der nicht kopiert werden konnte, verwandelte sich in eine glühende Masse Roßhaar mit einer Halbwertszeit von 8000 Jahren.

11. Februar 1978: Der Präsident bestritt heute, B-52-Bomber würden Sickersicher über Vietnam abwerfen, sagte aber, er könne nicht darüber diskutieren, was über Laos abgeworfen werde.

9. Juni 1978: Das Pentagon gab heute ein neues Mittel bekannt, das Kopierer daran hindern soll, geheime Dokumente zu kopieren. Es handelt sich um Milch. Alle Geheimdokumente werden ab sofort mit Milch geschrieben, die auf einer Kopie nicht sichtbar ist, aber gelesen werden kann, wenn man ein Streichholz hinter das Original hält. Die Erfindung wurde von KostplusCo, einer Tochtergesellschaft der Chaos GmbH, gemacht und kostet 2,5 Milliarden Dollar.

6. Juli 1978: Xerox meldete heute die Entwicklung einer Milchkopiereinheit, die gegen einen Aufpreis von 19,87 Dollar installiert werden kann und es ermöglicht, unsichtbar in Milch geschriebene Wörter zu reproduzieren. Ein Xeroxvertreter sagte, sein Sohn habe das Gerät erfunden, als er mit seinem Chemiekasten und einem alten Lichtschalter spielte.

18. November 1978: Das Pentagon beantragte heute beim Kongreß 983 000 Dollar zur Entwicklung eines neuen Milchprodukts, das nicht kopiert oder anderweitig dupliziert werden kann.

TEIL IX

WIE FORSCHUNG GEMACHT WIRD

DIE LOGIK DER WISSENSCHAFTLICHEN ERKLÄRUNG: EIN MÄRCHEN

Patrick Doreian
Pittsburgh, PA

Es waren einmal ein Bauer und ein Knecht, die wollten ein Feld pflügen, das viele Jahre lang brachgelegen hatte. Das Feld lag in einer Gegend des Landes, die berühmt war für ihre Gebäude und Mauern aus Feldsteinen. Als das Feld gepflügt war, betrachteten die beiden Männer die vielen Feldsteine, die sie herausgepflügt hatten. Der Knecht zeigte aufgeregt darauf und rief:

»Schau dir all die Feldsteine an! Sie sind in all den Jahren gewachsen.«

Der Bauer, überrascht über diesen ontologischen Ausbruch, antwortete grimmig:

»Sie sind vielleicht die ganzen Jahre dagewesen, aber bestimmt nicht gewachsen.«

»Aber doch, schau dir doch die verschiedenen Größen an! Einige der Feldsteine sind älter als die andern. Guck, das sind die großen.« Der Bauer schob seinen Hut in den Nacken, rieb seine Brauen und fragte:

»Wenn wir einen Erdbrocken in Stücke brechen, sind doch die Stücke nicht gleich, oder? Die Größe hat nichts mit dem Alter zu tun.« Er unterdrückte seine aufkeimende Ungeduld und erklärte:

»Jedesmal, wenn wir ein Feld pflügen, lesen wir die Steine heraus, die wir aufpflügen. Über die Jahre reinigen wir die Felder immer ein bißchen mehr von Steinen. Dieses Feld ist lange Zeit nicht gepflügt worden, also sind die Steine dringeblieben.«

»Nein, wir haben die Steine sich selbst überlassen. Sie konnten hier wachsen, also haben sie es getan.«

»Komm, wie sollen denn Feldsteine wachsen?«

»Ganz einfach. Schau dir unsere Mauern um die Felder und an der Straße entlang an. Die fallen alle ein, nicht wahr?«

»Langsam! Was hat das damit zu tun?«

»Viel. Wir bauen diese Mauern aus den Feldsteinen hier. Die Steine wachsen immer weiter und drücken den Mörtel raus. Wenn der Mörtel herausgefallen ist, fällt die Mauer ein.«

»Quatsch. Der Wind höhlt den Mörtel aus, und wenn er ausgehöhlt ist, hält die Steine nichts mehr zusammen. Deshalb fällt die Mauer ein.«

Der Knecht schaute den Bauern prüfend an und wunderte sich über diesen blühenden Unsinn. Der Bauer verstand diesen Blick und war nahe daran aufzugeben. Blöder Knecht! Plötzlich durchzuckte ihn eine Idee. Er dachte an das Rathaus in der nahe gelegenen Stadt: ein schönes Gebäude, das jedes Jahr von zahllosen Touristen besucht wurde. Es stand seit über 300 Jahren in voller Pracht, und was noch wichtiger war, es bestand aus Feldsteinen. Aufgeregt wandte sich der Bauer zum Knecht:

»Denk ans Rathaus. Ein Gebäude aus Feldsteinen, Hunderte von Jahren alt – und es steht immer noch.« Er konnte die Selbstgefälligkeit nicht ganz unterdrücken, als er fragte: »Und wie erklärst du dir das? Ein Gebäude aus Feldsteinen, das nicht eingefallen ist?« Er war jetzt voll im Schwung und fuhr fort, ohne eine Antwort auf seine rhetorische Frage zu erwarten: »Ich sage dir, warum. Jedes Jahr wird geprüft, ob Mörtel fehlt. Bei dieser Wartung bleibt das Gebäude stehen.« Der Knecht lächelte, sah den Bauern wissend an und erwiderte:

»Ach, diese Feldsteine sind behauen. Jeder weiß, wenn man einen Feldstein behaut, stirbt er. Natürlich steht das Rathaus immer noch. Die Feldsteine sind alle getötet worden und können nicht wachsen. Deshalb drücken sie auch den Mörtel nicht heraus, und das Gebäude fällt nicht ein.« Der Bauer wußte, daß er geschlagen war. Sein rationales Argument und seine brillante Verknüpfung von Tatsachen war von einem rationalen Argument und einem kreativeren Beweisgang durchkreuzt worden.

Anm. d. Hrsg.: Scheinen sich deshalb Wahrheit und Gerechtigkeit immer weiter voneinander zu entfernen?

SAGA EINES NEUEN HORMONS

Norman Applezweig*

In den letzten Monaten haben wir von der Entdeckung dreier Wunderdrogen durch die drei führenden Pharmahäuser erfahren. Bei näherem Hinsehen scheint es, als seien alle drei Produkte ein und dasselbe Hormon. Wenn Sie überhaupt neugierig darauf sind, wie es mehr als einen Namen für dieselbe Verbindung geben kann, könnte es sich lohnen, die Kette von Ereignissen bei der Herstellung einer Wunderdroge zu untersuchen.

Der Physiologe entdeckt sie gewöhnlich zuerst – ziemlich zufällig, während er nach zwei anderen Hormonen sucht. Er gibt ihr einen Namen, der ihre Funktion im Körper anzeigen soll und andeutet, daß die neue Verbindung zur Behandlung einer seltenen Blutkrankheit nützlich sein könnte. Aus einer Tonne Rinderdrüsen frisch vom Schlachthaus isoliert er schließlich zehn Gramm reines Hormon, das er dem Physikochemiker zur Analyse übergibt.

Der Physikochemiker stellt fest, daß 95% des gereinigten Hormons des Physiologen Verunreinigungen sind und die verbleibenden 5% mindestens drei verschiedene Verbindungen enthalten. Von einer isoliert er erfolgreich zehn Milligramm des reinen kristallinen Hormons. Auf der Grundlage seiner physikalischen Eigenschaften sagt er die mögliche Struktur vorher und vermutet, daß die Funktion der neuen Verbindung wahrscheinlich verschieden ist von der, die ihr der Physiologe zugewiesen hatte. Er ändert ihren Namen und übergibt sie dem organischen Chemiker zur Strukturbestätigung.

Der organische Chemiker bestätigt die Struktur, die der Physikochemiker vorgeschlagen hatte, nicht. Statt dessen stellt er fest, daß sie sich nur durch eine Methylgruppe von einer neuen Verbindung unterscheidet, die kürzlich aus Wassermelonenschalen isoliert wurde, aber inaktiv ist. Er gibt ihr einen chemischen Namen, der genau ist, aber zu lang und zu unhandlich für den Allgemeingebrauch. Die Verbindung wird daher aus Gründen der Kürze nach dem organischen Chemiker benannt. Er synthetisiert schließlich zehn Gramm des Hormons, teilt jedoch dem Physiologen mit, es täte ihm leid, aber er könne kein Gramm entbehren, da er alles für die Entwicklung von Derivaten und für weitere Strukturuntersuchungen brauche. Er gibt ihm statt dessen zehn Gramm der Verbindung aus den Wassermelonenschalen.

Plötzlich gibt der Biochemiker bekannt, er habe ein neues Hormon im Urin trächtiger Schweine entdeckt. Da es leicht von dem kristallinen Enzym gespalten werde, das er aus den Speicheldrüsen des südamerikanischen Erdwurms isoliert habe, behauptet er steif und fest, die neue Verbindung sei offensichtlich der Co-Faktor zu dem Vitamin B 16, dessen Fehlen verantwortlich sei für die Unvollständigkeit des Pyruvinsäurezyklus bei Regenwürmern. Er ändert den Namen der Verbindung entsprechend.

Der Physiologe schreibt an den Biochemiker und bittet ihn um ein paar seiner Erdwürmer.

Der Ernährungswissenschaftler stellt fest, daß die Wirkung der neuen Verbindung identisch ist mit dem Faktor PFF, den er kürzlich aus Hühnerdung isoliert hat und der lebenswichtig ist für die Pigmentproduktion bei Pelztieren. Da sowohl PFF als auch das neue Hormon das Spurenelement Zink enthält, würde eine Anreicherung von Weißbrot mit dieser Substanz, so versichert er uns, die Lebenszeit und die Körpergröße zukünftiger Generationen erhöhen. Um die ernährungsphysiologische Bedeutung dieser Verbindung herauszustellen, ändert er ihren Namen.

Der Physiologe schreibt an den Ernährungswissenschaftler und bittet ihn um ein wenig PFF. Statt dessen erhält er ein Pfund des Rohmaterials, aus dem es gewonnen wird.

Der Pharmakologe entschließt sich, die Wirkung der Verbindung an grauhaarigen Ratten zu testen. Zu seinem Verdruß stellt er fest, daß sie nach einer Injektion ihr Haar verlieren. Da dies bei kastrierten Ratten nicht geschieht, schließt er, daß die Substanz synergistisch mit dem Sexualhormon Testosteron ist und daher dem gonadotropischen Faktor der Schleimabsonderung entgegenwirkt. Da er beobachtet, daß die neue Verbindung ein exzellenter Vasokonstriktor ist, schließt der Pharmakologe daraus, daß sie ein gutes Mittel gegen eine laufende Nase abgäbe. Er ändert den Namen und schickt zwölf Fläschchen Nasentropfen mit Applikator an den Physiologen.

Der Kliniker bekommt etwas von dem Produkt des Pharmakologen zum Test an Patienten mit Erkältung. Er stellt fest, daß es die Nasenverstopfung nur mäßig erleichtert, ist aber höchst überrascht, daß drei seiner Schnupfenpatienten, die auch an einer seltenen Blutkrankheit litten, plötzlich auf dramatische Weise geheilt sind.

Er bekommt den Nobelpreis.

* Präsident der Norman Applezweig und Partner, Biochemische Beratung

RADIOASTRONOMEN VON HARVARD ENTDECKEN SCHON WIEDER EIN INTERSTELLARES MOLEKÜL

Jay Pasachoff

Seit kurzem entdecken die Astronomen immer mehr komplexe Moleküle, die im Raum zwischen den Sternen schweben. Nach der Entdeckung des bisher komplexesten, Methylalkohol CH_3OH (John A. Ball, Carl A. Gottlieb, A. E. Lilley und H. E. Radford, siehe *Astrophysical Journal 162*, L203, 1970) durch Wissenschaftler des Observatoriums des Harvard College erschien anonym die folgende fingierte Mitteilung:

Pressemitteilung

Radioastronomen von Harvard entdecken schon wieder ein interstellares Molekül

Radioastronomen des Observatoriums des Harvard College meldeten heute die Entdeckung des bisher komplexesten interstellaren Moleküls – $C_3H_4NH_3OHCOOH$ – »Meskalin«. Auf die Frage nach der Bedeutung dieser verblüffenden Entdeckung reagierten die Astronomen mit allgemeiner Euphorie. »Da draußen«, sagte Professor A. E. Lilley, Leiter der Gruppe, »war der Methylalkohol im Vergleich dazu ein Streuner.«

Bei einem Sektempfang des Professors für theoretische Physik zu ihren Ehren (merkwürdigerweise waren die Radioastronomen am Sekt nicht interessiert) stellte der Direktor des Observatoriums fest, die Astronomie würde wichtiger als je zuvor. Die Einwohner der Gemeinde Cambridge reagierten mit Begeisterung.

Der entscheidende wissenschaftliche Durchbruch, der zu dieser Entdeckung führte, vollzog sich eigentlich in den Labors der Radioastronomie. Harry Radford, der das Pionierexperiment durchführte, gab zu, er habe »zum Spaß« von Zeit zu Zeit Meskalin ins Vakuum seines Gerätes zur Messung von Wellenlängen gegeben, und dies habe einige schöne Resonanzen hervorgerufen. Als sie nach Linienhäufigkeiten gefragt wurden, antwortete die ganze Gruppe, sie sei weit über dieses Stadium hinaus. Nach Lilley »kann man wahrlich sagen, daß sich unser Bewußtsein mit dem Medium ausdehnt«.

Diese Entdeckung läßt für die zukünftige Unterstützung der Astronomie Gutes hoffen. Die NASA will ein Sofortprogramm für einen neuen bemannten Raumflug auflegen, ermutigt durch die Aussage der Harvardgruppe, Raketen seien für den großen Trip nicht mehr notwendig. Zur Zeit bewirbt sich eine Flut junger Leute des Ortes für das neue Astronautenprogramm, obwohl nur Schützen genommen werden.

Allerdings wurden einige Vorbehalte formuliert. Ein Astronom bemerkte: »Entschuldigen Sie mich, aber ich möchte mir einen Kommentar vorbehalten, bis ich mit jemand gesprochen habe, der absolut erste Sahne ist«, und ging zu seinem Nachmittagstee zurück.

Ein dreifaches Hoch auf die Errungenschaften der Radioastronomie brachte Prof. Drefplin aus.

VERWALTUNG VON FORSCHUNG: WISSENSCHAFTLICHES NEULAND

Don Dorrance
Milwaukee, Wisconsin

Zusammenfassung

Die Herausgeber dieses Journals wünschen die Fußnoten am Ende einer jeden Seite. Ich dagegen ziehe es vor, die Fußnoten alle zusammen am Ende des Artikels anzuführen. Wenn Sie also eine Schere nehmen und die Fußnoten am Ende jeder Seite abschneiden, sie dann auf ein Stück Papier kleben und dieses wiederum an das Ende des Artikels, so werden die Herausgeber nichts davon erfahren.

Es wird behauptet[1], daß 90% aller Wissenschaftler, die jemals gelebt haben, auch heute noch leben. Dies setzt sehr viel Forschungsarbeit voraus und wirft mehrere Fragen auf. Eine Frage jedoch hat man sich nie ernsthaft gestellt; dabei ist sie ganz einfach: Was fangen wir mit all diesen Leuten an?

Die Verwaltung von Forschung ist entweder eine Kunst oder eine Wissenschaft oder weder Kunst noch Wissenschaft. Dieser Artikel möchte einige Managementregeln klären, die sich im Geschäft der Wissenschaft gebildet haben.

Die Motivation und Ziele des Direktors (D) einer großen Forschungsorganisation (FO) unterscheiden sich von denen des wissenschaftlichen Leiters (WL). Diese Unterschiede wirken sich auf das Management des ganzen Projekts aus.

Für den Direktor (D) zählt nur ein Gesichtspunkt: Da er die Verantwortung für das ganze Projekt trägt, gibt es für ihn keine Möglichkeit, sich mit Anstand vor dieser zu drücken. Seine Position existiert zwar, es ist aber nicht unbedingt nötig oder wahrscheinlich, daß er darüber informiert ist, was läuft:

Die in diesem Artikel berichteten Ergebnisse wurden durch mehrere Verträge mit der Regierung unterstützt, ohne daß sie es wußte.

[1] *Readers Digest.* Beliebige Ausgabe.

»Der für das Gerät verantwortliche Wissenschaftler berichtete mir, daß es zwischen 2000 und 3500 Fotos pro Woche liefere. Jedes Foto enthält genügend Daten, um die Kreisbahn eines Meteors darzustellen. Er hat errechnet, daß es ein ganzes Jahr Schreibtischarbeit erforderte, um die Ergebnisse einer Woche in Meteorkreisbahnen umzurechnen. Ich wollte von ihm wissen, wie es das Labor anstellt, mit diesem Gerät Schritt zu halten: ›Das können wir gar nicht. Wir schalten es ab. Die meiste Zeit läuft es nicht‹.«[2]

Dieser Zustand führt beim Direktor (D) zum sogenannten »Majestix-Komplex«, und zwar deshalb, weil er nicht den blassesten Schimmer hat, was überhaupt vor sich geht. Alles, was er weiß, ist, daß die Maschine stillsteht. Und es handelt sich um eine überaus teure Maschine. Hier hat man einen direkten Zusammenhang zwischen der Leichtfertigkeit, mit der die Forschungsarbeit durchgeführt wird, und der Schwere des Komplexes des Direktors (Ds) festgestellt.[3] Aber im Normalfall, wenn die For-

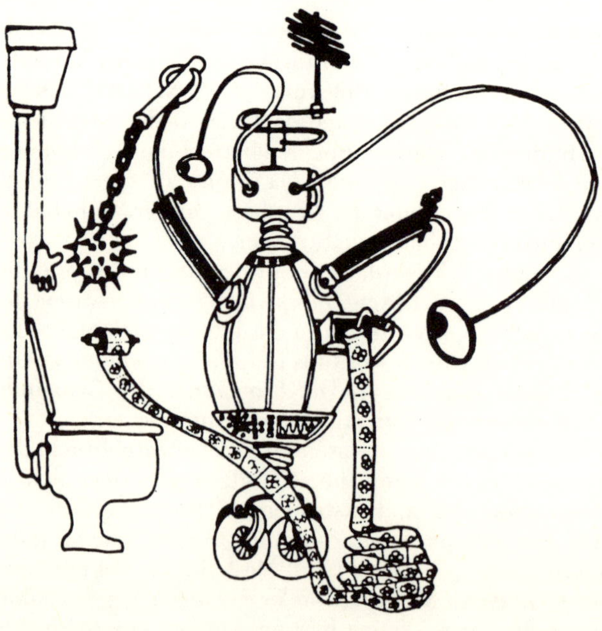

[2] Pfeiffer, John. *The Thinking Machine*, Lippincott 1962, S. 7.
[3] Harvard Business School, Managementpapier 127 (zurückgehalten).

schungsarbeit sinnlos oder überflüssig oder, was häufig vorkommt, beides ist, wird der Direktor das Summen der Aktivität spüren und wissen, daß seine Wissenschaftler (das Team) von ihrer Arbeitslast schier erdrückt werden. Es geschieht etwas. Er weiß nicht, was – oder, was oft der Fall ist, er hat Angst, es herauszufinden. Deshalb rennt er ziellos umher und murmelt immer wieder: »Der Himmel fällt uns auf den Kopf.«[4]

Betrachtet man das hinsichtlich der Wechselwirkungen, so weiß nur der Direktor (D) allein, daß der Himmel einfällt. Dies wiederum ist eine Management-Information und als solche geheim. Das Team muß dazu gebracht werden, sein Letztes zu geben, während ihm die wahre Natur der bevorstehenden Katastrophe verborgen bleibt. Das Team kann die Zwänge niemals verstehen, denen das Management gegenübersteht. Der wissenschaftliche Leiter (WL) hat üblicherweise eine andersgeartete Funktion und Verantwortung. Seine Aufgabe ist es, das Team auf ein angemessenes Ziel hinzuführen. Da der Fortschritt wie die ganze Wissenschaft zufällig ist, sitzt ihm die alltägliche Trivialität im Nacken, etwas leisten zu müssen, was lohnenswert erscheint.

> »Mir wurde von einem Universitätswissenschaftler berichtet, daß er sich jedesmal, wenn er morgens sein Auto parkte, die Nummern der Nachbarautos notierte. Dann begab er sich in die Bibliothek, sah unter den entsprechenden Nummern der »Abstracts« nach und fand fast immer etwas Interessantes.«[5]

Einem allgemeinen Problem sieht sich der wissenschaftliche Leiter (WL) gegenüber. Sehr häufig[6] wird er vom Direktor (D) angewiesen, ein Problem nach dessen Methode zu lösen. Der WL sieht sehr schnell, daß die Methode des D die Naturgesetze (NG) auf vielfache Weise verletzt. Das läßt ihm nur zwei Wege: Er kann den D in Kenntnis setzen, daß es so auf keinen Fall geht, oder – und das ist das übliche Verfahren – er nimmt das Problem und die empfohlene Lösung und schaltet beide – in der Sprache der Elektronik – parallel. So kann er die »bevorzugte« Lösung isolieren, während das Projekt weiterlaufen kann. Nach der dritten größeren Änderung wird die Lösung des Direktors fallengelassen. Der Fortschritt hat sich durchgesetzt, ohne jemand weh zu tun. Falls es so etwas wie Wissenschaftsmanagement gibt, sollte man es als eine wissenschaftliche Disziplin verstehen. Unter den oben aufgeführten Bedingungen würde ich als erstes Gesetz des Wissenschaftsmanagements vorschlagen: *Intelligenz wird am liebsten durch Aktivität ersetzt.*

Wie gezeigt wurde, können Manager das Wesen der Forschung nicht wirklich begreifen. Und Wissenschaftler können nicht begreifen, daß der Himmel *prinzipiell* einfällt. Diese Erkenntnis muß Verwirrung stiften.

> »Kein Mensch kennt den vollständigen Schaltplan eines Großrechners, und sicher weiß auch kein Mensch, ob er nach diesem Plan geschaltet ist oder nicht.«[7]

Es gibt ein letztes Gefahrenmoment im Management der Wissenschaft. Der Hauptzweck der Wissenschaft ist, Artikel zu veröffentlichen. Die Qualität der wissenschaftlichen Prosa wird zu einer Funktion der administrativen Verwirrung: Sollte tatsächlich jemand das Projekt verstehen, so der Direktor (D). Da es der aber nicht versteht, darf das niemand. Kompetente Verfasser werden jeden Schritt genauestens berichten. Deshalb muß der Abschlußbericht von der chaotischsten Person im Team verfaßt werden oder, und das hat denselben Effekt, vom ganzen Team. Dieses Papier wird dann von WL und D unterzeichnet, aber nicht in dieser Reihenfolge. Der D wird dann dafür sorgen, daß das Papier in der richtigen Zeitschrift veröffentlicht wird, und entscheidet dann, was als nächstes in Angriff genommen wird.

[4] *Asterix, der Gallier.* Beliebiges Abenteuer.
[5] Line, M. B., »On the Design of Information Systems for Human Beings«, *Aslib Proceedings,* 22, 7. 7. 1970, S. 330.
[6] Nach Sokol & Meyer 90% der Zeit.
[7] Pfeiffer a.a.O., S. 51.

WICHTIGE GESETZE DER WISSENSCHAFT (EIN ÜBERBLICK)

A. Kohn

In der Wissenschaft gibt es viele Gesetze. Viele lernt man schon im Gymnasium: etwa das Newtonsche, das Boyle-Mariottesche, das Ohmsche, die der Thermodynamik etc.

Im letzten Jahrzehnt wurden einige neue wichtige Gesetze entdeckt:

1. *Die Parkinsonschen Gesetze:* Die meisten dieser Gesetze sind in Parkinsons Buch beschrieben.[1] Kürzlich hat man ein neues Parkinsonsches Gesetz für die medizinische Forschung aufgestellt.[2] Es lautet: ERFOLGREICHE FORSCHUNG LOCKT HÖHERE DRITTMITTEL AN, DIE WIEDERUM WEITERE FORSCHUNG UNMÖGLICH MACHEN.

2. *Maiersches Gesetz:*[3] FALLS ERGEBNISSE NICHT MIT DER THEORIE ÜBEREINSTIMMEN, MÜSSEN SIE BESEITIGT WERDEN.

3. *Murphysches Gesetz:*[4] WENN BEI EINEM EXPERIMENT ETWAS SCHIEFGEHEN KANN, GEHT ES SCHIEF.

4. *Pardeesches Gesetz:*[5] ES BESTEHT EINE INVERSE BEZIEHUNG ZWISCHEN DER EINZIGARTIGKEIT EINER ENTDECKUNG UND DER ANZAHL DER ENTDECKER, DIE SIE GLEICHZEITIG MELDEN.

5. *Hersh'sches Gesetz:*[6] DIE BIOCHEMIE EXPANDIERT SO WEIT, DASS SIE IMMER GENAU DIE ZEIT UND DEN RAUM AUSFÜLLT, DIE IHR FÜR FORTSCHRITT UND PUBLIKATION ZUR VERFÜGUNG STEHEN.

6. *Old-Kohnsches Gesetz:*[7,8] DIE EFFEKTIVITÄT EINER AUSSCHUSSITZUNG VERHÄLT SICH UMGEKEHRT PROPORTIONAL ZUR ANZAHL DER TEILNEHMER UND ZUR BERATUNGSZEIT.

7. *Erstes Gordonsches Gesetz:*[9] WENN ES SICH NICHT LOHNT, EIN FORSCHUNGSPROJEKT ÜBERHAUPT DURCHZUFÜHREN, LOHNT ES SICH AUCH NICHT, ES GUT DURCHZUFÜHREN.

LITERATUR

1. Parkinson, C. N., Parkinsons Gesetz, Econ, Düsseldorf, 1958
2. ders., Parkinsons Law in Medical Research, New Scientist 13:193 (1962)
3. Maier, N. R. F., Maier's Law, The American Psychologist (1960)
4. Murphy, D., Sciencemanship, Discovery 20:259 (1959)
5. Pardee, A. B., pU, a new quantity in biochemistry, American Scientist 50:130A (1962)
6. Hersh, R. T., Parkinson's Law, the squid and pU, American Scientist 50:274A (1962)
7. Old, B. S., Scientific Monthly 68:129 (1946)
8. Kohn, A., Ausschußmitgliedschaft, J. d. unwiederh. Ergebn. *10:*24 (1962)
9. –, J. d. unwiederh. Ergebn. *9:*43 (1961)

UNSTETIGKEITEN IN DER SOZIALFORSCHUNG

Dr. Samuel E. Wallace

Hiermit liegt der einzige Bericht über eine Untersuchung im Rahmen eines interkulturellen Forschungsprojekts über Jugendliche vor, die höchste Leistungsfähigkeit und Kreativität in akademischen, außerschulischen und zwischenmenschlichen Bereichen aufweisen, mit dem speziellen Ziel eines Vergleichs mit den Merkmalen von Studenten innerhalb und außerhalb der kontinentalen Vereinigten Staaten. (Worum es tatsächlich geht, wird gleich klar werden.) Eine Stichprobe von 20 Abiturienten im spanischsprechenden Puerto Rico, jeweils zur Hälfte Jungen und Mädchen, wurde zur Teilnahme an dieser Studie ausgewählt. Während ihres Abiturjahres wurden die Schüler zu verschiedenen Zeitpunkten interviewt, um die Faktoren zu bestimmen, die ihre Spitzenleistungen beeinflußten. Alle Schüler besuchten ein Privatgymnasium der oberen Mittelklasse, das für seine Vetternwirtschaft bei den Aufnahmeverfahren bekannt war. Obwohl das Gymnasium nur Schüler ab einem bestimmten Intelligenzquotienten aufnahm, ermöglichte es das Fehlen eines geprüften Schulpsychologen den Eltern, verschiedene psychologische Testinstitute abzuklappern, bis ihr Kind den geforderten Wert erreichte. Deshalb waren die zugelassenen Schüler meist auch diejenigen, deren Eltern die nötigen Mittel für solche ausgedehnten »IQ-Wert-Einkaufsbummel« hatten. Allerdings ist dieses Gymnasium, so interessant es auch erscheinen mag, nicht Hauptgegenstand dieses Artikels.

Im Herbst 1960 wurde der Autor von dem Institut kontaktiert, das die oben beschriebene Studie durchführte. Leitender Direktor, Eigentümer, Präsident und Aufsichtsrat dieses Institut erklärten, daß eine Forschungsgruppe zusammengestellt werden sollte, und luden mich ein, daran teilzunehmen. In weiteren Gesprächen erfuhr der Autor, daß die Gruppe aus einem Psychologen, einem Sozialarbeiter, einem Soziologen und einem Anthropologen[1] bestehen sollte. Eine Bundesbehörde sollte die nötigen Gelder bereitstellen, und die Arbeit sollte sofort, oder fast sofort, nämlich wenn die Gelder genehmigt wären, beginnen.

Nachdem ich das Institut begutachtet und mich mit mehreren Mitgliedern des Teams unterhalten hatte, kam mir die Idee, daß sich hier eine ausgezeichnete Gelegenheit bot, einen sehr vernachlässigten Forschungsbereich zu studieren – »Unstetigkeiten in der Sozialforschung«.

Während des zweiten Weltkriegs machten mehrere berühmte Gelehrte den Vorschlag, die »Stetigkeiten in der Sozialforschung«[2] zu untersuchen. Sie machten eine Menge Knete mit der Idee und produzierten eine Reihe von Büchern und stapelweise Artikel.

Jedesmal, wenn ich auf einen Bezug zu diesen »Stetigkeiten« stoße, frage ich mich: Was ist mit den *Unstetigkeiten?* Es gibt doch sicherlich Projekte, bei denen der Plan des Forschers von vornherein hoffnungslos ist. Es gibt doch sicherlich Projekte, die die schlechteste Methodologie für ihren Gegenstand verwenden. Es gibt doch sicherlich Projekte, bei denen der Personalwechsel so häufig ist, daß nicht ein Zoll[3] Stetigkeit möglich ist. Es gibt doch sicherlich Projekte, deren Publikationen[4] nicht das geringste mit den vorher gesammelten Daten zu tun haben. Warum schreibt denn niemand über solche Projekte?

Als ich das Institut und den leitenden Direktor gesehen hatte, befiel mich eine Ahnung[5], daß mir das Schicksal hier endlich die Gelegenheit bot, meine Arbeit über »Unstetigkeiten in der Sozialforschung« zu beginnen. Im Verlauf der zwei denkwürdigsten Jahre meines Lebens konnte ich den nahezu kompletten Austausch des gesamten Personals beobachten, angefangen von der Pforte über Putzdienst, Finanzabteilung und Verwaltung bis zu medizinischem und klinischem Personal.[6] Der Verlauf war geradezu fantastisch. Die Leute meldeten sich am Morgen zur Arbeit, und am Nachmittag räumten sie ihren Schreibtisch. Der frühere Hauptrevisor, Buchhalter und Kassierer z. B. schien so fest im Sattel zu sitzen wie der leitende Direktor selbst. Er arbeitete schon fast zwanzig Jahre für den Direktor, und er arbeitete schwer. Er schien sämtliche Erwartungen, die ein Arbeitgeber nur

[1] Ein Anthropologe war zum Vorstellungsgespräch eingeladen, aber weder er noch der Sozialarbeiter, der zum Team gehören sollte, ward jemals gesehen.

* Im vorliegenden Publikationsforum müßte dieser verzweifelte Schrei des Autors endlich auf die Resonanz vieler Gleichgesinnter stoßen (d. Ü.).

[2] Siehe R. K. Merton und P. F. Lazarsfield, *Continuities in Social Research.* Studies in the Scope and Method of the American Soldier, Glencoe, The Free Press, 1950.

[3] Ich vermute, daß dies zumindest ein Weg ist, um Kontinuität zu messen.

[4] Gewöhnlich wenige und ziemlich zufällig bei »Schiffsrettungsaktionen« entstanden. Ihr hervorstechendstes Kennzeichen ist, daß sie mit den gesammelten Daten absolut überhaupt nichts zu tun haben. Das soll jedoch nicht heißen, daß sie immer wertlos sind. Vielmehr sollte man fragen, warum Geld mit Datensammeln verschwenden?

[5] Unfreundliche Kollegen haben herumgetratscht, daß man vielleicht kein Genie sein muß, um diese Ahnung an diesem speziellen Institut zu haben.

[6] Unglücklicherweise war die Dokumentation nicht vollständig. Es gab ein oder zwei bemerkenswerte Ausnahmen. Aber der Leser muß die kurze Zeitdauer dieser Studie berücksichtigen.

haben kann, zu erfüllen und war sein persönlicher Freund. Sie können sich meine Freude vorstellen, als man mir eines Morgens erzählt, er sei im Verlauf eines ganz normalen Tages fristlos entlassen worden. Man hatte ihm den Rest des Tages gegeben, seinen Schreibtisch zu räumen und zu gehen.

Diejenigen, die schon fast zwanzig Jahre hier beschäftigt waren, schienen genauso schnell zu verschwinden wie diejenigen, die gerade erst eingestellt worden waren. Bei denen, die schwer arbeiteten, war die Entlassungsrate genauso hoch wie bei denen, die nichts taten. Diejenigen, die sich auf besondere Beziehungen zur »internen Führung« berufen konnten, räumten ihren Schreibtisch genauso schnell wie diejenigen ohne Beziehungen.

Im September 1960 sprach ich mit dem leitenden Direktor, im April 1961 wurden die Gelder schließlich bewilligt, und ich begann offiziell mit meiner Arbeit. Eine Woche später wurde der wissenschaftliche Direktor, der Leiter jenes Projektes, für das dem Institut gerade Gelder bewilligt worden waren, gefeuert. Ich gestehe, ich war geradezu außer mir vor Begeisterung.

Meine Freude wurde zur Verzückung, als ich in der zweiten Woche meiner Arbeit eine zweite Unstetigkeit entdeckte.[7] Gemäß dem Untersuchungsplan sollte die Feldforschung für diese (notwendigerweise namenlose) Studie bereits im Frühling 1959 beginnen – und das tat sie auch. Nachdem eine Stichprobe gezogen war, interviewte das Forschungsteam (zwei Psychologen) sowie ein zufälliges Sortiment Mediziner, die Psychiatrie studierten, die Schüler im Herbst (und vielleicht sogar im Frühling) des Schuljahres 1959–1960. Die Interviews wurden dann unterbrochen, bis Gelder zur Verfügung standen, das heißt bis April 1961. Zu dieser Zeit schlossen die Schüler ihr erstes Semester an der Universität ab. In einem recht bewunderswerten Anflug von Verwegenheit bezuschußte die Bundesbehörde nun eine Studie über den Wechsel vom Gymnasium zur Universität an einer Stichprobe von zwanzig Studenten. Die Gelder wurden in genau dem Moment bewilligt, als die Studenten ihr erstes Semester abschlossen. Sag da einer was über Unstetigkeiten!

Natürlich sah ich mir den Mann, der dazu beigetragen hatte, all dies möglich zu machen – den leitenden Direktor – näher an. Max Weber hätte ihn als perfekten Idealtypus für das Studium von Unstetigkeiten bezeichnet. Denn 1. schrieb oder las der leitende Direktor niemals eine Publikation, 2. interviewte er niemals einen Interviewer oder einen Probanden, 3. hatte er nicht die leiseste Ahnung, was Daten waren, wie man sie sammelte, welche gesammelt wurden oder welche zu sammeln waren, 4. kümmerte er sich nie um den Verwaltungskram, und 5. hielt er niemals wissenschaftliche Kontakte aufrecht.

Während des Sommers erschien ein Sozialpsychologe auf der Bildfläche. Er hatte einen Doktortitel von Harvard, hatte mehrere Artikel veröffentlicht und kam mit den besten Empfehlungen. Dieser neue Forschungsdirektor, Projektleiter und Co-Chefuntersucher kannte nicht nur die Forschungsarbeit und war entschlossen, sie durchzuziehen, sondern man ließ ihm auch freie Hand, zu tun, was er wollte.

Als erstes sollte der neue Forschungsdirektor die Daten an ein anderes größeres Projekt übertragen, das schon unter eigenen Unstetigkeiten zu leiden hatte. Der andere Psychologe wurde gebeten, Gelder für größere Studien zu »organisieren«. Es blieben nur ein Assistent und ein Teilzeitsoziologe übrig, um die Studie über den Wechsel vom Gymnasium zur Universität voranzutreiben.

Die nächsten neun Monate verliefen, was das Forschungspersonal betraf, ziemlich ereignislos. Im Spätfrühling jedoch bekannte der Forschungsdirektor seine Resignation. Eigentlich hatte er angesichts der Situation insgeheim schon sieben Monate früher aufgegeben. Es wurde bekannt, daß der zweite Psychologe Co-Chefuntersucher und Hauptautor werden sollte. Gleichzeitig wurde aber auch bekannt, daß er Puerto Rico verlassen wollte. Im Februar zeichnete sich die vierte Unstetigkeit ab: Man strich das Gehalt des nichtanwesenden Psychologen ohne Ankündigung.

Die beiden Sekretärinnen der Forschungsabteilung und der einzige Assistent waren schon etwas früher gegangen, was zwar interessante, jedoch weniger bedeutende Unstetigkeiten darstellte. Der Assistent war allerdings das einzige Teammitglied überhaupt, daß fließend Spanisch sprach. Folglich passierte es, als andere das vorhandene Material übersetzten, daß spanische Wörter wie *molestar* (plagen, beunruhigen, ärgern) mit belästigen übersetzt wurden. Ein späterer Forscher wunderte sich dann über den Lehrer, der seine Studentinnen belästigte.

Im Sommer 1962 teilte man dem Soziologen mit, das Projekt sei an seinem Ziel »vorbeigedriftet«. Als dies nicht die erhoffte Resignation hervorrief, wurde kurzerhand sein Gehalt gestoppt. Nun hatte ich einen perfekten Fall von vollständiger und kontinuierlicher Unstetigkeit. Es gab jetzt niemanden mehr, der irgend etwas über das ursprüngliche Vorhaben wußte. Niemanden, der wußte, welche Änderungen in der Methodologie vorgenommen worden waren. Niemanden, der die Sackgassen kannte, die untersucht worden waren. Keinen, der wußte, nach welchen Kriterien die Versuchspersonen ausgesucht worden waren. Keinen, der wußte, wie man die Vps interviewt hatte. Keinen, der zwischen Fakten, Fiktion und Interpretation unterscheiden konnte. Niemanden, der auch nur eine der Vps wiedererkennen würde. Jede nur erdenkliche Art von Unstetigkeit war eingetreten!

Selten hat ein Forscher so viel Glück, wie ich es hatte. In diesem Bericht gibt es tatsächlich keine kontinuierliche Linie. Allerdings muß ich auch zugeben, daß die Erforschung von Unstetigkeiten doch etwas ermüdend ist. Ich habe jetzt mit Kunstflug, Fallschirmspringen und Haifischjagd angefangen; das ist vergleichsweise alles so entspannend, verstehen Sie?[8]

[7] Ein seltsames Dokument, das ich schließlich hinter einem Aktenschrank in einem leerstehenden Büro entdeckte. Aus irgendeinem Grund hatte es die Angewohnheit, an solche Stellen zurückzukehren, und war, wenn man es brauchte, nur unter den größten Schwierigkeiten aufzufinden.

[8] Der Autor muß hinzufügen, daß alle Bezüge zu Personen und Orten absichtlich getilgt wurden, um die Identifikation und Lokalisierung der Studie unmöglich zu machen. Ich muß auch hinzufügen, daß jede Ähnlichkeit mit lebenden oder toten Personen rein zufällig und natürlich nicht beabsichtigt ist.

DIE HERSTELLUNG VON REINEM SCHEISS

M. Kaye

(Vorschlag für ein Forschungsprojekt in Zusammenarbeit mit dem Landesbüro für Standardprogramme zur Herstellung reiner Stoffe)

Schätzungsweise ungefähr 90% der wissenschaftlichen Mitarbeiter fast aller wissenschaftlichen Institutionen sind mit der Herstellung von Scheiß beschäftigt, und manche Wissenschaftler haben diesen Wert sogar noch höher angesetzt.[1] Demnach müssen mindestens 90% der wissenschaftlichen Literatur der Welt Systeme darstellen oder Probleme diskutieren, die im weitesten Sinn in diesem Gegenstandsbereich liegen.

Scheiß existiert, wie bekannt, natürlicherweise im Überfluß.[2] Berichten zufolge besitzt er in seiner metallischen Form (Schrott) recht widerspenstige Eigenschaften und ist äußerst starr.[3] Andere Formen scheinen eine große Variationsbreite von Eigenschaften zu haben, deren hervorstechendste darin besteht, daß das Material in Hinsicht auf jede mögliche Bedeutung oder praktische Verwendung weder passend noch anpaßbar ist.[4]

Wenig Mühe ist bisher auf die Reinigung dieses Materials verwandt worden. Dies könnte an mangelnder Nachfrage liegen.[5] Kleine Mengen Scheiß sind jedoch in einigen Labors gereinigt worden.[6] Kürzlich wurde eine gesteigerte Nachfrage nach Scheiß festgestellt, insbesondere zur Verteilung in höchsten Regierungskreisen[7] (die Anzeichen mehren sich, daß sie den Scheiß auch selbst herstellen, d. Ü.). In Hinblick darauf könnte sich die Herstellung des reinen Stoffes in großen Mengen lohnen.

Die Herstellung von einem Scheiß erfordert Planung im großen Stil. Wir glauben, die Organisation des Projekts wie folgt führt zu den besten Resultaten.

Reiner Scheiß kann in jedem Forschungsinstitut hergestellt werden, besonders in Instituten, die über die nötigen Großgeräte verfügen.

Stadium 1. Es sollte ein Reinscheißberaterkomitee gebildet werden, bestehend aus 24 Mitgliedern. Andere Komitees zur Behandlung spezieller Scheißprobleme sollten gebildet werden, wenn sie auftreten.

Stadium 2. Neuernennung der Komitees und Schlichtungsarbeit sollte dann das zweite Jahr in Anspruch nehmen. (Psychiatrisch geschulte Hilfsberater und industrielle Schlichtungsexperten sollten zur Verfügung stehen, vielleicht ein Oberarzt und ein oder zwei Sanitäter.) Während des dritten Jahrs sollte man sich bemühen, den technischen Stab zu rekrutieren und die Labororganisation auf die Beine zu stellen.

Neue Beauftragte sollten mittels der verschiedenen offiziellen Regelungen und Verfahren zur Rekrutierung von Wissenschaftlern eingesetzt werden, was dabei hilft, automatisch passende Kandidaten für die Arbeit am Scheiß auszuwählen (z. B. Blutdruck ist wichtiger als akademische Qualifikationen *per se.*). Die Ernennung des technischen Stabs und die Neuordnung der Ernennungen gemäß den Wünschen von Onkeln, alten Schulfreunden und Exmilitärkameraden der Abteilungsleiter sollten das dritte Jahr des Projekts ausfüllen.

Das vierte Jahr des Projekts wird in Anspruch genommen durch die Erstellung von Berichten und deren Diskussion in den verschiedenen Komitees.

Man darf hoffen, daß gegen Ende dieser Periode kilogrammweise reiner Scheiß zur Archivierung vorhanden ist.

Budget. Das erforderliche Budget ist astronomisch. Die Produktionskosten per Kilo reinen Schrotts sind auf 500 000 $ geschätzt worden. Da jedoch die meisten Einrichtungen bereits vorhanden sind, ist es wahrscheinlich, daß mit einem Beitrag von 2000 $ (um die Publikationskosten der Berichte zu decken) von einem Sponsor das Projekt in den vorhandenen Rahmenbedingungen realisiert werden kann.

---

1 Persönliche Mitteilung: Zahlen von 90–95% wurden zitiert von Mitgliedern 8 wissenschaftlicher Institute, die sich hauptsächlich auf die Arbeiten ihrer Kollegen bezogen.

2 A. M. Kaye, persönliche Mitteilung, z. B.: »Ich hab Hunger – bring mir schon den Scheiß.« Siehe jedoch auch: »Du glaubst doch nicht etwa, daß ich diesen Scheiß esse?!«

3 Wie beim Verlegen von Rohren: »Ich kriege dieses Scheißrohr nicht krumm.«

4 Persönliche Mitteilung, z. B.: »Du glaubst doch nicht, daß ich mit diesem Scheiß was anfangen kann?« Es ist jedoch berichtet worden, daß der Output an Scheiß als Grundlage zur Beförderung von Wissenschaftlern zu höheren Rängen und zu einer Position mit einem Gipfel bei 0,3 m^3 Scheiß/Jahr gedient hat. Nichtgereinigter Scheiß natürlich.

5 James Cagney in »World of Gangsters« (1942). »Bleib mir bloß weg mit diesem Scheiß. Ich nehm keinen Scheiß von niemand.«

6 Verschiedene Quellen über die Reaktion von Forschungsdirektoren auf Jahresberichte: »Das ist reiner, unverfälschter Scheiß.«

7 Anonymer Ministeriumsbeamter: »Machen Sie sich nicht die Mühe, es auszurechnen, geben Sie ihnen einfach irgendwelchen Scheiß.«

LABORPRODUKTIVITÄT 1. KORRELATION MIT CAFETERIABESUCHERN

L. Boone, J. Collins, S. Winslow, C. Whitley, W. Rutala*, D. Clanton, G. Stewart, J. Oakes, G. Peterman, D. Wennerstrom, S. Holcomb, S. Brown, J. Martin, D. Roop

Fakultät für Mikrobiologie
Universität Tennessee,
Knoxville, Tennessee 37916

(Laborproduktivität/täglich/Gruppen/die)
Eingereicht von W. S. Riggsby, 1. Dezember 1972

Zusammenfassung: *Einzelne tägliche Cafeteriabesuche, sowohl allein als auch in Gruppen, steigern die Laborproduktivität. Tägliche Besuche größer als eins korrelieren mit Abnahmen der Laborproduktivität. Wenn die Zahl der Teilnehmer an den Besuchen steigt, fällt die Laborproduktivität drastisch mit jedem zusätzlichen Besuch bis zu einem permanenten Tiefststand bei drei Einheiten des Laborproduktivitätsindex.*

Laborproduktivitätsindex:
9 = Stunden aktiver Laborarbeit an einem Tag, an dem man glaubt, es solle eine Besichtigung stattfinden
6 = Stunden im Labor an einem normalen Tag (aktiv oder nichtaktiv)
3 = Stunden im Labor an einem Tag, an dem der Direktor und/oder Professor weg waren
0 = Stunden im Labor an einem Tag, an dem die Finanzierungsstiftung unerwartet kam
−3 = (−) Stunden: 2, in denen man behauptet, letzte Nacht im Labor gearbeitet zu haben

Diese Untersuchung wurde teilweise unterstützt durch Zuschuß Nr. BLT-7UP-IOU-1,25. L. B. ist ein Keksriegelentwicklungspreisträger, C. W. hat Geld von Ray geborgt und S. W. ist Abonnent von »Eismann«. Die Autoren danken Richards Cafeteria für hervorragende technische Unterstützung.

Für Sonderdrucke schicken Sie bitte 1 $ an den 1. Autor, schreiben Ihren Namen unten auf die Liste und schicken Sie diese mit Instruktionen an 10 Freunde.

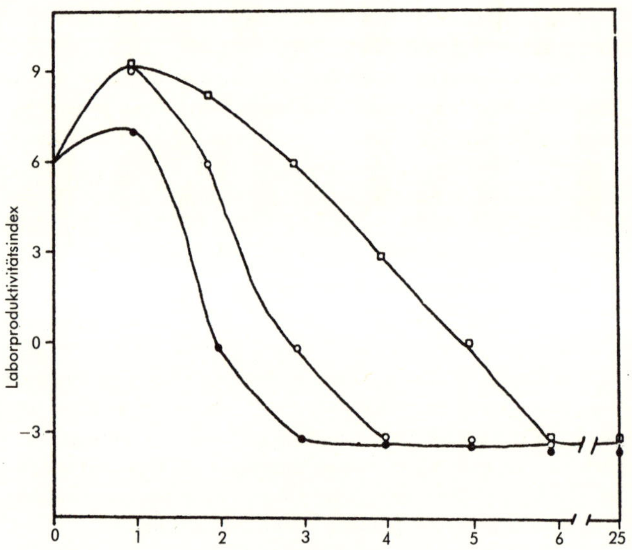

ABBILDUNG 1A
Korrelation zwischen Cafeteriabesuchen (CB) und Laborproduktivität (LP). (– –) allein; (– –) Gruppen von zwei; (– –) Gruppen größer als zwei.

* Gegenwärtige Adresse:
Medizinisches Labor der 5. US Armee, Fort Sam Houston, San Antonio, Texas

TEIL X

DIE SEELE AUF DEM PRÜFSTAND

DIE WIRKUNG PRÄNATALEN LESEUNTERRICHTS AUF DIE LESELEISTUNG*

Edward R. Sipay

In den letzten paar Jahren ist die Kontroverse um das *Wie* des Leseunterrichts etwas abgeflaut; allerdings nur, um einem neuen Debattengegenstand Platz zu machen – *wann* der Leseunterricht einsetzen sollte. In der Vergangenheit haben einige Experten behauptet, ein Kind solle ein geistiges Alter von 6,6 Jahren haben, bevor ein Leseunterricht ins Auge gefaßt wird; andere, daß Kindern das Lesen beigebracht werden sollte, wenn sie das Alter von fünf Jahren erreicht haben. Der Trend geht jedoch dahin, noch jüngere Kinder zu unterrichten. Ein Artikel in *Eltern* (Mai 1963) informierte Mütter, wie sie ihrem zweijährigen Kind Lesen beibringen könnten. Doch hat noch niemand vorgeschlagen, mit dem Leseunterricht vor der Geburt zu beginnen. Solch eine Hypothese wurde vor zwölf Jahren aufgestellt und dann eine Längsschnittuntersuchung begonnen, um die Wirkung pränatalen Unterrichts auf die Leseleistung in der Grundschule zu erforschen.

In Zusammenarbeit mit örtlichen Frauenärzten wurden 112 Frauen im vierten Schwangerschaftsmonat als Versuchspersonen ermittelt. Dann wurde mit jedem Elternpaar der California Test of Mental Maturity und der Lesetest von Nelson-Denny durchgeführt. Aufgrund der Annahme, daß der Nachwuchs sich den Eltern in diesen Faktoren tendenziell nähern würde, wurden nach den Durchschnittsgesamtwerten jedes Elternpaares drei Gruppen je nach Intelligenz und Lesefähigkeit gebildet. Der durchschnittliche CTMM-Wert für jede Elterngruppe (25 Vpn) war 10,8. Dann wurden die zukünftigen Mütter der Lesegruppe mit Ganzheitsmethode, der mit Buchstabiermethode oder der Kontrollgruppe zugewiesen.

Die Unterrichtsprogramme wurden nach den Begleitmaterialien der beiden Methoden durchgeführt; die Kontrollgruppe beschäftigte sich, was einem Placebo gleichkam, mit der Wiederholung sinnloser Silben. Die Instruktion für jede Lektion wurde auf Band gesprochen und jeder Mutter einzeln vorgespielt. Diese Instruktionen wurden gleichzeitig dem ungeborenen Kind mit Hilfe eines eigens konstruierten Fötoskops übermittelt, das am Bauch der Mutter befestigt wurde. Später, als die Mutter mit dem Leseheft arbeitete oder Buchstaben nachmalte, sprach sie ihre Reaktionen in das Fötoskop, um dem Fötus diesen Teil der Lektion zu übermitteln. Nach achtundfünfzig Lektionen wurde diese Phase des Experiments abgeschlossen. Dann wurden keine weiteren Versuche unternommen, den Kindern Lesen beizubringen, bis sie in die erste Klasse kamen. Im Kindergarten wurden die Kinder getestet, um festzustellen, ob es zwischen ihnen irgendwelche signifikanten Unterschiede gäbe, wenn man sie nach den Methoden einteilte, die während der Anfangsphase der Studie angewendet worden waren. Zwischen den Kindergruppen fanden sich keine statistisch signifikanten Unterschiede, weder in der Intelligenz noch in der Schulreife. Die CTMM-Durchschnittswerte rangierten von 109,2 bis 113,4 und die des Schulreifetests von 1,1 bis 1,3.

Tabelle 1: Leseleistungstest: Klassenstufenwerte

	Gruppe		
Tatsächliche Klassen-einstufung	*Buchstabier-methode*	*Ganzheits-methode*	*Kontrollgruppe*
1,9	2,7	2,1	1,8
2,9	3,9	3,2	2,9
3,9	5,0	4,1	3,7
4,9	6,2	5,2	4,9
5,9	7,1	6,4	5,9
6,9	8,1	7,3	6,8

Wie in Tabelle 1 dargestellt, übertrafen die Schulreifewerte beider Experimentalgruppen die der Kontrollgruppe auf jedem Niveau. Darüber hinaus war die Gruppe, die nach der Buchstabiermethode unterrichtet worden war, der Ganzheitsgruppe überlegen. In jedem Fall waren die Unterschiede der Mittelwerte signifikant auf dem .01 Niveau.

Die Ergebnisse dieser Studie legen nahe, daß pränataler Unterricht eine positive Wirkung auf die Leseleistung in der Grundschule hat. Außerdem erwies sich die Buchstabiermethode als effektivste der verwendeten. Der wichtigste Schluß jedoch, der aus diesem Artikel zu ziehen ist, wurde am besten ausgedrückt von dem römischen Redner, der erklärte: »Nimium celeriter ne credas omnia quae legas.«

Eingesandt von: **Alan J. Tyler**, Tucson, AZ

* Nachdruck aus *Elementary English*, 1965, S. 431–432 mit Genehmigung des *Council of Teachers of English* und von Edward R. Sipay.

NEIL'SCHE TÄUSCHUNGEN

Alan Neil
arbeitet im Institut für Verhaltensforschung,
Christliche Universität Texas,
Fort Worth, Texas

Ungeachtet dessen, daß die Psychologie eine der ältesten wahren Wissenschaften ist, begann die Untersuchung der Täuschungen lange, bevor eine wissenschaftliche Psychologie überhaupt existierte. Ein großer Teil der frühen Untersuchungen auf dem Gebiet der Täuschungen war jedoch das Werk von Männern, die üblicherweise nicht als Psychologen bezeichnet werden, und ist deswegen unwiderruflich verlorengegangen. Unmöglich ist es, abzuschätzen, wie zahlreich die Ent-Täuschungen sind, die wir dieser Epoche wissenschaftlicher Finsternis verdanken. Ihre Anzahl mag beträchtlich sein.

Ein solch beklagenswerter Zustand konnte nicht andauern, und, in der Tat, dem war auch nicht so. Das Auftreten der akademischen Psychologie und die gleichzeitige Entstehung des einführenden Lehrbuchs sicherten den Täuschungen für alle Zeit einen festen Platz in der Psychologie. Die wirklichen goldenen Jahre begannen 1832, als ein transparenter rhombischer Körper, Eigentum eines gewissen L. A. Necker, anfing, eine spontane Tiefenumkehrung zu zeigen. Zu Ehren seines Entdeckers »Necker-Würfel« genannt, wurde besagter transparenter Würfel schnellstens der Literatur einverleibt und demonstriert seither ohne Unterbrechung zyklische Tiefenumkehrung.

Während die akademisch arbeitenden Psychologen damit beschäftigt waren, über diese einzigartigen Vorgänge nachzudenken, versahen einige der wahrhaft großen Männer der Psychologie Täuschungen mit ihren Namen: Müller-Lyer, Poggendorff, Zollner, Ponzo, Optisch und Mond. Die Täuschungen häuften sich. Die Theoriebildung blühte. Die wissenschaftliche Diskussion wucherte nur so. Experimentelle Untersuchungen schossen ins Kraut. Dann, um die Jahrhundertwende, trat ein deutliches Nachlassen der Aktivitäten auf. Ein drastischer Rückgang folgte. Schließlich der totale Zusammenbruch. In den folgenden Jahren setzten nur ein paar unerschrockene Seelen die Suche nach angemessenen wahrnehmungspsychologischen Erklärungen für verschiedene Figuren fort, es gab jedoch keine neuen Täuschungen. Ohne neue Täuschungen welkte das Interesse

Beachten Sie, daß Ihnen das Auto wie ein Turnschuh erscheint.

dahin. Große Darstellungen im Vierfarbendruck, welche ganze Lehrbuchseiten einnahmen, konnten dem noch eine Zeitlang abhelfen, aber schließlich konnten nur noch Erstsemester dazu verleitet werden zu staunen: »Sapperlot, das stimmt!«

Kürzlich wurden einige neue Täuschungen entdeckt. Im Gegensatz zu denen des 19. Jahrhunderts verletzen diese neuen Täuschungen nicht die Annahme von der unveränderbaren Gleichheit, sie verlangen keine Kombinationen oder zeitlichen Umkehrungen. Die informationsverarbeitenden Mechanismen, die den subtilen Faktoren dieser Täuschungen entsprechen, stehen noch am Anfang ihrer Erforschung, aber die bereits durchgeführten Pilotstudien haben sich in der Einschätzung ihrer Relevanz nicht geirrt. Die unten abgebildeten Figuren sind nur die Prototypen der neuen Serie. Wir zeigen sie hier in der Hoffnung, daß das durch sie stimulierte Interesse hilft, das Untersuchungsgebiet wiederzubeleben. Das Studium der Täuschungen soll wieder seinen rechtmäßigen Platz in der Psychologie erhalten.

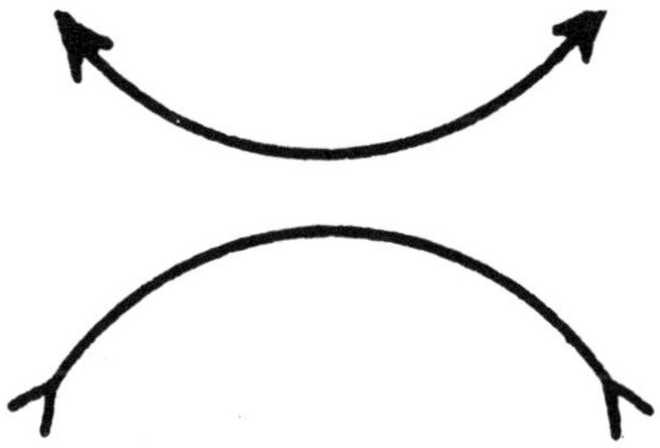

1. Beachten Sie, daß die beiden Linien nicht parallel erscheinen.

2. Beachten Sie, daß eine der Linien länger zu sein scheint.

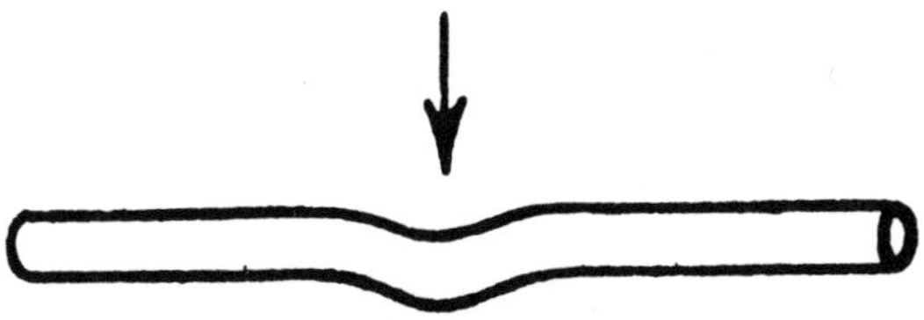

3. Beachten Sie, daß dieses Rohr unterhalb des Pfeils gebogen zu sein scheint.

4. Beachten Sie, daß die Kästchen verschieden groß zu sein scheinen.

5. Beachten Sie, daß die Linie, da wo sie durch die Säule geht, dicker erscheint.

6. Beachten Sie, wie schnell diese Figur verschwindet, wenn Sie sie fixieren.

Abgedruckt mit der freundlichen Genehmigung des *New Scientist & Science Journal*, April 1971.
Eingesandt von: Dr. Henry S. Gertzman, National Cash Register Company, Dayton, Ohio 45409.

EIN NEUER PSYCHOLOGISCHER TEST: T.E.T.

Uriel Akavia
Schulpsychologe, Tel Aviv

Wir freuen uns, Psychologen und interessierten Laien mitteilen zu können, daß die Publikation eines neuen Tests kurz bevorsteht.

Es handelt sich um einen Persönlichkeitstest, der auf dem Mechanismus der Projektion beruht, einen würdigen Nachfolger des Rohrschach, des T. A. T., des C. A. T., des Szeno-Tests und vieler anderer projektiver Verfahren.

T. E. T. = Thematischer Espresso Test.

Wichtigster Bestandteil des Tests ist eine schlichte Tasse Espresso. Nicht der Zufall ließ uns diesen praktischen Gegenstand zum wichtigsten Testwerkzeug wählen. Espresso ist das Symbol unserer technologischen und gehetzten Generation, die nicht ohne Grund »Espresso-Generation« genannt wird.

Versuchsanordnung:
Der Klient (oder Patient – das ist abhängig von der ideologischen Orientierung, welcher sich der Versuchsleiter verpflichtet fühlt) wird gebeten, sich in einem weichen, bequemen Sessel niederzulassen und sich zu entspannen. Dann wird ihm eine Tasse Kaffee angeboten, und zwar Espresso. Der Psychologe gibt seine Absichten nicht zu erkennen, und der Proband weiß nicht, daß er getestet wird. Die Bewegungen des Probanden werden von einer versteckten Kamera aufgezeichnet.

(Ein Testset, das alle benötigten Vorrichtungen enthält, kann bei den Psychologieverlagen, bei Kosmos und bei Tschibo bestellt werden: ein Sessel, eine Kamera, ein Videogerät, ein Dutzend Kaffeetassen, 10 Pfund Kaffee erster Qualität, Protokollformulare und Bleistifte. All dies wird nun mit Höchstgeschwindigkeit hergestellt, denn es ist zu erwarten, daß dieser Test, weil er so modern ist, ein Bestseller werden wird, ein *sine qua non* für jeden Psychologen mit Selbstachtung von Berkeley bis Tel Aviv.)

Standardisierung:
2457 Probanden wurden bereits getestet, und die genauen Standardwerte werden im Moment ausgerechnet. Die Probanden waren weiße Akademiker, die meisten von ihnen Studenten der Psychologie. Alle von diesen waren gern bereit, zum Wohl der Wissenschaft Espresso zu schlürfen.

Ergebnisse:
Viele wichtige Resultate waren zu verzeichnen, einige davon überraschend in ihrer analytischen Tiefe und von hoher heuristischer Relevanz.

Wir präsentieren nur einige der Ergebnisse:

a) Der Proband nimmt sich drei Würfel Zucker: orale Abhängigkeit, Hedonismus und Masochismus.

b) Er nimmt überhaupt keinen Zucker, trinkt den Kaffee ungesüßt: asketische Tendenzen. Anale Züge. Hypochondrische Beschwerden.

c) Nimmt Zuckerstück in den Mund, trinkt dann: wahrscheinlich ein Kommunist.

d) Bekleckert sein Hemd mit Kaffee: ein Penner. Noch mehr Masochismus. Keine gute Kinderstube.

e) Bekleckert den Psychologen mit Kaffee: unterdrückter Haß auf den Vater. Sadismus.

f) Schlürft seinen Kaffee geräuschvoll: ein Egoist. Noch mehr Sadismus.

g) Verlangt nach mehr Kaffee: kommerziell orientierte Ausbeutungshaltung. Verwöhntes Balg.

Eine vollständige Liste der Befunde, ihrer Begründung und Interpretationen wird in Bälde veröffentlicht.

DIE KORRELATION VON INTELLIGENZ UND ERFOLG AMERIKANISCHER AKADEMIKER: EIN BERICHT AUS DEM AMERIKANISCHEN INSTITUT FÜR ABWEICHENDES VERHALTEN

Peter Steiner

Lange hat man angenommen, daß der Erfolg amerikanischer Akademiker direkt mit deren Intelligenz korreliere. Nun liegt eine Untersuchung vor, die sich über sechs Jahre erstreckte und eine für jede Disziplin in jeder Lehr- und Forschungsinstitution in den Vereinigten Staaten repräsentative Stichprobe von Gelehrten überprüfte. Mit dieser Untersuchung, die kürzlich veröffentlicht wurde, ist es gelungen, besagte Korrelation zweifelsfrei empirisch nachzuweisen. Überraschenderweise ist diese Korrelation jedoch eine inverse, das heißt, die erfolgreichsten Akademiker hatten nachgewiesenermaßen die niedrigste mit den verwendeten Verfahren feststellbare Intelligenz, während diejenigen Gelehrten der Stichprobe, die in den Augen ihrer Kollegen besonders erfolglos arbeiteten, höhere Intelligenzquotienten hatten. Hier ist anzumerken, daß trotz dieser relativen Unterschiede im Intelligenzniveau die Differenz zwischen dem höchsten und dem niedrigsten gemessenen Wert vernachlässigbar erscheint, wenn man die Resultate mit der Verteilung der Intelligenz in der Gesamtbevölkerung vergleicht. Die Intelligenz des Intelligentesten (und außergewöhnlich Erfolglosen im Vergleich zu den Kollegen) erreichte etwa das Niveau eines Ackergauls, während die niedrigste gemessene Intelligenz, welche ein Akademiker aufwies (der dreimal Präsident der Vereinigung für amerikanische Außenpolitik und Botschafter in der Sowjetunion war), das Niveau einer gut erzogenen Zimmerpflanze nur um ein geringes überstieg.

Der in dieser Untersuchung verwendete Meßwert für Erfolg war eine komplexe, wechselseitig verbundene und integrierte statistische Darstellung folgender Größen:

a. Das Gewicht der Dissertation und der folgenden Publikationen der Testperson in Gramm, standardisiert durch ein Papiergewicht und einen Typengrößenfaktor
b. Der bei Kollegen durch Nennung seines Namens ausgelöste Haß, gemessen mit einem Viszeroskop
c. Höhe des Gehaltes und anderer Vergünstigungen in Pfennige umgerechnet
d. Messungen des Durchmessers von Schädeldecke und Hüftspeck.

Tafel I zeigt Umfang und Verteilung der Stichprobe sowie die Faktoren Papier, Haß, Geld und Speck.

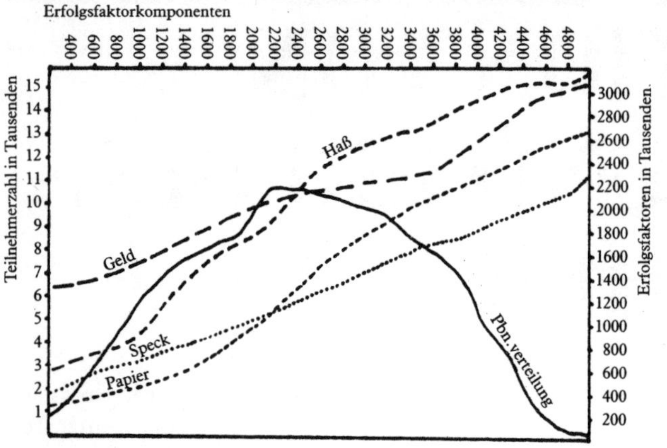

Tafel 1: Verteilung der Erfolgsfaktoren über die Pbn.

Die Intelligenz amerikanischer Akademiker nach wissenschaftlichen Gepflogenheiten zu messen, ist eine Aufgabe, die zunächst verwirrend klingt. Trotzdem wurde sie schließlich dadurch bewältigt, daß wir Techniken, die uns im Zusammenhang mit anderen Untersuchungen im Institut vertraut sind, dieser speziellen Fragestellung anpaßten: Ein Labyrinth wurde konstruiert. Getestet wurde die Geschicklichkeit der Versuchspersonen; ihre kognitiven Fähigkeiten und ihre Wahrnehmung wurden Prüfungen unterzogen, die von Schritt zu Schritt strenger wurden.

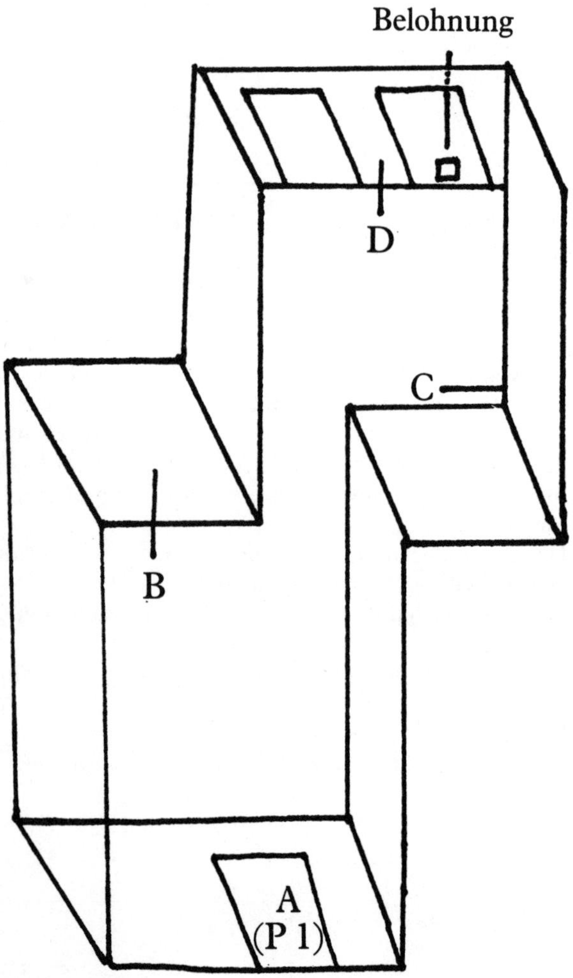

Abbildung I

Abbildung I zeigt das Labyrinth mit den signifikanten Stationen der Intelligenzstufen, wie sie von den Versuchsleitern unseres Instituts aufgrund wissenschaftlicher Erkenntnisse festgelegt wurden. Das Labyrinth wurde vereinfacht, denn die hier angesprochenen Versuchspersonen verfügten weder über die Konditionierungserfahrungen von Ratten oder Kaninchen noch über die intuitive Vertrautheit mit dieser Art Tests, die Ratten, Kaninchen oder Plattwürmer in früheren Experimenten gezeigt haben.

Während des Vortests wurde ein komplexeres Labyrinth verwendet. Das führte dazu, daß die Mehrheit der Versuchspersonen am Eingang in einem Zustand stehenblieb, den die Versuchsleiter als »null Durchblick« beschrieben. In dem vereinfachten Labyrinth wurden ein altes Buch und ein kleines Häufchen Kleingeld am Ende des Irrweges abgelegt. Diese Belohnungen waren vom Start aus deutlich zu erkennen.

Sogar in dem vereinfachten Labyrinth gab es eine signifikante Minderheit von Gelehrten, deren Reaktion eine P1-Reaktion war, das heißt, sie blieben am Start stehen, sichtlich verwirrt durch den Anblick des Häufchens Kleingeld und des zweiten Ausgangs. 68% der Angehörigen dieser Gruppe (7,63% der Gesamtstichprobe) hatten einen Erfolgsfaktor von über 4,3 Millionen. Der durchschnittliche Erfolgsfaktor dieser Gruppe lag bei 3,9 Millionen und damit bedeutend höher als der Erfolgsfaktor der Gesamtstichprobe (siehe Diagramm I).

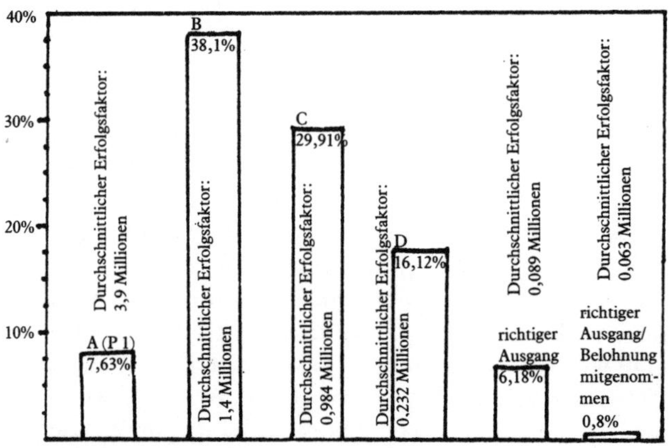

Diagramm 1: Korrelation von Erfolgsfaktor und akademischem Erfolg

Eine beträchtliche Anzahl von Akademikern bewegte sich recht zögerlich durch den ersten Hauptgang, um (zwischen den Punkten A und B) schließlich verwirrt stehenzubleiben. Als nächste signifikante Stolperstelle des Tests erwies sich der Knick im Hauptgang: 38,1% der Versuchspersonen gelangten nicht über diese Stelle hinaus. Entweder kamen sie um die Kurve nicht herum, oder sie hatten sie gar nicht wahrgenommen. Nahezu ein Drittel derjenigen, die an diesem Punkt aufgaben, liefen wiederholt gegen die Wand, bis sie erschöpft oder bewußtlos zu Boden gingen. Viele von denen, welche die erste Rechtskurve bei Punkt B erfolgreich genommen hatten, gerieten durch den Anblick der Wand bei C in Verwirrung und blieben entweder dort stehen oder wählten eine falsche Richtung und verirrten sich hoffnungslos im Labyrinth. Wie man bereits vermuten kann, liegen die Erfolgswerte derer, die an diesen ähnlichen Stolperstellen scheiterten, in vergleichbarer Höhe. Der mittlere Erfolgsfaktor derjenigen, die an Punkt B ausschieden, betrug 1,4 Millionen, der für die, welche bis zu C gelangten, 0,984 Millionen (siehe Diagramm I). Während es immerhin ansehnlichen 22,3% der getesteten Versuchspersonen gelang, sich bis zum Ende durchzuschlagen, stob die überraschend große Anzahl von 16,12% durch die falsche Tür davon oder lief gegen den Türrahmen zwischen den beiden Ausgängen. Die verbleibenden 6,18% wählten den richtigen Ausgang, nur 0,08% jedoch von diesen blieben stehen, um das alte Buch anzusehen oder gar mitzunehmen. Nur eine dieser Versuchspersonen nahm tatsächlich auch das Geld mit auf seinen Weg durch die Tür. Es handelte sich um einen ehemaligen Fußballer, der eine akademische Laufbahn begonnen hatte, um nicht zum Militär eingezogen zu werden, und der zufälligerweise auch den Weg durch das Labyrinth innerhalb von 4 Sekunden zurücklegte.

Wie vorauszusehen, betrug sein Erfolgsquotient 341 und war einer der niedrigsten Erfolgsquotienten, die bei diesen Versuchspersonen gemessen wurden. Der durchschnittliche Erfolgsquotient für Studenten des ersten Semesters, die keine Stipendien erhielten, d. h. für die niedrigste menschliche Gruppe, die getestet wurde, betrug 17 620. Der durchschnittliche Erfolgsquotient dieser Akademiker (zugegeben, der Begriff Akademiker wird hier recht freizügig verwendet), die den richtigen Ausgang nahmen, betrug 88 895. Für diejenigen, die das Buch mitnahmen, betrug der Wert 63 301.

Diese Befunde stützen felsenfest und mit glasiger Klarheit die Errungenschaften der empirischen Wissenschaften: Die Intelligenz der aktiven Akademiker verhält sich umgekehrt proportional zu deren Erfolg auf ihrem jeweiligen Forschungsgebiet. Das amerikanische Institut für abweichendes Verhalten bietet mit der Möglichkeit, sich vor Beginn der Karriere testen zu lassen, das Rüstzeug, das ein angehender Akademiker braucht, damit er weiß, wie viele zu Hackfleisch verarbeitete Wissenschaftler, die das Labyrinth erfolgreich durchliefen, er essen muß, um deren Intelligenzniveau zu erreichen. Die Ergebnisse solcher Testungen könnten, vorausgesetzt, sie werden nach wissenschaftlichen Kriterien durchgeführt, die akademische Ausbildung sowohl in den Vereinigten Staaten als auch im Rest der Welt auf revolutionäre Weise verändern.

DAS BAYES-THEOREM DER ANFÄLLIGKEIT FÜR PSYCHISCHE KRANKHEITEN: EINE ÜBUNG IN PRÄVENTIVER GEMEINDEPSYCHIATRIE

Dr. med. Dr. Lyon Hyams

Es herrscht Übereinstimmung[1,2] darüber, daß Vorbeugen hundertmal besser ist als Heilen.[3,4] Also könnte man folgern, vorausgesetzt, es gäbe zuverlässige Indikatoren für zukünftige ernste psychische Krankheiten, könnte eine rechtzeitige therapeutische Intervention den jeweiligen pathologischen Prozeß verkürzen oder gar zum Stillstand bringen. Dadurch würden die administrativen und finanziellen Belastungen des Gesundheitswesens bedeutend verringert und das Bruttosozialprodukt erhöht.[5] Möglicherweise, das kommt noch dazu, wären die betroffenen Menschen glücklicher.[6]

Selbstverständlich müßten folgende Annahmen gesichert sein:

1. Die reliable Identifizierung potentieller Kranker ist möglich.
2. Der Krankheitsprozeß kann durch therapeutische Maßnahmen tatsächlich beeinflußt werden.
3. Ein positives R_{12} muß festgestellt worden sein[7], bevor therapeutische Maßnahmen einsetzen.[8]

Dieser Artikel möchte nachweisen, daß selbst dann, wenn alle obigen Postulate erfüllt sein sollten, das Ziel der Prävention doch praktisch unerreichbar bleibt – und daran ist das Bayes-Theorem[9] schuld.[10]

Nehmen wir an, es könnte ein Merkmal »M« für frühere pychische Instabilität gefunden werden, das in einer umfangreichen psychotischen Population zu 95%[11] vorhanden ist. Umgekehrt müßte es in einer nichtpsychotischen Population in 95% der Fälle fehlen. (Ein solches Merkmal ist bereits vorgeschlagen worden[12]. Offensichtlich differenziert ein »Gewisses Starres Grinsen« (GSG) während der Arbeitszeit zwischen diesen beiden großen Gruppen.)

Solche Wahrscheinlichkeiten nennt man a priori, d. h. bei gegebenem Ereignis, psychotisch oder nicht, hat jemand mit 95%iger Wahrscheinlichkeit zuvor das Merkmal aufgewiesen oder eben nicht. Beim Screening interessiert uns jedoch die A-posteriori-Wahrscheinlichkeit, d. h. die Wahrscheinlichkeit, daß jemand bei gegebenem Merkmal psychotisch wird. Bayes' Formel[13] ermöglicht es uns, diese Zahl zu berechnen, vorausgesetzt, wir wissen, wie hoch die Wahrscheinlichkeit des Auftretens von Psychosen in der gesamten Population ist. Neuere Schätzungen[14] zeigen, daß jeweils eine von 50 Personen irgendwann psychotisch wird. Nun definieren wir ein Universum, das aus zwei erschöpfenden und sich gegenseitig ausschließenden Ereignissen besteht: psychotisch sein und nicht psychotisch sein (P und $\bar{P}$)[15], wobei $Pr(P) = .02$ und $Pr(\bar{P}) = .98$.

Falls M ein positives Merkmal und M* die Abwesenheit eines solchen bezeichnet, läßt sich die bedingte Wahrscheinlichkeit, daß jemand, der dieses positive Merkmal aufweist, psychotisch wird, nach der folgenden Formel errechnen:

$$Pr(P/M) = \frac{Pr(M/P)Pr(P)}{Pr(M/P)Pr(P) + Pr(M/\bar{P})Pr(\bar{P})}$$

Wenn:
$$Pr(M/P) = .95$$
$$Pr(P) = .02$$
$$Pr(M/\bar{P}) = .05$$
$$Pr(\bar{P}) = .98$$

Dann:
$$Pr(P/M) = .28$$

Es gibt Fälle, in denen nachgewiesenermaßen jede Prävention zu spät kommt.

Mit anderen Worten: Wenn von 100 Leuten jeder das positive Merkmal besitzt, werden nur 28 von diesen in absehbarer Zeit psychotisch. Da diese 28 nicht identifizierbar sind, wäre es finanziell viel zu aufwendig, alle zu behandeln. Würde man alle Normalen psychotherapeutisch behandeln, würde dies außerdem den Beta-Fehler vergrößern und so die Rechnung durcheinanderbringen.

ANMERKUNGEN

1 Hyams, L. Die Vorteile des Laufställchens – eine prospektive epidemiologische Untersuchung. *Die kluge Hausfrau, 3:* 109–110, 1924.

2 Mauzer, Sch. Pleiten, Pech und Pannen, *Allgemeine Rundschau für Drüsenerkrankungen* (ARD), 1988, 2, 23–25.

3 Dieser blumige Ausdruck, der üblicherweise die Vorteile des günstigeren Verhältnisses »R« von Energieaufwand und -gewinn bezeichnet, ist gesetzlich geschützt. Es ist unzulässig, ihn ohne schriftliche Erlaubnis des Autors zu zitieren.

4 Definition von R: a. $R \geq 100$ bedeutet einen unbefriedigenden Wirkungsgrad. Um zu überleben, sind Änderungen notwendig.
b. Bei $5 \leq R \leq 99$ liegt R im normalen Wertebereich.
c. $R \leq 4$ bedeutet eine außergewöhnlich gute Energieausbeute. Ein andauernder Betrieb eines Systems bei diesem Wirkungsgrad führt zur Katastrophe.

5 Für Bewerber um Forschungsgelder ist das eine wichtige Schlußfolgerung.

6 Das ist reine Spekulation. Bisher hat es keiner geschafft, beispielsweise zu beweisen, daß es einem Schizophrenen nicht einen irren Spaß macht, mal so richtig auszuflippen.

7 Siehe Anmerkung 4.

8 Für das oben genannte Kriterium wird folgender Terminus vorgeschlagen: *H*yams *V*orschläge für *g*ünstige *p*räventive *g*emeinde-*p*sychiatrische *V*erhältnisse (HVGPGVP).

9 Oder Formel. Ich weiß nie genau, was der korrekte Ausdruck ist.

10 Bayes wird natürlich sagen, er habe von alldem nichts gewußt.

11 Besser als 95% geht gar nichts.

12 Hyams, L. & Hyams, D. Grinsen am Arbeitsplatz, *Zeitschrift für Arbeitsmedizin*, 13: 1963, 13–26.

13 Oder Theorem.

14 Hyams, L. Unveröffentlichte Daten.

15 Weitere Differenzierungen der Gruppen sind möglich. Eine Unterscheidung der Psychotiker in vertikal und horizontal Verrückte wäre sinnvoll.[16]

16 Vertikal Verrückte bewegen sich auf- und abwärts. Sie stören ihre Mitmenschen nicht. Horizontal Verrückte rotieren parallel zur Erdoberfläche durch die Landschaft. Sie sind eine Landplage.

EINE NEUE, DATENGESTÜTZTE BEURTEILUNG DER KRITIK AN DER TIEFENPSYCHOLOGIE UND DEREN VERTEIDIGUNG*

Dr. C. K. McKinley[1]
Dr. W. B. Reid
und Anonymus[2]

Einleitung

Die Menschheitsgeschichte wimmelt von Illusionen über die heilende Wirkung der Zeit. Das schlägt sich nieder in so gebräuchlichen Redensarten wie: »Zeit heilt alle Wunden« oder »Kommt Zeit, kommt Rat«. Es blieb jedoch dem genialen Sigmund Freud vorbehalten, ein umfassendes systematisches Modell für die Anwendung des Verzögerns und des systematischen Trödelns als Therapieform zu ersinnen. Außerhalb der Psychoanalyse, im erdverwurzelten Alltagswissen des Mannes auf der Straße, hat das Trödeln jedoch keinen festen Halt.** Merkwürdig ist tatsächlich, daß ein hervorragender professioneller Heiler einen Freund damit trösten kann, daß »Zeit alle Wunden heile«, seinerseits aber sehr ungeduldig wird, wenn ein neurotischer Patient ein vergleichbares Problem präsentiert. Nach dem großen Durchbruch der Psychoanalyse ist das Trödeln keine Frage des Alles oder Nichts mehr, das von etablierten Wissenschaftlern als Aberglaube aus dem Sumpf der sog. »Volksmedizin« verachtet wird, vielmehr gilt das Trödeln seither als therapeutisches Werkzeug mit noch nicht ausgeloteten Anwendungsmöglichkeiten. Durch die Vorstellung eines formalen Modells des Trödelns wird der Mensch in die Lage versetzt, sich nicht durch einen anstrengenden Willensakt zu beherrschen, sondern dadurch, daß er weder seinen Willen noch sonst etwas anstrengt. So läßt sich nun erkennen, daß eine außergewöhnlich lange Psychoanalyse kein Grund zum Unmut ist. Vielmehr erweist sich daran die Effektivität des theoretischen Modells für die Anwendung des Trödelns in realen Lebenssituationen.

Eysencks klassische Arbeit über die »Wirkungslosigkeit der Psychoanalyse« erscheint nun paradoxerweise als stärkstes Argument zu deren Gunsten innerhalb der Fachliteratur. Sie stellt die Anwendbarkeit des theoretischen Modells des Trödelns überzeugend dar und unterstützt so den Phoenix Psychoanalyse mit neuem Aufwind.

Unglücklicherweise verstehen nicht alle praktizierenden Psychologen die wirkliche Bedeutung der Psychoanalyse sowie ihrer unterschiedlichen Schulen und Weiterentwicklungen in voller Gänze. Erste Warnzeichen zeigten sich relativ früh mit dem Auftreten der »Direktiven Psychotherapie«; mit dem Erscheinen der »Systemorientierten Theorie« entstand eine unmittelbare Gefahr. Gegenwärtig bedroht die Verbindung von operantem Konditionieren und Verhaltenstherapie mit der Tiefenpsychologie die gesamte Disziplin. Sollten wir es jetzt versäumen, das wissenschaftlich begründete Trödeln für künftige Generationen zu retten, dann können wer weiß wie viele Äonen vergehen, bis ein neues Genie vom Kaliber Freuds die Tür für ein erfüllteres Dasein wieder aufstößt, in dem man tatsächlich auf morgen verschieben darf, was man heute schon besorgen könnte.

Das Bestreben der vorliegenden Untersuchung ist es, anhand von Terminen für therapeutische Sitzungen die Nützlichkeit der Theorie des Trödelns für die Heilung der leidenden Menschheit zu demonstrieren.

* Diese Untersuchung wurde zum Teil aus der Kaffeekasse finanziert.

** Wohl aber in der Welt der Wissenschaft. Siehe dazu F. B. Taub, »Grundprinzipien der Saumseligkeit«, in: Journal der unwiederholbaren Experimente, Frankfurt, Krüger, 1986, S. 130 ff. (d. Ü.).

[1] Abteilung für Kinderpsychiatrie, Universitätsklinik Galveston, Texas.
[2] Antrag, D. F. G., cand. Psych., letzte bekannte Adresse: BMFT, Bonn.

Methode

Wie üblich werden wir durch psychologische »Rohdatenerhebungen« behindert (d.h. manche Individuen, die sich als »Wissenschaftler« ausgeben oder von anderen für solche gehalten werden, verlangen, daß Schlußfolgerungen, wie sie beispielsweise in dieser Arbeit entwickelt werden, durch »Daten«, »Fakten« oder andere unkontrollierbare Ereignisse in der Umwelt gestützt werden müßten. Offensichtlich tragen Rohdaten nur Unruhe oder Irrtümer in ein wissenschaftliches System hinein). Der gegenwärtige Wissenschaftskanon fordert die artige Überprüfung von Fakten (oder von Artefakten), bevor Schlüsse gezogen werden. Unsere Daten entstammen einer unveröffentlichten Diplomarbeit in Psychologie, deren Autor durch alle mündlichen Prüfungen gefallen ist und daraufhin das Forschungsgebiet verließ. Er möchte anonym bleiben.

Tabelle 1 zeigt die Daten von 10 Psychotherapiepatienten bezüglich ihrer ersten 10 Behandlungstermine. Jeder Patient war instruiert worden, jede der ersten 10 Sitzungen absichtlich zu verpassen. Patient und Therapeut sollten vor der elften Behandlungsstunde keinen Kontakt zueinander aufnehmen. Im Anschluß an jede verpaßte Therapiestunde wurde jedem Patienten die Liste der gebräuchlichsten Symptome vorgelegt, für die jeweils ein Gesamtwert »besser« oder »schlechter« nach der Methode von Bussard[3] ermittelt wurde. Diese Erhebung wurde von Anonymus durchgeführt.

Die Ergebnisse in Tabelle 1 sind offensichtlich nicht eindeutig. Der wohltuende Effekt keiner Therapie (Trödeln) kann durchaus vorhanden sein, ist aber für den naiven Beobachter nicht offensichtlich. Durch Anwendung der Datenanreicherungsmethode[4] erhält man folgende Ergebnisse:

Tabelle 1: Rohdaten. Therapieerfolg

Behandlungstermin Nr.	Anzahl »Besserung«	Anzahl »Verschlechterung«
1	4	6
2	5	5
3	7	3
4	4	6
5	6	4
6	5	5
7	6	4
8	6	4
9	3	7
10	4	6

Daß die Zahlenkolonnen in den dargestellten Tabellen bei oberflächlicher Betrachtung den Zahlenkolonnen aus dem zitierten Artikel über Datenanreicherung ähneln, ist ohne Bedeutung. Statistische Berechnungen ergeben, daß eine solche Ähnlichkeit eine Auftretenswahrscheinlichkeit von 10^{-22} hat, nichtsdestotrotz reicht, wie eine alte Fußballerweisheit feststellt, »ein Schuß für ein Tor«.

Tabelle 2: Angereicherte Daten. Therapieerfolg

Behandlungstermin Nr.	Anzahl virtueller »Besserung«	Anzahl virtueller »Verschlechterung«	Wahrscheinlichkeit »Besserung«
1	4	50	4/54
2	9	44	9/53
3	16	39	16/55
4	20	36	20/56
5	26	30	26/56
6	31	26	31/57
7	37	21	37/58
8	43	17	43/60
9	46	13	46/59
10	50	6	50/56

Ein einziger Blick auf Tabelle 2 zeigt, wie wirksam es ist, den Arztbesuch zu vertrödeln. Diese Wirksamkeit, die in den Rohwerten der Tabelle 1 fast unentdeckbar versteckt lag, wurde durch die Datenanreicherungsmethode vollständig zum Vorschein gebracht. Wie man sehen kann, führt das Versäumen von Behandlungsterminen, das als Therapieabstinenz definiert werden kann, zu sehr günstigen Resultaten, einfach dadurch, daß der Arztbesuch aufgeschoben wird. »Kein Doktor um die Abendzeit, hält die Neurosen dir vom Leib.«***

Zusammenfassung

Es wurde eine tiefenpsychologische Untersuchung durchgeführt, die sich mit dem Erfolg des systematischen Trödelns bei Neurosen und Psychosen befaßte und selbiges mit dem unstrukturierten Trödeln in Alltagsangelegenheiten verglich. Die systematische Anwendung dieser Behandlungsmethode erwies sich in jeder Hinsicht als ebenso erfolgreich wie ihre alltägliche Variante.

[3] Bussard, Fraquahr, »Was in einem Namen steht«, Z. f. Orthonegativität, 1: 247 (1966).

[4] Lewis, H. R., »Die Datenanreicherungsmethode«, in: Journal der unwiederholbaren Experimente, a.a.O., S. 93 ff.

*** Siehe dazu auch: R. R. Hill et al., »Die empirische Bestätigung eines englischen Sprichworts« (in diesem Band S. 145).

DAS FALLIBILITÄTS-PRINZIP: DAS HAUPT-GESETZ DER PSYCHOLOGIE

William T. O'Donohue
Bloomington, IN

Die Psychologen sind ein deprimierter, ängstlicher Haufen. Einer der Gründe für ihren unglückseligen Zustand besteht darin, daß es ihnen trotz Jahren intensiver Forschung nicht gelungen ist, die Ursachen gewisser psychologischer Phänomene, wie etwa Depression und Ängstlichkeit, zu bestimmen.

Ich glaube, circa etwas weniger als 50% der Psychologen würden mir zustimmen (›die *meisten* Psychologen‹ wäre eine *contradictio in adjecto*), daß die Entdeckung eines Gesetzes, das ohne Ausnahme gültig und außerdem unwiderlegbar ist, in der Psychologie ein lohnendes, kathartisches und/oder echtes Wachstumserlebnis für ihre eben flügge gewordene Wissenschaft wäre. Die übrigen Psychologen würden natürlich alle anderen möglichen Meinungen zu diesem Problem vertreten, außer den Psychologen von New York; die sind immun gegen innovative Entwicklungen auf diesem Gebiet und schweigen entschieden. Ohne Rücksicht auf die unvermeidliche Debatte wird dieser Aufsatz das erste unwiderlegbare Gesetz der Psychologie enthüllen.

Dieses psychologische Hauptgesetz soll als das Fallibilitätsgesetz bezeichnet werden. Es ist recht einfach (eleganter: ökonomisch in seinen Annahmen). Es lautet: *Kein menschliches Wesen ist fähig, ein unangreifbares psychologisches Gesetz zu konstruieren.* Oder in der operationalisierten Fassung: Zeig mir ein psychologisches Gesetz, ich zeige dir die Fehlervarianzen. Es ist wichtig, die beiden folgenden Punkte festzuhalten: (1) Dies ist ein genuin psychologisches Gesetz: Es betrifft menschliches Verhalten und menschliche Fähigkeiten, und (2) dies ist ein wissenschaftliches Gesetz, das sich auf Jahrzehnte intensiver Datensammlung in der Psychologie stützen kann. Jeder Psychologe mit jeder theoretischen Orientierung von Wundt über Freud bis Skinner hat durchweg für Forschungsergebnisse gesorgt, die dieses Gesetz nachhaltig bestätigen. Keiner von ihnen hat bis heute eine einzige Ausnahme gefunden.*

Die Psychologen haben sich immer lebhaft für die philosophischen Implikationen ihres Wirkens interessiert und werden sicherlich merken, daß es sich beim Fallibilitätsprinzip um ein wissenschaftliches, metawissenschaftliches (oder alternativ: metawissenschaftliches, wissenschaftliches) Gesetz handelt. Das heißt, es ist ein empirisches, verhaltensorientiertes Gesetz, eine Ebene über seinem *Explanandum*, d. h. über allen empirischen, verhaltensorientierten Gesetzmäßigkeiten. Somit besitzt es jenen speziellen Vorzug der Selbstbezüglichkeit, der allen *psycho*logischen Gesetzen zu wünschen wäre. Diese Selbstbezüglichkeit zeigt, daß, falls das Gesetz der Unvollständigkeit tatsächlich unverletzlich ist, es eine Ausnahme von sich selbst ist. Folglich hat es wenigstens eine Ausnahme und ist demnach mit sich selbst konsistent. Falls es andererseits wirklich echte Ausnahmen vom Fallibilitätsprinzip gibt, so ist dies ein Ergebnis, welches das Gesetz vorhersagt. Folglich wird das Gesetz durch dieses Ergebnis bestätigt.

Das Fallibilitätsprinzip ist eine entscheidende Entdekkung. Sie wird der Psychologie zur wissenschaftlichen Gleichrangigkeit mit weiterentwickelten Disziplinen wie der Atomphysik und der Mathematik verhelfen. Lange Zeit hat sich die Psychologie diesen weiter fortgeschrittenen und differenzierteren Disziplinen unterlegen gefühlt, besitzen diese doch so eindrucksvolle Prinzipien wie das der Unschärfe und das der Unvollständigkeit. Jetzt jedoch kann sich die Psychologie von ihrem Minderwertigkeitskomplex erholen! Die Atomphysik mag eine fundamental unsichere Angelegenheit sein, die Mathematik fundamental unvollständig, psychologische Gesetze jedoch werden sich stets fundamental irren.

Deswegen haben die Psychologen nun endlich, nachdem sie lange Jahre mit einer scheinbar unkontrollierbaren Realität gekämpft haben, einen Sieg errungen. Es gibt wenigstens eine unumstößliche Tatsache bezüglich menschlichen Verhaltens: Kein menschliches Wesen ist imstande, ein Gesetz über menschliches Verhalten aufzustellen, das ohne Ausnahme gültig ist.

* An dieser Stelle ist es wichtig, anzumerken, daß keines dieser Forschungsprogramme explizit das Ziel hatte, das Fallibilitätsprinzip zu entwickeln. Jede Durchsicht psychologischer Literatur wird jedoch erkennen lassen, daß sie eindeutig dieses Prinzip bestätigt. Die Entdeckung des Fallibilitätsprinzips ist ein echtes Beispiel für Finderglück. Finderglück ist ein gewöhnliches Phänomen in der Geschichte der Wissenschaften, und man sagt, es funktioniere so: Man ist ausgezogen, um die Stecknadel im Heuhaufen zu finden, und entdeckt statt dessen die Tochter des Bauern.

EIN ÜBERSEHENES(?) GRUNDPRINZIP DER PERSÖNLICHKEITS-ENTWICKLUNG*

F. Nowell Jones
Psychologische Fakultät
Universität von Kalifornien

Ich möchte die Aufmerksamkeit der Psychologen auf ein Persönlichkeitsgrundprinzip lenken, das bemerkenswerterweise bisher übersehen worden ist.

Um mit der Geschichte der Idee anzufangen: Vor einigen Monaten besuchte ich Professor Harry F. Harlows Labor zur Erforschung von Babyaffen. Viele der kleinen Vpn sah man mit dem Dauen oder einem Finger im Mund, ohne Zweifel saugten sie daran. Am meisten frappierte mich jedoch ein kleiner Kerl, der mich mit großer manifester Angst beobachtete – ein Begriff, den ich auf Anfrage gerne operationalisiere. Dieses Baby war nicht nur ein Daumenlutscher, sondern auch ein Schwanzhalter, weil er mit der Hand, die nicht im Mund steckte, seinen Schwanz umklammerte und mit dessen Spitze in seinem Ohr bohrte. Die Analogie zu der Decke oder dem Tuch oder einem anderen Objekt ähnlicher Gestalt, das der kleine Homo sapiens so oft zu ähnlichem Gebrauch verwendet, war dramatisch und frappierend. Frei heraus gesagt, sucht das menschliche Kind nach einem Schwanzersatz, und ich vermute, daß sogar beim Erwachsenen eine Art Schwanzneid, wie wir es nennen könnten, tief im Unbewußten eingebettet ist. Die Universalität dieses neuen Prinzips wird noch durch die bemerkenswerte Tatsache betont, daß sie bei beiden Geschlechtern auftritt, ein Punkt, der nicht für ein konkurrierendes Konzept in Anspruch genommen werden kann, das ich hier nicht erwähnen möchte. Dieses neue Prinzip des Schwanzneids erklärt manche seltsamen menschlichen Verhaltensweisen. Um nur einige zu erwähnen: Betrachten Sie Träume von Schlangen oder den Hang mancher Leute, Seile hochzuklettern – aber warum die Liste unnötig fortsetzen? Das Prinzip schien mir so wichtig, daß ich aktiv nach positiven, spezifischen Fällen zu suchen begann, für die es gelten konnte. Jetzt, nach 20 Monaten, habe ich zwei gefunden. Zum einen ist das die universelle Wirkung des Comicstars in zartem Alter *auf Erwachsene*, dessen Leben sich um seine Schmusedecke zu drehen scheint.** Diese Wirkung ist so durchdringend, daß sie nur auf einem tiefsitzenden Trieb beruhen kann, der sich bis zu unseren entfernten Vorfahren zurückverfolgen läßt und der über das Unbewußte weitergegeben wird – vielleicht in ungebrochener Linie bis zurück zu jenem alten anonymen Affenmenschen, der zuerst erkannte, daß er keinen Schwanz hatte und ein Trauma bei dieser Erkenntnis erlitt. Der zweite Fall ist noch interessanter, weil die Wirkung nur Erwachsene betrifft und mit einer feinen, modernen Ironie versetzt ist. Eine Fluglinie inseriert mit dem Werbespruch: »Wir wackeln mit dem Schwanz für Sie.« Muß ein Prinzip noch deutlicher werden?

Ich kann nicht ohne einen kurzen Kommentar schließen, um einen zu erwartenden, unreifen Einwand gegen dieses Prinzip vorwegzunehmen, der von denen kommen wird, die sich davon bedroht fühlen. Er lautet: Wie kann es sein, daß Sie in 20 Monaten nur zwei positive Fälle gefunden haben? Die naheliegende Antwort wäre, daß ich zuviel in Ausschüssen zu tun gehabt hätte, um mehr zu finden. Das ist jedoch, glaube ich, nicht angemessen. Ich sollte vielmehr sagen, daß zwei Fälle pro Forscher alle zwei Jahre genug sind. Wenn man sich der aktiven Mitarbeit nur einiger tausend Psychologen versichern kann, bin ich sicher, daß die nächsten paar Jahre Tausende positiver Fälle von Schwanzneid in der Literatur erleben werden. Wenn erst einmal ausreichend Beispiele zusammengetragen sind, bin ich zuversichtlich, daß das neue Prinzip kaum noch zu erschüttern ist, besonders bei den Psychologen, die da arbeiten, wo man etwas Nützliches tun muß, und die nicht nur einfach im Labor herumspielen.

* Nachgedruckt mit mehr oder weniger Genehmigung von The Worm Runner's Digest, 4:61 (1962).

** Die spricht allerdings eher für eine gegenteilige Geschlechtsspezifität als für die des konkurrierenden Konzepts, das der Autor nicht erwähnen möchte. Siehe dazu »Snoopy und die Peanuts«, Bd. 1 ff., Frankfurt, Krüger, 1985 (d. Ü.).

TEIL XI

ANIMALISCHES

EINE SOZIOLOGISCHE UND BIOLOGISCHE STUDIE DES BADELEBENS

S. Flowers
Rehovot, Israel

Diese Untersuchung wurde an zwei Orten durchgeführt: Berkeley, Kalifornien, und Rehovot, Israel. Bestimmte Ähnlichkeiten fanden sich in beiden Schwimmbädern, da die verschiedenen wildlebenden Formen identisch waren; nur ihre Lautäußerungen und die Paarungsschreie zeigten grundlegende linguistische Unterschiede. Das Schwimmbecken umfaßt eine Gesamtfläche von 1234 Quadratfuß und enthält 1300 Gallonen Wasser; 13 297 Gallonen davon werden von aspirierenden, perspirierenden und expirierenden Schwimmern getrunken. Die maximale Wassertiefe beträgt 3,5 Meter, und hier ist die einzige Stelle, wo ein Wissenschaftler ins kalte Wasser springen kann, ohne jemanden zu verletzen (es sei denn, er landet direkt auf jemandem). x Familien haben Dauerkarten, y eine Tageskarte, und mindestens z Leute wollen nicht zahlen und versuchen, mit anderen Mitteln hereinzukommen. Solche Tatsachen können sowohl in Berkeley wie auch in Rehovot im Königlichen Statistischen Institut oder mit Hilfe eines Computers leicht bestätigt werden.

Es gibt zwei Arten von Schwimmbadbesuchern – männliche und weibliche. Die weiblichen können in folgende Gruppen eingeteilt werden:

noch nicht alt genug	(0–13 Jahre)
alt genug	(13–18 Jahre)
jemandes Alte	(18–80 Jahre)*

Die Grenzen zwischen den Gruppen sind nicht immer scharf zu ziehen, und es gibt Ausnahmen bei obiger Klassifikation. Es ist schwieriger, die männlichen Besucher zu klassifizieren. Grob können sie in Männer und Jungen eingeteilt werden. Das einzige Problem ist, daß die Jungs versuchen, sich wie Männer zu benehmen, und die Männer versuchen, sich wie Jungs zu benehmen. Am einfachsten unterscheidet man sie daran, daß die Jungs Haare auf dem Kopf haben, die Männer hingegen auf der Brust.

* Ein Foto des Verfassers würde viel zur Erklärung des Klassifikationssystems beitragen (d. Ü.).

Abgesehen von obiger horizontaler Einteilung können wir auch eine vertikale nach den folgenden Kategorien vornehmen:
a) Der Kraulschlag
b) Der Schmetterlingsschlag
c) Der Hitzschlag

Eine große Artenvielfalt hat sich in erstaunlich kurzer Zeit in diesem Biotop ausgebreitet. Unter den vielen neuen Spezies wurden beobachtet:

NILPFERDE (Hippopotamidae) schnaufen und plantschen und schwimmen unbeholfen herum.

ELEFANTEN (Elephantidae) trompeten und spritzen alle im Umkreis mit Wasser naß.

SCHILDKRÖTEN (Chelonia) schwimmen langsam und unbeirrt ihren täglichen Kilometer oder mehr.

SEELÖWEN (Phocidae) schwimmen graziös und ohne Anstrengung. Ihre schmalen Köpfe durchbrechen die glatte Oberfläche nur zum Luftholen, und sie können große Strecken überwinden.

KAULQUAPPEN (Ramidae) sind die gedrungenen, helläugigen Geschöpfe, die ins Plantschbecken und wieder hinaus flitzen. Gewöhnlich findet sich ein quakender Frosch oder ein ungelenker Storch in der Nähe.

TÜMMLER (Odontoceti) sind leicht zu erkennen. Sie ähneln Kindern, wie sie so überall herumtollen und -plantschen.

EIDECHSEN (Lacertidae) sind die trägen, braunen Geschöpfe, die um das Schwimmbecken herum ausgestreckt liegen. Gewöhnlich sind sie weiblich. Ein bekannter Anthropologe teilte mir mit, daß dies daran liegen könnte, daß die männlichen Exemplare zu sehr damit beschäftigt sind, die wenigen vollkommenen weiblichen Exemplare zu beobachten** und deshalb die meiste Zeit in das Becken hinein- und wieder hinausrutschen.

** Aus Neid, wegen der Verteilung der Vollkommenheit in der eigenen Spezies (d. Ü.).

DIE ZÜCHTUNG DES KAHLEN, PLASTIK-BEARBEITENDEN AFFEN IM PLANETARISCHEN ZOO VON TAU CETI IV*

Elaine Radford
New Orleans, LA

Es ist bekannt, daß die meisten Affen recht große Kolonien brauchen, um zu gedeihen (Zellon [1]). Deswegen haben in der Vergangenheit nur wenige Zoos versucht, den kahlen, plastikbearbeitenden Affen *Homo sapiens narcissus* zu züchten. (Und keiner hat über Erfolge berichtet.) Obwohl *H. s. narcissus* unter den Subhumanoiden von Sol III einzigartig ist, weil er über einen weitgehend nackten Körper und einige ausgewählte primitive technische Fertigkeiten verfügt, haben sein mieser Charakter und seine enormen Raumbedürfnisse die Errichtung von Zuchtkolonien auch für die größten Zoos zu einem unpraktikablen Vorhaben gemacht. Wir möchten eine Alternative vorschlagen – die Technik einer »Modellumwelt«, die vielleicht zu Zuchterfolgen mit einer Gruppe führen könnte, die nicht mehr als ein einziges Paar umfaßt. Im Standardjahr 57000 wurden drei kahle, plastikbearbeitende Affen aus einer dichtbesiedelten Gegend geholt, die auf einem nördlichen Kontinent von Sol III, dem einzigen Herkunftsplaneten, lag. Zwei der Exemplare waren Erwachsene verschiedenen Geschlechts kurz nach Eintritt der Geschlechtsreife. (Wie für vielzellige Bewohner von Biosphären des Typs B üblich, existieren nur zwei Geschlechter.) Das dritte Exemplar, ein älteres Männchen, starb auf dem Transport aus ungeklärten Ursachen. Sofort nach der Akklimatisierung transferierten wir die beiden verbleibenden in einen dauerhaften Ausstellungskäfig von etwa 200 Zibdits Höhe, 100 Zibdits Breite und 150 Zibdits Tiefe.

* Obwohl die »Idiot-savant«-mechanischen Fähigkeiten von *H. s. narcissus* nicht in echter Intelligenz wurzeln, ist die Spezies in ihrer technischen Produktion so weit fortgeschritten, daß sie alle Lebensformen von Sol III auszulöschen droht. Unser Interesse an der Zucht dieses schwierigen Affen stammt aus dem Wissen, daß in wenigen Jahren Exemplare in Gefangenschaft vielleicht die einzig existierenden sein werden.

Die Technik der Modellumwelt bestand in einer möglichst lebensnahen Imitation der natürlichen Umgebung der Exemplare. Zu diesem Zweck importierten wir von Sol III einen großen irdischen Wohnsitz inklusive dem ihn umgebenden Garten mit verschiedenen nichtblühenden Gräsern. Ein kleiner Anbau enthielt ein nicht funktionierendes Fahrzeug des Typs, der von den Affen häufig für Überlandtransporte benutzt wird, eine Maschine, um das Gras zu mähen, und eine Sammlung einfacher Werkzeuge und Chemikalien. Das Innere des Hauptwohnbereichs war mit einer Anzahl faszinierend primitiver Maschinen ausgestattet – u. a. eine Kühleinheit, ein Apparat zur Nahrungszubereitung, ein audiovisueller Bildschirm und ein elektronischer Spielgegner.** Einfache Möbel wie Betten, Couch, Tisch und Stühle waren ebenfalls vorhanden. Die Ernährung jedoch war überhaupt nicht problematisch. Wie der sprichwörtliche Subhumanoide frißt der kahle Affe einfach alles.

Das gesamte Ensemble wurde mit einem Schutzfeld gesichert. Wir sollten noch anmerken, daß wir aufgrund der wohlbelegten hinterhältigen Wesensart von *H. s. narcissus* (Xyl [2]) nicht versuchten, andere Tiere mit ihm gemeinsam in einem Käfig zu halten.

Wir möchten für einen Moment abschweifen, um die Wichtigkeit von Überwachungsanlagen zu betonen, die wir heimlich in der Lebenswelt des Affen installierten. Wir vermuten, daß der kahle Plastikbearbeiter zur Begattung die Illusion von Intimität benötigt. Der Fehlschlag früherer Zuchtversuche liegt zum Teil daran, daß es sogar der blödeste aller Affen merkt, wenn er von weit überlegenen Wesen beobachtet wird. Wir umgingen das Problem, indem wir das Gebäude und den Garten mit einem unsichtbaren audiovisuellen Detektornetz umgaben. Also waren wir in einer exzellenten Position, um die

** Übersetzung eines bemerkenswerten Artikels aus dem Interstellar Zoo Yearbook (im Druck).

natürlichen Aktivitäten des Affen in einer beinahe natürlichen Umgebung völlig unbemerkt beobachten zu können. Aggressives Verhalten, das möglicherweise mit der Werbung verbunden ist, trat sofort nach einem Zehntel Standardjahr auf, nachdem das Paar in seine endgültige Umgebung gesetzt worden war. Laute Vokalisationen, Knüffe und Püffe machten den Großteil des anfänglichen Austausches aus, obwohl die Streiterei damit schloß, daß Männchen und Weibchen einander umarmten, schluchzten und große Mengen einer Flüssigkeit aus einem Kanal innerhalb der Augen ausschieden. (Diese besondere Funktion des Augenmechanismus, genannt »Weinen«, wurde ausführlich behandelt von Darlb [3].) Bei dieser Gelegenheit erfolgte kein Paarungsversuch, aber darauf folgende häusliche Auseinandersetzungen wurden fast unabänderlich mit der Kopulation beendet.

Wie alle Subhumanoiden von Sol III trägt der kahle Plastikbearbeiter den sich entwickelnden Fötus eine ausgedehnte Zeitspanne im Unterbauch des Weibchens, bevor ein einzelnes lebendiges Junges geboren wird. Wir gerieten in freudige Erregung, als nicht einmal vier Zehntel eines Standardjahres nach der Empfängnis der schwellende Leib des Weibchens uns einen ersten Hinweis gab, daß die Insemination erfolgreich verlaufen war. Die zukünftige Mutter entwickelte jedoch einen Komplex besorgniserregender Symptome, u. a. Erbrechen, Desinteresse an ihrem Männchen und allgemeine Schwäche. Wir behandelten das Problem mit hochdosierten Gaben von Ganzspektrallicht und erhöhten die Nahrungszufuhr. Ein anekdotischer Hinweis eines abortiven Zuchtversuchs des planetarischen Zoos von Sirius II legt nahe, daß so ungewöhnliche Nahrungskombinationen wie ein halbgefrorenes Milchderivat mit eingemachten Gurken garniert wünschenswerte Zusätze zur Kost der schwangeren Äffin sind; wir stellten fest, daß unser Exemplar solche Mahlzeiten mit geringem Enthusiasmus entgegennahm.

Wie auch immer, obwohl das Weibchen etwas geschwächt blieb, konnte es das Junge doch austragen. Wir konnten die Dauer der Tragezeit bestätigen, die von Zellon (1) berichtet wird, d. h. sechs Zehntel eines Standardjahres.

Die Mutter gebar zum Standarddatum 121/57001. Aufgrund des ungewöhnlich großen Kopfes eines normalen kahlen Plastikbearbeitersäuglings tendiert die Geburtsarbeit dazu, ein langwieriger Prozeß zu sein, der fast einen Standardtag in Anspruch nimmt. Der audiovisuelle Raum war während der gesamten Geburt besetzt und bereit, Hilfe zu leisten, sollte das notwendig scheinen. Glücklicherweise zeigten uns die lustvollen Schreie der Mutter, daß unsere Intervention nicht erforderlich war.

Während der Geburt rannte das Männchen im Haus und im Garten auf und ab, schrie oft und schüttelte eine Faust gegen den Himmel. Zellon wagte in einer persönlichen Mitteilung die Vermutung, solche Rituale seien der Beweis einer primitiven Kultur; wir selbst müssen noch zu einem Schluß bezüglich des Zwecks dieser offenbar sinnlosen Aktivität kommen.

Eine Untersuchung der äußeren Genitalien des Neugeborenen ergab, daß es weiblich war.

Einige Standardtage säugte die Mutter ihr Junges mit einer Flüssigkeit aus zwei prall gefüllten Drüsen, die sich auf ihrem oberen Brustkorb befanden. (Der erwachsene weibliche *H. s. narcissus* ist gewöhnlich gekennzeichnet von diesen großen Oberkörperschwellungen und aufrechter Haltung trotz der offensichtlichen physischen Nachteile solch einer Anordnung. Siehe Darlb [4] zu einer möglichen Erklärung.) Da Mutter und Kind zu gedeihen schienen, wurde die Überwachung auf Automatik zurückgestellt. Keine zwei Tage nach dieser Umstellung verstarb das Junge unerklärlicherweise, nachdem es für selbigen Zeitraum die Nahrungsaufnahme verweigert hatte.

Trotz dieses enttäuschenden Rückschlags sind wir befriedigt, eine vielversprechende Methode zur Zucht des kahlen, plastikbearbeitenden Affen entwickelt zu haben. Die erste Geburt in Gefangenschaft bei einem Paar, das weniger als ein Jahr gehalten wurde, zeigt, daß die Technik der »Modellumwelt« weit besser geeignet ist als die normale Koloniemethode. Wir sind zuversichtlich, daß wir schließlich über eine Aufzucht in Gefangenschaft bei dieser ehemals problematischen Spezies berichten können.

LITERATUR

1. Zellon, (XC) A. (56, 983): Affen und Affenformen im Siriussektor, Int. Zool. Jb. 1, 917:1223–1456
2. Xyl, (524) G. (56, 992): Ein Versuch, *Homo sapiens narcissus* in einer gemischten Gruppe auszustellen, Cetischer Zoobericht, 25B: 12–19
3. Darlb, (½ ¼ $) U. (56, 991). Die Funktion der Tränendrüse bei *Homo sapiens narcissus*, Rundschau für die Biologie des Systems Sol, 139:200B–200X
4. Darlb, (½ ¼ $) U. (56, 9926): Die Funktion und Struktur der Brustdrüse bei *Homo sapiens narcissus*, R. f. d. Biol. d. S. S., 142:21B–XX

DER KUHREIHER UND SEIN VERBREITUNGSGEBIET – EINE ETHOLOGISCHE STUDIE

James A. Kushlan,
Marilyn S. Kushlan
Homestead, FL
Joan A. Browder
Peter A. Schroeder
Miami, FL

Der Kuhreiher *(Bubulcus Ardeola [Egretta] ibis)* hat eine bedeutende Ausdehnung seines Verbreitungsgebietes erfahren (Sprunt, 1955, Smith. Misc. Rpt. 4198: 259–276). Obwohl die Populationsexpansion gut belegt ist, sind erst vor kurzem einige ihrer Gründe beleuchtet worden (Blaker 1971, Ostrich Supl. 9:27–30). Wir diskutieren hier die Anpassungsgrundlage dieser Expansion.

Populationsfluktuationen sind manchmal begleitet von genetischen Veränderungen oder werden durch sie verursacht (Carson 1967, S. 123–137, in: Lewonton [Hrsg.], Population biology, Syracuse Univ. Press). Solche genetischen Veränderungen gehen oft mit der Isolation einer kleinen Population einher. Man hält in solchen Populationen den genetischen Wandel oder die Wirkung der Veränderung für den Hauptfaktor, der Veränderungen in der Genhäufigkeit beeinflußt. Isolierte Populationen in einem evolutionären Flaschenhals (Nei, Maruyama und Chakraborty 1975, Evolution 29:1–10) können auch einer Genverdichtung unterworfen sein. Relativ wenige Selektionseinflüsse können eine nachhaltige Wirkung auf eine Population ausüben, die einen reduzierten Genpool hat. Wir schlagen analog dazu vor, die kritische Phase hoher Wählbarkeit das *Prinzip des Überlebenden* zu nennen, und glauben, daß der Kuhreiher ein schlagendes Beispiel dafür darstellt. Um 1950 war die Population in Ägypten auf weniger als 500 Exemplare geschrumpft. Sofort nach der Begrenzung der Jagd (wegen der Federn) durch die britische Verwaltung erlebte der Kuhreiher die dramatische Ausweitung seines Verbreitungsgebietes, das charakterisiert ist durch seine Verknüpfung mit größeren Säugetieren. Ein Ausschnitt war auf eine Vogelstange im zoologischen Garten von Kairo begrenzt. Das *Prinzip des Überlebenden* erklärt, daß die Vögel, die die Zoophase überdauerten, das für die spätere Ausbreitung verantwortliche Genmaterial lieferten.

Wir vermuten, daß dies durch ein Verhaltensphänomen geschah, das wir negativen Fäkaltropismus nennen.

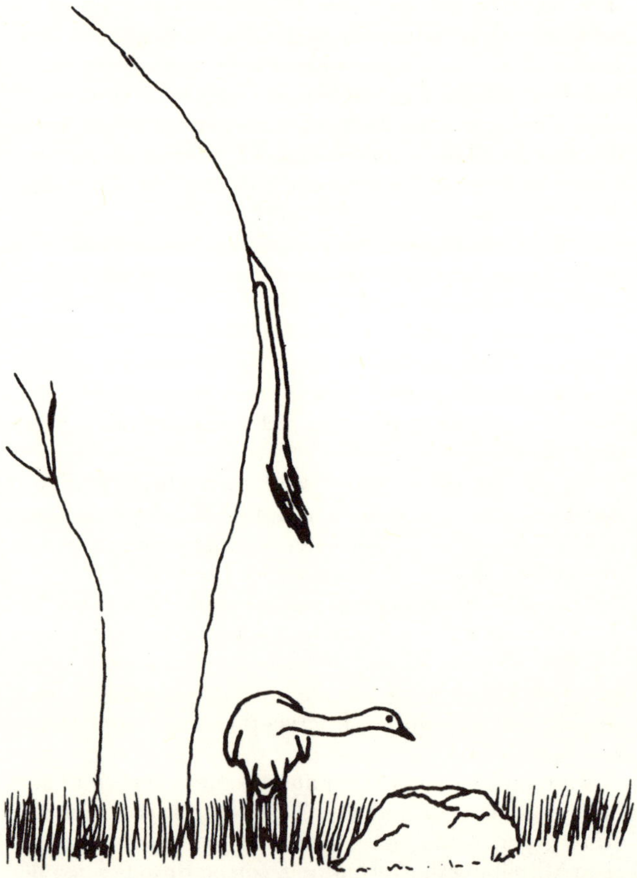

Abbildung 1: Ein Kuhreiher frißt in der Nähe des Hinterteils eines Elefanten und untersucht einen kürzlich deponierten Kothaufen, der seinen etwas weiter hinten nach Nahrung suchenden Kameraden begraben hat.

Während der Phase der Verkleinerung des Verbreitungsgebietes stellte der Zoo einen futterreichen Lebensraum dar, in dem die Kuhreiher unzweifelhaft mit großen Säugetieren wie Elefanten *(Elephans africanus)* zusammenlebten, mit denen gemeinsam sie gezwungen waren, Nahrung zu suchen. Mit der Nahrungsaufnahme in so enger Nähe zu einem so großen Tier ist ein beträchtliches Risiko verbunden. Dieses Risiko verteilt sich nicht gleichförmig über das Tier, sondern variiert entlang eines Gradienten vom vorderen zum hinteren Teil. Das Risiko ist besonders groß für die Vögel, die unter dem Hinterteil solcher Tiere nach Nahrung suchen (Abb. 1). Ein solcher Zusammenhang bedingt einen Überlebensvorteil bei der Verbindung mit dem Vorderteil des größeren Tieres. Diejenigen Reiher, die dort nach Nahrung suchen, bewegen sich zusammen mit dem Elefanten vorwärts und haben größere Chancen, Würmer zu finden, die von den Geräuschen des Elefanten aufgeschreckt wurden. Sich auf diese Beute zu spezialisieren, erhöhte den Nettoertrag des Reihers. Die natürliche Selektion durch den negativen Fäkaltropismus führte zu dem verbundenen Nahrungsaufnahmeverhalten, das sich später mit dem verbreiteteren Weidevieh verband.

Um die Bedeutung des negativen Fäkaltropismus zu bestimmen, wäre es nötig, ein Feldexperiment durchzuführen. Wenn Kuhreiher in Gemeinschaft mit der Kuh leben und eher am Kopf als unter dem Schwanz Gruppen bilden würden, würde das klar für negativen Fäkaltropismus sprechen. Glücklicherweise mußten wir das Experiment nicht durchführen, da Grubb (1976, Der Wilson-Bulle, 88[1]:145–148) unabhängig von uns behauptet hat, daß das stimmt. Obwohl er schloß, der Kuhreiher trete vermehrt in der Nähe des Kopfes auf, weil die Nahrungsmenge dort größer ist, ist dies, wie wir gezeigt haben, ein zweitrangiges Attribut des negativen Fäkaltropismus, der demnach der entscheidende Selektionsfaktor ist.

Wir glauben, daß der Selektionsvorteil aus Vermeidung des Hinterteils in Verbindung mit der erhöhten Energiezufuhr bei der gemeinsamen Nahrungsaufnahme den ökologischen Vorteil darstellt, der es dem Kuhreiher ermöglichte, sich weltweit in große Lebensräume von Pflanzenfressern hinein auszudehnen.

EIN BIOLOGISCHER LASER

Michael E. Fein und Diane C. Miller

Einer der Autoren investierte kürzlich einige Jahre seines Lebens in die Entwicklung eines Lasers, der mit heißer Luft lief[1], nur um herauszufinden, daß diese Aufgabe, und zwar viel effektiver, schon von einem geheimen Forschungsprojekt des Militärs gelöst worden war.[2] Verzweifelt wandte sich der Autor Drogen und dem Kommunismus zu. Deshalb können wir jetzt davon berichten, daß zum ersten Mal die Inversion einer Population in einem biologischen System gelungen ist. Das scheint auch die erste aufgezeichnete Verwirklichung kohärenter Strahlung aus einer Population vollständig inkohärenter Strahler zu sein.

Dem Leser wird deutlich, daß diese Entdeckung Ressourcen erforderte, über die nur die Volksrepublik China verfügen konnte. Die Kooperation der Chinesen war äußerst großzügig, die delikate Natur der diplomatischen Beziehungen jedoch erforderte es, die Publikation der Ergebnisse bis jetzt hinauszuzögern. Hätte da nicht ein wohlbekannter amerikanischer Gewerkschaftsführer einen bisher unveröffentlichten Abstecher nach Peking gemacht, als er angeblich unterwegs nach Nordvietnam war, wäre diese Veröffentlichung vielleicht immer noch unmöglich.

Die wichtigste verwendete Methode war die Hyperaktivierung von Luziferase durch Lysergsäurediäthylamid (LSD). Das Experiment wurde an einer großen Population von gewöhnlichen Glühwürmchen[3] durchgeführt, die invertiert wurden, indem wir sie in eine wäßrige Lösung von LSD-25 (.0001 M), koaktiviert durch Dimethylsulfoxid (.001 M), tauchten. Da vorausgehende Messungen ergeben hatten, daß die so erzielte Inversionsrate überaus schwach ist, waren annähernd 2×10^6 Glühwürmchen nötig.[4]

Die Glühwürmchen wurden entlang der optischen Achse eines instabilen Zehntausend-Meter-Resonators angeordnet, indem wir einen feinen Draht zwischen den Spiegelzentren[5] spannten und die Glühwürmchen daran befestigten. Unter der Annahme, daß der gespannte Draht die Form eines Zylinders annimmt, kann leicht gezeigt werden, daß er sehr gut die Senkrechte zu den Flächen gleicher Phase des Hauptstrahlungsmodus approximiert. Wenn also die Glühwürmchen mit genügender Genauigkeit an dem Draht ausgerichtet werden könnten, würden sie alle im Hauptmodus strahlen. Die gewünschte Standardposition eines Glühwürmchens in Bezug auf den Anordnungsdraht wird in Abbildung 1 dargestellt.

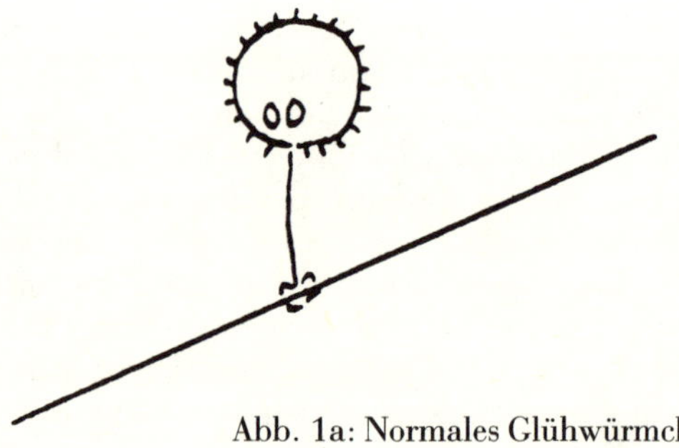

Abb. 1a: Normales Glühwürmchen

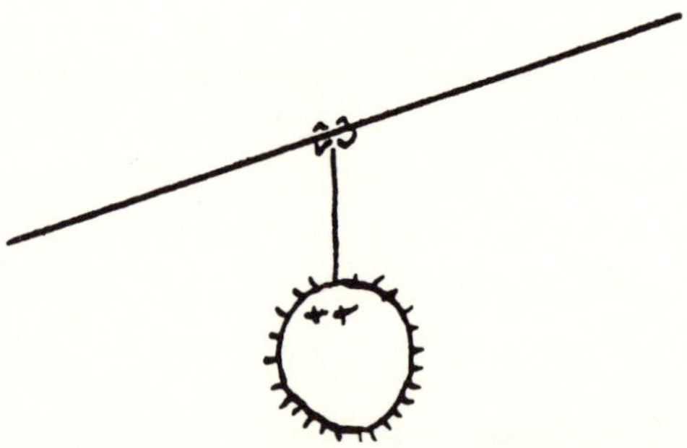

Abb. 1b: Invertiertes Glühwürmchen

1 Angewandte Physik 14, 337 (1. Juni 1969).

2 E. T. Gerry, IEEE Spectrum, November 1970, S. 51.

3 Der Regen
versucht vergeblich
deine Lampe auszulöschen
und der sausende Wind
läßt sie nur
um so mehr erglühen
Ich glaube
daß, flögest du
hoch in den Himmel,
du blinken würdest
wie ein Stern
neben dem Mond. *Li Po*

4 Nach verschiedenen erfolglosen Versuchen, die Population mit konventionellen Methoden zu zählen, wurde eine photometrische Schätzmethode entwickelt.

5 Ein Draht mit der benötigten Spannungsstärke wurde aus einem Legierungsstab gezogen, der noch übrig war vom Seildrehprogramm des Mohole-Projekts. Wir halten dies für ein Beispiel, wie Ergebnisse aus der Grundlagenforschung praktischen Nutzen in anderen Bereichen haben können. Dieses Beispiel ist mindestens genauso wichtig wie etwa die Verwendung von Materialien aus der Entwicklung von Raketensprengköpfen zur Herstellung von zerbrechlichen Kochtöpfen.

Die mittlere Lebensdauer von Glühwürmchen im invertierten Zustand betrug annähernd dreißig Minuten. Danach fielen sie gewöhnlich vom Draht, so daß es sich als schwierig herausstellte, alle zwei Millionen Glühwürmchen schnell genug auszurichten. Diese Schwierigkeit wurde überwunden, indem wir uns der Mitarbeit von 20 000 Mitgliedern des Volksinstituts für Glorreiche Antiimperialisitische Technologie versicherten. Jeder mitarbeitende Wissenschaftler war verantwortlich für die Behandlung und Anordnung von je 100 Glühwürmchen. Verschiedene Wissenschaftler, die im Studium der Mao-Gedanken nicht genügend weit fortgeschritten waren, wurden selbst invertiert, aber nach Beseitigung dieser reaktionären Nebenwirkungen konnte eine adäquate Ausrichtung erreicht werden.

Die exakte Länge und das Spektrum des resultierenden Pulses ist ungewiß, da das Spektrometer und der Photodetektor verdampften, aber da die Glühwürmchen alle gut durch waren, ist evident, daß die Kapazität des Lasers bei weitem überschritten wurde. Abbildung 2 ist eine Reproduktion des Interferenzmusters, das einer unserer chinesischen Kollegen von einem dauerhaften Netzhautnachbild zeichnete (der Beobachter beschrieb dieses Bild als »verrücktes Bild«, was beinahe dazu führte, daß wir mißverstanden, was er meinte).

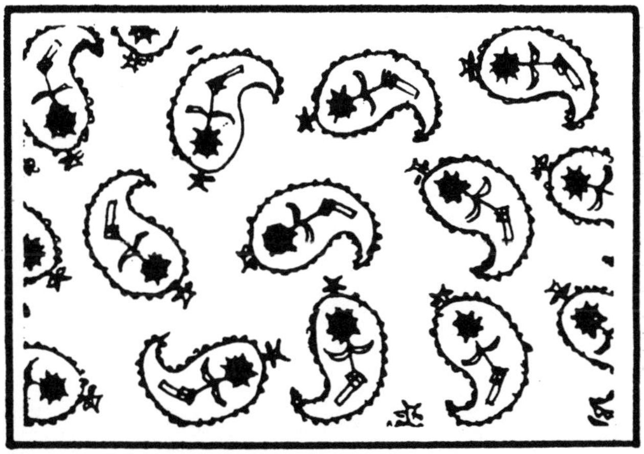

Abb. 2: Interferenzmuster

Die Autoren freuen sich zu berichten, daß die Wissenschaftler der Volksrepublik genau so bemüht sind wie amerikanische Wissenschaftler, die natürlichen Ressourcen maximal auszunutzen. Anhang A ist ein schlagender Beweis für ihren Erfolg.

Schließlich möchten wir Peter und Margot von Schaik in Toledo, Ohio, die die Glühwürmchen in ihrem Keller gezüchtet haben, unseren Dank aussprechen.

In der Korrekturfahne hinzugefügte Bemerkung: Wir sind informiert darüber, daß Dr. Michael Craigie am Institut für quantitative Elektrosemantik der Universität Illinois kürzlich einen Fruchtfliegenlaser gebaut hat, der es erforderte, eine große Anzahl weißäugiger *drosophila* auf den Zähnen eines leuchtend orangeroten Reißverschlusses anzubringen. Messungen mit diesem Apparat sollen die folgende Frage beantworten: »Wenn die Zeit fliegen würde, was würden dann Fliegen mögen?«

ANHANG A

Glühwürmchen in süßer Pflaumensauce[6]

2000 vorgekochte Glühwürmchen
2 zerquetschte Knoblauchzehen
1–2 Teelöffel Ingwersherry
je 1 Prise Salz und Glutamat
2 Prisen Pfeffer
2 Teelöffel verquirltes Ei
2–3 Eßlöffel Instantmehl
etwas Erdnußöl
für die Pflaumensauce:
2 Eßlöffel Pflaumensauce aus der Dose
3–4 Eßlöffel heißer Hühnerfond
1 Teelöffel Kandiszucker
1 Teelöffel heißes Wasser

Geben Sie die Glühwürmchen in einen Topf. Fügen Sie den Knoblauch und dann den Sherry und die Gewürze zu. Gut umrühren, damit jedes Glühwürmchen überzogen wird. Arbeiten Sie dann das verquirlte Ei hinein. Nehmen Sie den Knoblauch heraus. Tauchen Sie die Glühwürmchen in Mehl und schütteln Sie sie ab. Sie müssen gut bedeckt sein.

Erhitzen Sie in der Zwischenzeit das Öl auf 180 Grad. Geben Sie die Glühwürmchen hinein, und lassen Sie sie goldbraun werden. Trennen Sie sie, falls nötig, während des Bratens voneinander. Lassen Sie sie abtropfen, geben Sie sie auf eine vorgewärmte Platte, und servieren Sie die Sauce getrennt.

Zubereitung der Sauce:
Vermischen Sie die Pflaumensauce und den Fond. Lösen Sie den Zucker in heißem Wasser, und geben Sie ihn dazu. Lassen Sie alles zusammen aufkochen, und passieren Sie es durch ein Sieb.

[6] In H. Burke, *Chinesisch kochen mit Spaß*, Paul Hamlyn Ltd., London 1965, findet sich eine Sammlung ähnlicher Rezepte.

TEIL XI

MODERNE ZEITEN

DER STAUWAGEN ZU FROMMEN UND NUTZEN

Robert Twintone testet eine revolutionäre Entwicklung der Fahrzeugindustrie

Ich habe gerade ein Auto getestet, das so heiß ist wie Dusty Springfield, so schlank wie ein junges Okapi, so bequem wie Opas Hosen, so bestechend wie unwiderstehlich und trotzdem so unbeweglich wie ein Fels in der Brandung. Der Stauwagen 2000 ist das erste Auto, das im Geiste der Immobilität entworfen wurde. Er vermittelt den Eindruck von entspannter Kraft, wie er da so fest und still auf seinen revolutionären quadratischen Rädern steht. Der Stauwagen hat eine wasserabweisende Kunststofflackierung, eine große Farbpalette bei der Innenausstattung und sieht mit seinen Stoßstangen aus silikonverstärktem Papier nicht nur einfach gut aus: Öffnet man die Haube, muß man sich auf eine Überraschung gefaßt machen; der Atem stockt. So wäre es Menelaos beim Anblick moderner Schanzwerke gegangen oder Ptolemäus beim Anblick eines runden Brotes in Scheiben. Hinter der schnittigen eidechsenhaften Linienführung befindet sich an der Stelle, die früher mit einem nutzlosen Motor ausgefüllt war, eine glitzernde 16-Ventiler-Einspritzkaffeemaschine, kombiniert mit einem Mixer, komplett mit porzellanähnlichen Tassen und dreiteiligen Besteckgarnituren. Die Wäschekörbe aus Weide sind mit leichten Pleuelstangen von Porsche zu einer drehbaren Wäschespinne aus Leichtmetall verbunden und mit einem netzunabhängigen Fernseher und einem aufblasbaren Kinderplantschbecken gekoppelt. Es gibt Stauraum für Bücher, Platten, Hunde, ein Roulettespiel, einen Infrarotgrill und eine komplette Videoausrüstung. Ein Tipp auf den verzierten Druckknopf, und der rostfreie Brotkasten öffnet sich automatisch und wirft mit einer Rate von 0 bis 50 Stück pro Minute Brotscheiben in den Toaster. Ich fand den Doppeleierkocher im zweiten Gang etwas langsam, und es stört, daß sich der Geschirrspüler bei warmem Wetter leicht überhitzt. Aber ansonsten ist der Wagen ein technisches Meisterstück.

Im Innenraum kreischen und quietschen die Sinne in einer Mischung aus Schmerz und Lust über die überreichliche Sorgfalt, die auf die Ozelotimitatpolster, die üppigen, fusselfreien Yakhaarteppiche, die reichen, prächtigen Spiegel und die glänzenden Minikandelaber verwandt wurde. Keine Kosten hat man gescheut, um dieses Auto zum teuersten seiner Art zu machen. So war ich außerstande, die Größe der Aschenbecher zu kritisieren, die mit einem automatischen Spülsystem ausgestattet sind, das sie im Nu in Schaumbäder für Babys verwandelt. Jedes hat seine eigene Gummiente an eßbarer Kette. (Die Kabrioversion mit Hochdruckhähnen und Zwei-Zylinder-Schnellhubseifenschalen empfiehlt sich nur für erfahrene Badefreunde.) Bewegt man einen vergoldeten Hebel, verwandeln sich die acht Sitze zu den Klängen von »Guter Mond, du gehst so stille« in vier Betten, und das Spülcenter schwenkt nach draußen und wird zu einem waschbaren Plastikblumengarten. Ich fand den Waschraum etwas beengt in der Fußfreiheit, aber der Hersteller versicherte mir, daß man diese Kinderkrankheit besiegt habe, bevor das erste Modell im Triumphzug auf unsere Straßen getragen wird.

ÜBER EINE NEUE ENERGIE-QUELLE

F. G. Hawksworth

Heutzutage, wo der Energiebedarf ständig steigt, kann es als wichtige Überraschung gelten, daß es im ganzen amerikanischen Westen eine völlig ungenutzte Energiequelle gibt. Warum nicht die Explosivkraft der Früchte der allgegenwärtigen Zwergmisteln (*Arceuthobium* spp.) auf westlichen Koniferen nutzen? Diese Parasiten sind seit langem bekannt (2), ihre potentielle Bedeutung als Energiequelle ist jedoch noch nicht erkannt worden. Jede Zwergmistelfrucht enthält einen einzelnen projektilförmigen Samen (etwa ⅒ Zoll lang), der nach der Reifung mit einer Geschwindigkeit von etwa 90 Fuß pro Sekunde ausgestoßen wird (4). Die folgende Diskussion weist nach, wieviel potentielle Energie jetzt durch Samenverschwendung in nur einem Teil der USA verlorengeht. Für diesen Artikel habe ich den energiearmen Südwesten (Arizona und Neu-Mexiko) als Beispiel ausgewählt. Hier wurde festgestellt, daß die Ponderosa-Kiefer-Zwergmistel auf etwa 25×10^6 Morgen vorkommt (1). Die geschätzte Samenproduktion dieser Mistel (3) liegt bei etwa 25×10^4 Samen pro Morgen. Also werden jährlich annähernd 6×10^{11} Mistelsamen allein auf der Ponderosa-Kiefer produziert. Schätzungen der Kraft dieser Samen auf der Grundlage ihres Gewichts ($2{,}7 \times 10^{-3}$ Gramm) und ihrer Geschwindigkeit (2540 cm/sec.) deuten darauf hin, daß jeder 8×10^{-8} Pferdestärken entwickelt. Wenn wir dies mit der Zahl der produzierten Samen multiplizieren, bekommen wir 48×10^3 Pferdestärken oder (unter Freunden) 50 000 PS. Umgerechnet in bequemere Maßeinheiten entspricht das 67 000 Kilowatt! (Oder nicht?) Man sollte bedenken, daß dies das Potential nur eines Teils des Westens ist. Riesige zusätzliche Quellen liegen in den mistelinfizierten Pinien-, Föhren-, Lärchen- und Tannenwäldern des restlichen Westens.

Es mag angebracht sein, einige winzige Schwierigkeiten bei der möglichen Erschließung dieser Energiequelle zu erwähnen, die aber allesamt nicht unüberwindbar scheinen müssen. Die Nutzung der Kraft von Milliarden winziger Früchte, die über Millionen Morgen verbreitet sind, stellt schon ein Problem dar, weil die Energie einer einzelnen Frucht vielleicht während einer Zeit von etwa 2×10^{-4} Sekunden, in der der Samen ausgestoßen wird, genutzt werden muß. Ein anderes geringfügiges Hindernis ist, daß diese Energiequelle nur während der Samenausstreuperiode von etwa 2 bis 3 Wochen zur Verfügung stünde. Aber mit dem typisch amerikanischen Erfindergeist und Know-how würde ein Multimilliarden-Sofortprogramm zur Entwicklung dieser Ressource in eine kontinuierliche Energiequelle sicher spektakuläre Ergebnisse zeitigen.

Die Nutzung dieser Energiequelle hätte viele Vorteile für das Land: 1. Sie würde uns in die Lage versetzen, die Russen auf einem weiteren Gebiet zu schlagen, denn ihre Mistelenergiequellen sind mickrig im Vergleich zu unseren; 2. Wenn wir die Samenkraft nutzvolleren Zwecken zuführen als dem (wie es die Natur vorsah), unsere Wälder zu schwächen, würden wir das Wohlbefinden unserer Bäume stärken; 3. Es wären keine weiteren Staudämme am Colorado mehr nötig; damit wäre der Bewegung »Rettet den Grand Canyon« geholfen.

LITERATUR

1 Andrews, S. R. and Daniels, J. P. 1960
A survey of dwarfmistletoes in Arizona and New Mexico. U.S. Forest Serv., Rocky Mtn. Station, Sta. Paper 49, 17p.

2 Gill, L. S. 1935
Arceuthobium in the United States. Trans. Conn. Acad. Arts & Sci. 32: 111–245.

3 Hawksworth, F. G. 1965
Life tables for two species of dwarfmistletoes. I. Seed dispersal, interception and movement. Forest Science 11: 142–151.

4 Hinds, T. E. and Hawksworth, F. G. 1965
Seed dispersal velocity in four dwarfmistletoes. Science 148: 517–519.

10 KÜRZLICH PATENTIERTE ERFINDUNGEN, DEREN ZEIT NOCH NICHT GEKOMMEN IST

Eingereicht von:
Michael J. Groves
Chicago, Illinois

1. **Toilettensitzverschluß** (U.S. Patent 3.477.070)
   Verwehrt Unbefugten den Zugang zur Toilettenschüssel.

2. **Flüstersitz** (U.S. Patent 3.593.345)
   Toilettensitz mit Schallisolierung, verhindert, daß Außenstehende Geräusche hören.

3. **Kombination aus Wildgerippeschlitten und Chaiselongue**
   (U.S. Patent 3.58+.592)

4. **Brillengestell mit verstellbaren Rückspiegeln**
   (U.S. Patent 3.423.150)

5. **Flüssigkeitsregulierter Reißverschluß**
   (U.S. Patent 3.517.423)

6. **Kraftregulierter Poolbillardqueue**
   (U.S. Patent 3.495.826)

7. **Aufbewahrungshut** (U.S. Patent 3.496.575)
   Ein Hut mit einer Höhlung, um Kosmetikartikel, Schmuck und ähnliches mitzuführen.

8. **Imitation einer Feuerwaffe mit schwenkbarem Whiskeyglas**
   (U.S. Patent 3.450.403)
   Wenn man einen Knopf drückt, schwenkt das Glas zum Mund einer Person.

9. **Baby-Tätschel-Maschine** (U.S. Patent 3.552.388)
   Ein Gerät, das ein Baby mittels periodischen Tätschelns auf Rumpf oder Hinterteil zum Einschlafen bringt.

10. **Elektronischer Schnarchunterdrücker**
    (U.S. Patent 3.480.010)
    Das Schnarchen wird identifiziert, und der Schnarcher erhält einen Elektroschock.

NOCH MEHR NÜTZLICHE PATENTE, DEREN ZEIT NOCH NICHT GEKOMMEN IST

(Gesammelt von Dr. M. Hiller, Mannheim)

Michael Wagner Wuppertal

A 24 D – 1/12 **OS 34 34 990 (Z 1, T 2)**

AT 24.09.84 – OT 24.04.86.
B: Sicherheitszigarette mit magnetischer Halterung (Ascher).
A: Wagner, Michael, 5600 Wuppertal, DE.
E: Gleich Anmelder.
NK: A 24 F – 19/10.

1. Zigarette zur sicheren Lagerung auf ferromagnetischen Unterlagen, dadurch gekennzeichnet, daß sie in der Nähe des Mundstückes einen magnetischen Körper in sich trägt.

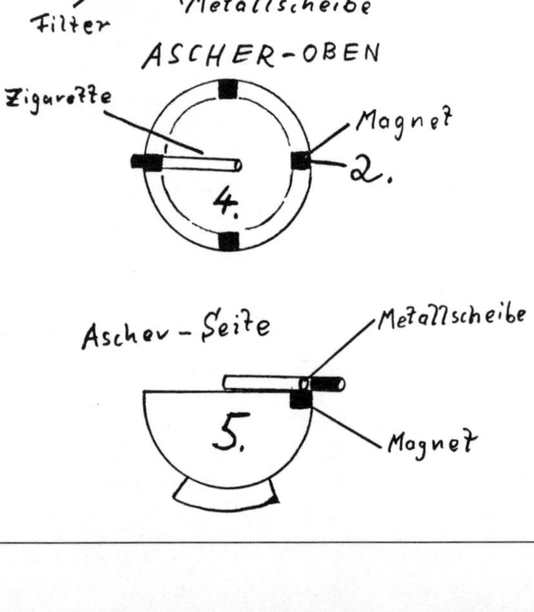

Peter Francois Wadern

B 65 D – 25/20 **OS 34 41 583 (Z 2, T 2)**

AT 14.11.84 – OT 22.05.86.
B: Standfeste Körper bzw. Behälter für Hanglagen.
A: Francois, Peter, 6648 Wadern, DE.
E: Gleich Anmelder.
NK: A 01 D – 46/00; A 01 D – 46/28.

1. Behälter aus Kunststoff, Beton, Metall, Holz usw., die durch ihre besondere Form ein verbessertes Gleichgewicht auf einer schiefen Standfläche erreichen.

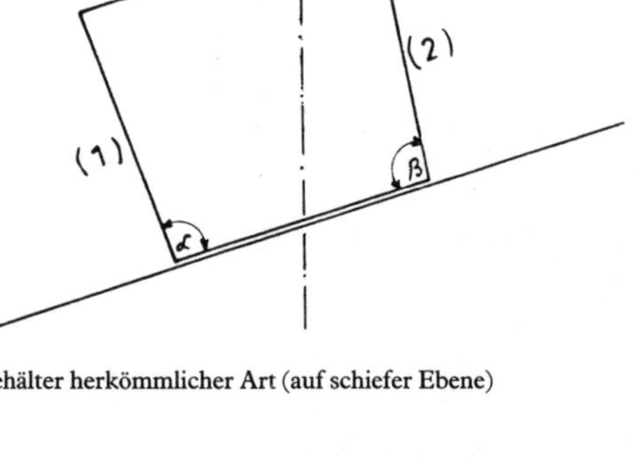

Behälter herkömmlicher Art (auf schiefer Ebene)

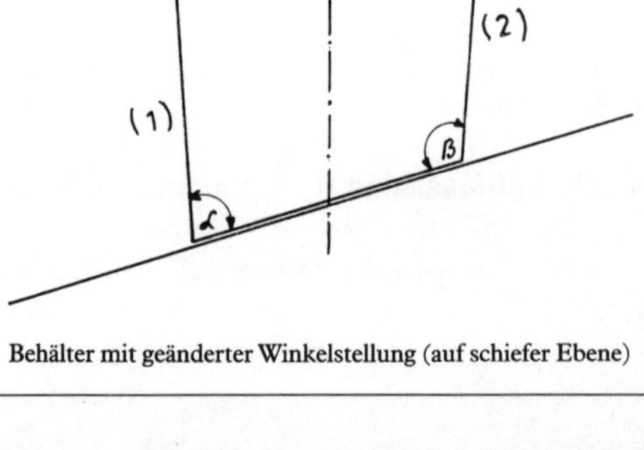

Behälter mit geänderter Winkelstellung (auf schiefer Ebene)

Dieter Zatlukal Kusterdingen

A 63 H - 27/10 **GM 85 30 475**

AT 28.10.85 - ET 06.02.86 (VT 20.03.86)
B: Luftballon.
A: Zatlukal, Dieter, 7408 Kusterdingen, DE.

1. Luftballon, dadurch gekennzeichnet, daß er aus einem ballonförmigen Körper besteht und zwei um den Ballonmittelpunkt angeordnete Aufblasöffnungen aufweist.

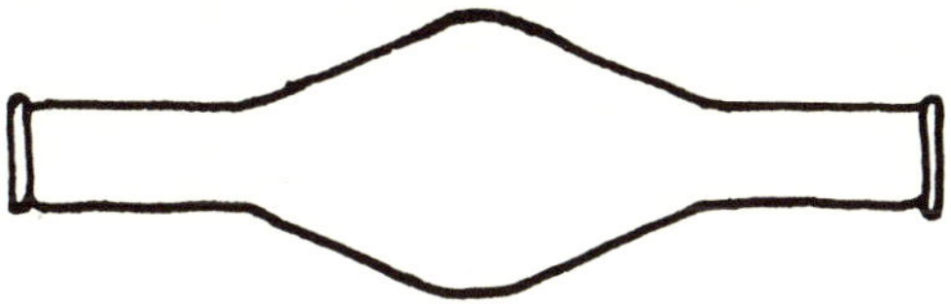

Joachim Zwick Dortmund

B 62 C - 1/02 **OS 34 45 925 (Z 4, T 11)**

AT 17.12.84 - OT 24.07.86.
B: Taxi, insbesondere für die Personenbeförderung in verkehrsberuhigten Zonen und Erholungsgebieten.
A: Zwick, Joachim, 4600 Dortmund, DE.
E: Antrag auf Nichtnennung, PRÜF.

1. Taxi für die Personenbeförderung, dadurch gekennzeichnet, daß an Stelle eines Motors ein Pferd (2) wirkt.

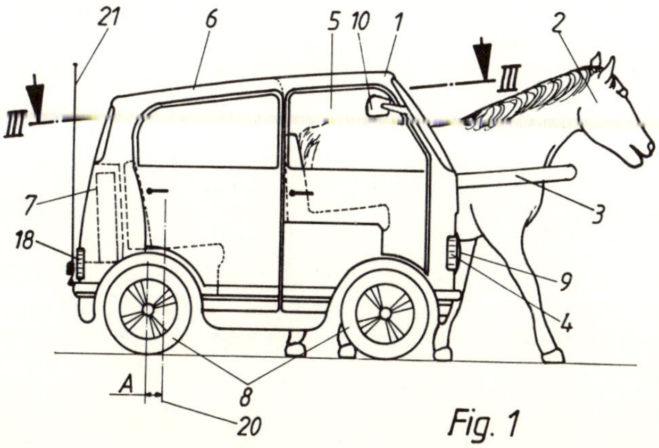

Fig. 1

Anna Maria Esser Köln

A 45 D - 44/12 **OS 35 00 198 (Z 1, T 5)**

AT 03.01.85 - OT 10.07.86.
B: Gesichtsschutzmaske.
A: Esser, Anna Maria, 5000 Köln, DE.
E: Gleich Anmelder.

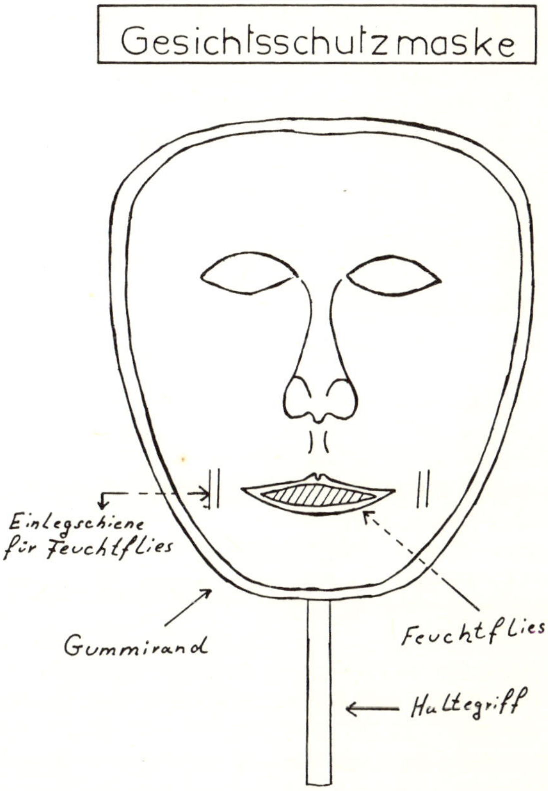

1. Gesichtsschutzmaske zum gesundheitsschonenden Gebrauch von Haarspray. Diese klarsichtige Kunststoff- bzw. Plastikmaske mit ihrem schmalen, innenliegenden Gummirand schützt die Haut. Das Feuchtvlies verhindert, daß Haarspray in die Atemwege gelangt und dort eine Schädigung bewirkt. Bekannte Erkrankungen wie Hautrötung, Haut- und Augenentzündungen sowie Verklebung von Bronchien und Lungenbläschen werden verhindert, dadurch gekennzeichnet, daß die Gesichtschutzmaske aus einem klarsichtigen Kunststoff- oder Plastikmaterial mit innenliegendem, schmalem Gummirand mit offen bleibendem Mund- und Nasenbereich und mit einem Handgriff unter dem Kinn hergestellt wird. Der Mund- und Nasenbereich wird mit einem Feuchtvlies ausgestattet, um Bronchien und Lungenbläschen zu schützen.

Antonio Margherito München

A 61 K – 7/06 **OS 35 33 121 (Z 0, T 4)**

AT 17.09.85 – OT 17.04.86.
B: Verfahren und Herstellung eines Mittels zur Wachstumsförderung und Erhaltung der Kopfhaare.
A: Margherito, Antonio, 8000 München, DE.
E: Gleich Anmelder.

1. Verfahren und Herstellung eines Mittels zur Wachstumsförderung der Haare, dadurch gekennzeichnet, daß man einem Liter Weinessig 250 g Knoblauch beigibt, die Mixtur 8 Tage lang stehenläßt und anschließend die Mischung ganz fein mixt und filtriert.

Bogdahn, Erhard Frankfurt

A 47 K – 13/00 **GM 85 09 788**

AT 01.04.85 – ET 31.07.86 (VT 11.09.86)
B: Mobiler Toilettensitz.
A: Bogdahn, Erhard, 6000 Frankfurt.
DE. VTR: Flügel, O., Dipl.-Ing.; Säger, M., Dipl.-Ing., Pat.-Anw., 8000 München.

1. Mobiler Toilettensitz, gekennzeichnet durch eine Sitzbrille (2) und ein daran gehaltenes Sitzgestell (3), das aus wenigstens zwei Rahmenteilen (4, 5) besteht, die um zumindest eine Schwenkachse (6) von einer Gebrauchsstellung in eine Transportstellung und umgekehrt auf- bzw. zusammenklappbar und zumindest in der Gebrauchsstellung gegen ein Verschwenken gesichert festlegbar sind.

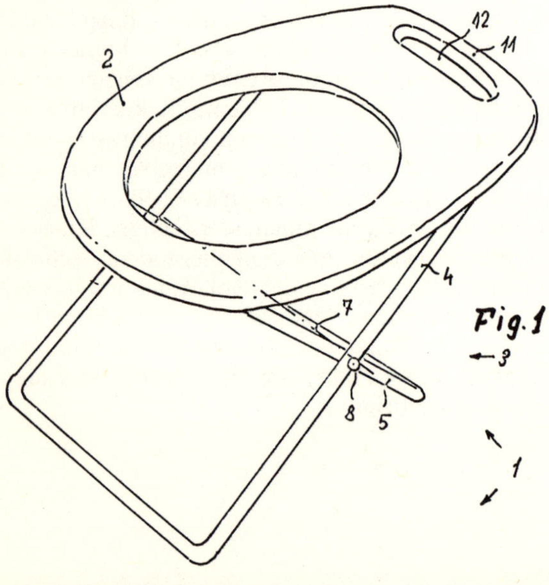

Louis Steitz Secura GmbH & Co. KG.
Kirchheimbolanden

A 43 B – 13/38 **GM 85 22 532**

AT 05.08.85 – ET 28.05.86 (VT 10.07.86)
B: Lederbrandsohle mit einer Vulka-Einlage zur Erreichung eines gewünschten elektrischen Durchgangswiderstandes.
A: Louis Steitz Secura GmbH & Co. KG, 6719 Kirchheimbolanden, DE.
NK: A 43 B – 7/36.

1. Lederbrandsohle, dadurch gekennzeichnet, daß die Brandsohle eine Intarsie aus einem thermoplastischen oder einem Gummi-Material enthält.

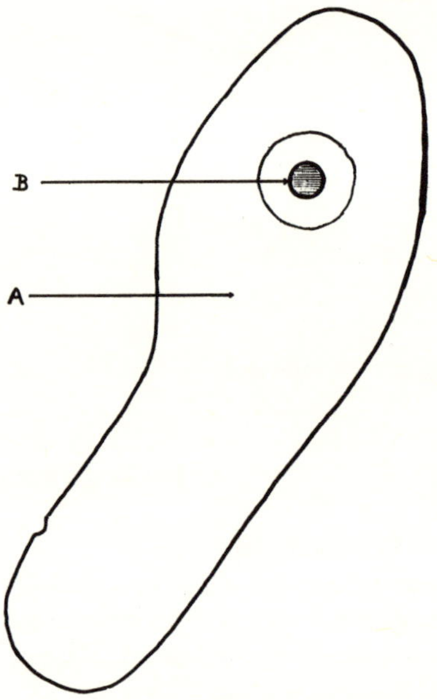

Taiwan Elite Industrial Co. TW

A 43 B – 17/06 **GM 86 04 470**

AT 17.02.86 – ET 12.06.86 (VT 24.07.86)
B: Mit magnetischen Druckpunkten ausgerüstete Schuh-Einlegesohle.
A: Taiwan Elite Industrial Co. Ltd., Taipeh/T'ai-pei, TW.
VTR: Maikowski, M., Dipl.-Ing. Dr.-Ing., Pat.-Anw., 1000 Berlin.
NK: A 43 B – 17/08.

1. Mit magnetischen Druckpunkten ausgerüstete Schuh-Einlegesohle, dadurch gekennzeichnet, daß die Schuh-Einlegesohle (1) eine Anzahl Einstecköffnungen (11) aufweist und daß Steckzapfen (211) aufweisende Permanentmagnete (2) mit den Steckzapfen (211) in diesen Einstecköffnungen sitzen.

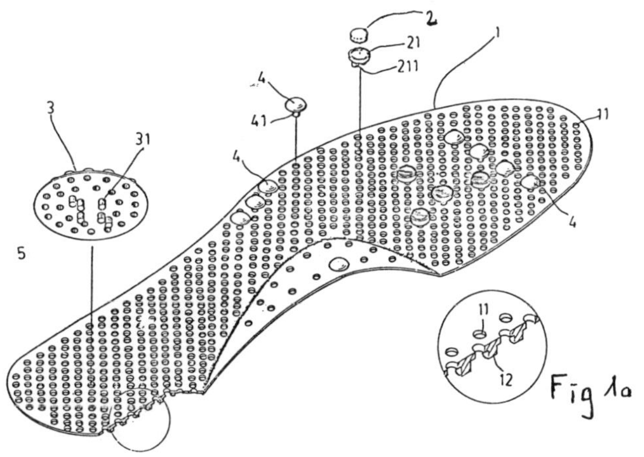

F I G1

Albert Lammers Murg

B 60 V – 3/04 **OS 35 20 621 (Z 0, T 6)**

AT 08.06.85 – OT 28.05.86.
B: Elektrischfliegende Bahn.
A: Lammers, Albert, 7886 Murg, DE.
E: Antrag auf Nichtnennung, PRÜF.
NK: B 64 C – 37/02.

1. Elektrischfliegende Bahn, dadurch gekennzeichnet, daß diese elektrische Flugbahn stromlinienförmig gebaut an zwei parallel verlegten stromführenden Drähten entlanggeflogen wird, von diesen stromführenden Drähten Strom abnimmt mittels von der elektrischen Flugbahn herabhängenden Stromabnehmern, den Strom mittels Elektromotoren zum Antrieb von trichterartigen Gewinderohren nutzt, welche mit ihrer größeren Öffnung nach oben durch das inliegend an den Wandungen befindliche Gewinde und die richtige Drehrichtung Luft zwingen, hindurchströmend sich zu tragenden Luftsäulen zu verdichten durch die senkrechte Anordnung und durch gleich so eingebaute sich-drehende Gewinderohre in der waagerechten Lage mit der größeren Öffnung nach vorne Luft von vorne nach hinten hindurchfließend zu vorantreibenden Luftsäulen verdichtet, wodurch diese elektrische Flugbahn in solcher Höhe zu fliegen möglich wird, daß sie jegliche Hindernisse überfliegen oder umfliegen kann und soll, vorzugsweise in ca. 30 m.

WIE DIE WELT FUNKTIONIERT: ALLES GANZ EINFACH

Don L. F. Nilsen
Alleen Pace Nilsen
Tempe, AZ

Wir wissen zwar nicht, wer Murphy war, wohl aber, daß er ein Genie gewesen sein muß, denn was er sagte, hatte Hand und Fuß. Murphy postulierte als soziologisches Prinzip »Wenn etwas schiefgehen kann, dann wird es auch schiefgehen«, erweiterte dieses Prinzip zu der Maxime »Wenn man die Dinge sich selbst überläßt, entwickeln sie sich vom schlechten zum noch schlechteren« und schließlich zu der Erkenntnis »Die Natur hält es immer mit dem versteckten Fehler« (Martin 1973, S. 4).

A. J. Barton von der National Science Foundation erweiterte Murphys Gesetz zu folgender Fassung: »Wenn etwas schiefgehen kann, geht es schief, und wenn es nicht schiefgehen kann, könnte es vielleicht.« O'Toole – wir kennen seinen Vornamen nicht – kommentierte das mit »Murphy war ein Optimist«. Paul Dickson nennt andere Bezeichnungen für Murphys Gesetz: *Thermodynamik* und *Klugscheißerei* und vermutet, daß »sich irren im Grunde ein Synonym für Murphy ist, aber die, die ihn lieber als den besser bekannten Propheten zitieren, behaupten steif und fest, es sei so real wie Murphy. Die Grundlage für ihre Behauptung: 1. Der Irrtum steckt wie Murphy überall, und 2. Irren ist menschlich.«

Nach Dickson wurde Murphys Gesetz zuerst unter akademischen, dann unter religiösen Bedingungen einem empirischen Test unterzogen:

> Eines Tages wollte ein Mathematiklehrer seiner Klasse die Gesetze der Wahrscheinlichkeit demonstrieren. Er ließ dreißig seiner Schüler Brotscheiben mit Erdnußbutter bestreichen und sie dann in die Luft werfen. Sie sollten so sehen, daß die eine Hälfte auf die trockene Seite und die andere auf die bestrichene Seite fallen würde. Wie sich herausstellte, landeten 29 Scheiben mit der bestrichenen Seite auf dem Boden, und die dreißigste blieb an der Decke kleben.

In einem zweiten Test führte ein einzelner Mann Murphys Experiment durch: Seine ganzen Brote landeten mit der Butterseite nach oben.

> Er lief schnurstracks zu seinem Rabbi, um ihm diese Abweichung von einem der Grundgesetze des Universums zu berichten. Zuerst wollte der Rabbi ihm nicht glauben, ließ sich schließlich aber überzeugen, daß es geschehen war. Er fühlte sich jedoch nicht kompetent genug, die Frage endgültig zu beantworten, und leitete sie an einen der führenden Talmudgelehrten der Welt weiter. Nach Monaten des Wartens lieferte der Gelehrte schließlich eine Antwort: »Das Brot muß auf der falschen Seite gebuttert worden sein.«

Roy W. Walters *Gesetz des Managements* lautet: »Wenn man schon in einem Loch sitzt, hat es keinen Zweck, weiterzugraben.« Damon Runyons Gesetz lautet: »In allen menschlichen Angelegenheiten stehen die Chancen immer sechs zu fünf dagegen.«

Warum sind solche Beobachtungen oder Gesetze populär geworden? Zunächst mögen sie die Leute, weil sie witzig, kompakt und eindeutig sind. Sie sind einfach zu verstehen, und ihre Schöpfer sprechen so selbstbewußt, daß sie einfach überzeugen. Manche Gesetze sind so kurz, daß sie auf einen Ansteckbutton passen, was unserem gegenwärtigen Effizienzfimmel entgegenzukommen scheint. Sie bilden so eine Art Readers Digest von Zitatensammlungen und Anthologien berühmter Aussprüche. Manches aus den alten Zitatensammlungen könnte leicht als modernes Gesetz durchgehen, wie etwa Henry David Thoreaus Rat »Wenn du einen Menschen auf dich zukommen siehst, der ganz offensichtlich etwas Gutes für dich tun will, dann renn um dein Leben.«

Der Gründungsvater der modernen Gesetze ist offenbar C. Northcote Parkinson mit *Parkinsons Gesetz* von 1957 und *Parkinsons Neues Gesetz* von 1960. *Das Peter-Prinzip* wurde in den späten sechziger Jahren veröffentlicht, die meisten der in der Bibliographie genannten Bücher und Aufsätze jedoch haben Copyrights aus der Zeit nach 1970.

Ihre Popularität korreliert mit der wachsenden Komplexität des modernen Lebens. Wenn Menschen solche Gesetze hören oder lesen, erhaschen sie einen Blick auf die makroskopische Struktur der Gesellschaft. Das mag nur eine Illusion sein, dennoch geben die Gesetze den Leuten das Gefühl, sie könnten mit unüberwindlichen Hindernissen fertigwerden, wenn sie nur einfach mit diesen handlichen Merksätzen anfangen. Es ist sehr befriedigend, die Komplexität auf einfache und verständliche Begriffe zu reduzieren. Zur Illustration zitierte Paul Dixon eine Anekdote von dem verstorbenen Komiker Robert Burns.

> Burns nahm ein vollkommen symmetrisches Brett und balancierte es über einem Sägebock. Dann setzte er einen Eber auf das eine Ende des Bretts und häufte so lange Steine auf das andere Ende, bis das Brett wiederum vollkommen über dem Sägebock ausbalanciert war. Und dann schätzte er sorgfältig das Gewicht der Steine.

Die Funktionsgesetze der Gesellschaft haben einen ähnlichen Effekt. Sie verändern die Dinge nicht; sie geben uns nur ein besseres Gefühl, indem sie uns die Illusion vermitteln, wir verstünden, was passiert. Wenn etwas einmal einen Namen hat oder wenn es ein Gesetz dafür gibt, dann rückt es in unserem Bewußtsein aus der Kategorie des Unbekannten in die des Bekannten, und wir fürchten uns nicht mehr so sehr davor.

Das gilt besonders für die Aspekte unseres Lebens, die wie Statistik und Forschung neu und am schwierigsten zu verstehen sind. Wir sind erleichtert, wenn wir erfahren, daß unsere Verwirrung Gründe hat und daß andere genauso verwirrt sind wie wir. Marshalls verallgemeinertes Eisbergtheorem formuliert das so: »Sieben Achtel von *allem* ist unsichtbar«, und Paul Herbigs Prinzip des bürokratischen Legospiels lautet: »Wenn man es versteht, ist es noch lange nicht erledigt.«

Fast täglich können wir Sätze lesen oder hören, die mit solchen Floskeln wie »Die Forschung beweist ...«, »Schlüssige Belege zeigen, daß ...« und »Wissenschaftler haben entdeckt ...« beginnen. In fast allen diesen Fällen haben wir weder die Zeit noch das Hintergrundwissen, um die Gültigkeit dieser Forschung zu beurteilen, und sind deshalb vage mißtrauisch und gerne bereit, unsere Zweifel von solchen Gesetzen wie den folgenden bestätigen zu lassen:

> Der *Flunkerfaktor* ist dadurch charakterisiert, daß er das Universum so verändert, daß es zur Gleichung paßt.
>
> Der *Spelunkenfaktor* ändert die Gleichung so, daß sie zum Universum paßt.
>
> Der *Linkfaktor* verändert die Sache so, daß Gleichung und Universum zu passen scheinen, ohne daß bei beiden irgendeine Veränderung erforderlich ist.

Paul Dixon erklärt, daß der letzte auch als »Glättungs«- oder »Besänftigungs«faktor bekannt ist, »mathematisch in etwa einem Dämpfungsfaktor ähnlich; er hat die Eigenschaft, Unterschiede zu eliminieren, indem er Probleme absolut unwichtig und deshalb nicht diskutierenswert macht«.

Skinners Konstante ist »die Quantität, die Ihnen die Lösung liefert, die Sie hätten erhalten sollen, wenn sie mit Ihrer Lösung multipliziert, durch sie dividiert, zu ihr addiert oder von ihr subtrahiert wird«. Das wird manchmal als »Finnegans Flunkerfaktor oder DeBunks universelle Variablenkonstante« bezeichnet. In *Malice in Blunderland* stellt Thomas L. Martin auch *Flunkergesetze* dar: »Die Wahrscheinlichkeit, daß etwas eintritt, verhält sich umgekehrt proportional zu der Erwünschtheit des Ereignisses« (Martin, 1973, S. 10), und »Wenn etwas schiefgelaufen ist, dann macht jeder Versuch, etwas zu retten, alles noch schlimmer.«

Die Leute halten sich für schlau, wenn sie eine gelehrt klingende Regel lesen und dabei erkennen, daß sie das schon immer gewußt haben. Beispiele sind Frederick E. Termans Rat »Wenn deine Leichtathletikmannschaft den Hochsprung gewinnen soll, brauchst du einen, der sieben Fuß hoch springt und nicht sieben, die einen Fuß hoch springen«, und den Rat von Martin Friedman »Die Börse hat neun der letzten fünf Rezessionen herbeigeredet.«

Weiter befriedigt es die Leute, wenn sie eine ihrer persönlichen Erfahrungen gedruckt sehen. Arthur Block führte einige solcher Gesetze in *Murphys Gesetz, Band II*, auf:

> *Das Gesetz des Briefes:* Wenn man den Brief zugeklebt hat, kommen die besten Gedanken.
>
> *Stewarts Gesetz:* Verziehen wird leichter als genehmigt.

Im Lauf der letzten drei Dekaden hat sich die Arbeitswelt wahrscheinlich mehr verändert als jeder andere Aspekt des Lebens. Heute sind nur wenige von uns ihre eigenen Arbeitgeber. Wir sind nicht mehr unsere eigenen Bosse und arbeiten nicht mehr allein, weil das, was zu tun ist, zu kompliziert ist, um von einem Invidiuum bewältigt zu werden. Wir müssen partnerschaftlich in Teams und Arbeitsgruppen arbeiten. Wir können keine Aufgabe von Anfang bis Ende überblicken, und es gibt immer die Möglichkeit, daß unsere gute Arbeit von jemand weiter unten in der Reihe ruiniert oder vom Chef nicht anerkannt wird. Das macht die Leute begreiflicherweise ängstlich und erklärt die Popularität von karrierebezogenen Merksätzen. Besonders beliebt sind solche, die sich mit den gruppendynamischen Problemen beschäftigen. »Wenn du sie nicht überzeugen kannst, verwirr sie« (Martin, 1973, S. 74). Dean Archeson bemerkte: »Ein Zwischenbericht wird nicht geschrieben, um den Leser zu informieren, sondern um den Verfasser zu schützen.«

Der Fernsehproduzent Gene Roddenberry wurde für »*TV Guide*« interviewt und dabei mit dem Satz »90 Prozent aller Fernsehsendungen sind Scheiße« konfrontiert Seine Antwort »90 Prozent von allem ist Scheiße« erhielt sofort Gesetzeskraft. Er fand nicht nur Anklang, weil die Antwort stimmte, sondern auch, weil die Leser sich in seine Lage einfühlen konnten. Er mußte plötzlich eine Position verteidigen, an der er unmittelbar sehr wenig ändern konnte.

Wahrscheinlich das berühmteste Gesetz für die Arbeitswelt ist das *Peter-Prinzip*; es behauptet, daß in jeder Hierarchie – Regierungen, Firmen, egal was – jeder Mitarbeiter bis zu seinem Niveau der Inkompetenz aufsteigt. Das heißt: Solange die Leute gut sind, werden sie immer höher befördert. Das bedeutet aber auch eine hohe Wahrscheinlichkeit dafür, daß schließlich nahezu jede Stelle mit einem Angestellten besetzt ist, der den Anforderungen keineswegs entspricht.

Es wäre interessant herauszufinden, ob die Menschen an sich oder an ihre Kollegen denken, wenn sie vom *Peter-Prinzip* zum ersten Mal hören. Geht man nach der Existenz und Popularität anderer Antichefgesetze, dann denken die meisten an ihre Vorgesetzten:

> Chef zu sein, macht dich noch nicht gut – es macht dich nur zum Chef. Milton Metz
>
> Alles muß sofort erledigt werden, auch dann, wenn es nicht sofort sein muß. Larry Kane
>
> Beamte befördern Untergebene, nicht Rivalen. Cyril Northcote Parkinson
>
> (zitiert nach: Martin, 1973, S. 51)

Historiker schätzen diese Regeln, die alle von Paul Dixon zitiert werden:

> *Fiedlers Planungsregel:* Wenn du ein Projekt vorschlägst, nenne Kosten oder Termine. Aber niemals beides.
>
> *Ryans Gesetz:* Jeder, der dreimal hintereinander richtig rät, ist als Experte etabliert.
>
> *Die Historikerregel:* Jedes Ereignis kann, wenn es einmal eingetreten ist, von einem kompetenten Historiker als unausweichlich dargestellt werden.

LITERATUR

Bloch, Arthur, Noch mehr Gründe, warum alles schiefgeht, was schiefgehen kann, Goldmann, o. J.

Caldwell, George, Good Old Harry – The Wit and Wisdom of Harry S. Truman, New York, Hawthoorne Books, 1966

Dickson, Paul, The Official Rules, New York, Delta, 1978

Donelson, Ken, »Laws for Life, Laws for Teaching«, *English Journal*, Bd. 70, Nr. 6, 1981, S. 30–31

Friedman, Milton, »Milton Friedman on Averages Without Their Components«, *Newsweek*, 10. Januar 1972

Kane, Larry, *New York Times*, 19. Oktober 1975

Kohn, Alexander, *The Journal of Irreproducible Results*, Ausgewählte Artikel, JIR Verlag, 1976

Martin, Thomas, L. jr., Malice in Blunderland, New York, McGraw-Hill, 1973

Parkinson, C. Northcote, Parkinsons Gesetz und andere Studien über die Verwaltung, Econ, 1958

Parkinson, C. Northcote, Parkinsons Neues Gesetz, Econ, 1982

Peter, Lawrence J. und Raymond Hull, Das Peter-Prinzip oder Die Hierarchie der Unfähigen. Reinbek, Rowohlt, 1972.

Pocheptsov, G. G., Language and Humour: A Collection of Linguistically Based Jokes, Anekdotes, etc., Kiew, Vysca Skola Verlag, 1974

Roddenberry, Gene, *TV Guide*, 27. April 1974

Runyon, Damon, *New York Times*, 20. Dezember 1964

SCHLAGVERMEIDUNG BEIM ABSCHLAGEN

Howard T. Francis
Park Forest, ILL.

Die Gefahren der Elektrizität sind in Krankenhäusern von großer Bedeutung. Der »veranlangte« Patient kann Herzkammerflimmern bekommen, wenn ein schwacher Strom von 60 Hz den Weg zu seinem Herzen findet – oder sogar in Stücke gesprengt werden, wenn während der Operation Zyklopropan in seinen Lungen von einem statischen Funken entzündet wird.

Die Gefahr eines Schlags hat es notwendig gemacht, ein ausgeklügeltes System »Erdung« jeder leitenden Oberfläche in Sichtweite zu entwickeln, so daß kein Strom durch ein vereinzeltes »Leck« seinen Weg in einen Patienten hinein finden kann. Um Explosionen zu vermeiden, wurden die Böden der Operationsräume, Schuhe und die Gummiräder der Betten leitend gemacht, so daß sich keine statischen Aufladungen entwickeln und einen verheerenden Funken auslösen können.

Wir haben jetzt entdeckt, daß Schlag- und Explosionsgefahr auch in Räumen besteht, die bisher als sicher betrachtet wurden, nämlich in allen Waschräumen oder – genauer – »Toilettenräumen«.

Eigentlich können wir zu diesem Zeitpunkt nicht sicher sein, ob die Gefahr auch in Damen-Toiletten besteht; unsere experimentellen Arbeiten beziehen sich bis jetzt nur auf (stehende) männliche Versuchspersonen. Wir *sind* jedoch sicher, daß das Phänomen mit einem »Leck« zusammenhängt, wie sich zeigen wird. Eine neuere philosophische Diskussion* der Beziehung zwischen Miktionsweise und intellektueller Leistung legt nahe, daß der für einen Mann erforderliche *visuelle* Kontakt während dieses Vorgangs eine Verbesserung seiner geistigen Fähigkeiten bewirkt. Da könnte noch mehr drinstecken; auch der *elektrische* Kontakt könnte eine Rolle spielen.

Hintergrund

Im Januar 1980 erlitt der Autor (Versuchsperson Nr. 1, 62 Jahre alt) mehrmals einen statischen elektrischen Schlag, als er das Spülungsventil betätigen wollte, nachdem er ein normales, gewöhnliches »Pissoir« benutzt hatte. Die Distanz, auf der der Funke übersprang, ließ vermuten, daß zwischen der Versuchsperson und dem Wasserrohr ein Potential von Tausenden von Volt bestand. Zuerst verwandte man nur wenige Gedanken an die Schläge – da die Versuchsperson Schuhe mit Gummisohlen trug, nahm man an, sie habe sich aufgeladen, während sie zum Waschraum lief.

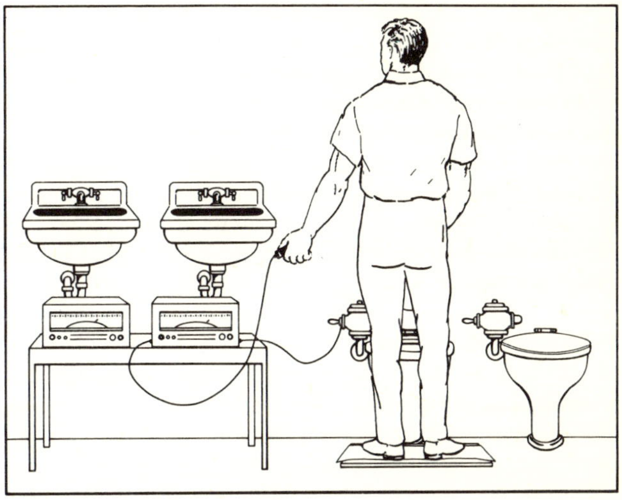

Diese Theorie war nicht plausibel, da unser Waschraum keinen Nylonfußbodenbelag hat, sondern glatte Fliesen. Ein Kurztest ergab, daß die statische Aufladung *vor* dem Gang zum »Pissoir« *nicht* bestand, erst danach. Nach dieser Entdeckung stach uns die Neugierde; die Forschung begann.

Andere Bedienstete wurden befragt – diskret, natürlich – mit dem unwahrscheinlichsten Ergebnis: Nicht eine der anderen (5) Versuchspersonen löste eine erwähnenswerte statische Entladung aus! Es stellte sich jetzt heraus, daß wir einige wirklich unwiederholbare Ergebnisse herausgespült hatten, und unser Rennen um die Publikation war eröffnet!

Experimentelle Apparatur

Ein Testinstrumententisch wurde in der Nähe (nicht zu nahe) des »Pissoirs« aufgestellt. Im Instrumentarium befanden sich ein hochempfindliches (sic!) elektrostatisches ESD-Voltmeter mit einem Meßbereich von 0 bis

* Forsyth, E. B.: Macht Wogen, kein Wasser, JIR, Bd. 25, Nr. 3: 27–28.

1000 V Gleichstrom und ein Simpson 314 FET VOM für Polaritätsmessungen. Damit es während eines Experiments nur minimale Lecks (Ladungslecks) geben konnte, wurde eine Platte 6 mm starken Plexiglases an der richtigen Stelle vor dem Test-Pissoir auf den Boden gelegt. Das Plexiglas wurde gegen Fußabdrücke – und Spritzer – mit gebrauchtem Endloscomputerpapier geschützt (nach Gebrauch wegzuwerfen).

Elektrische Messungen

Der erste Test rechtfertigte das Unternehmen vollständig! Die Erdung des Voltmeters wurde an das Spülungsventil geklemmt. Den zweiten Draht des Voltmeters hielt die Versuchsperson (Nr. 1) in der linken Hand, während die restlichen experimentellen Manipulationen mit der rechten Hand ausgeführt wurden. Die Versuchsperson trat auf die Plexiglasplattform, und nach einigen Sekunden des Zögerns – vielleicht bedingt durch die Aufregung, mit der solch ein Experiment verbunden ist – baute sich in 5 Sekunden ein Potential von 1000 Volt auf! Der Zeiger ging in den verbleibenden 15 Sekunden über die Skala hinaus; diese waren zur Vervollständigung des Durchgangs erforderlich, da er auch auf die Gefahr einer Schädigung des Meßinstruments zu dieser Zeit nicht bequem unterbrochen werden konnte.

Während der nächsten paar Tage begannen die anderen Mitglieder der Ärzteschaft, den »heißen« Draht des Voltmeters aufzunehmen, wenn sie den Waschraum aufsuchten. Bei einigen Versuchspersonen fiel ein seltsames Zögern auf, sich an dieser quantitativen Phase der Untersuchung zu beteiligen, obwohl die einzelnen Tests sich in völliger Privatheit abspielten. Obwohl keine dieser Versuchspersonen je einen Funken zwischen Spülungsventil und Finger erlebt hatte – und daher nichts zu befürchten hatte –, wurde daraus geschlossen, daß jeder Mann, der tagtäglich mit Elektrizität arbeitet, wahrscheinlich eine verständliche Abneigung dagegen entwickelt hat, vor einem Pissoir zu stehen und ein Meßgerät zu sehen, das eine beträchtliche Potentialdifferenz zwischen dem Wasser in der Schüssel und seiner relativ empfindlichen Körperendigung anzeigt.

Ein zusätzlicher Punkt von Interesse ist die Polarität der Ladung. Unmittelbar nach dem Ladungserzeugungstest wurde der elektrostatische Voltmeter einfach durch das Simpson-Meßgerät auf eine mittlere Gleichspannung entladen. Der durch den Voltmeter produzierte Puls zeigte die Polarität an: Versuchsperson negativ; Boden positiv.

Diskussion

Von Anfang an war eine schwierige Frage: »Wie kann sich zwischen dem Körper einer Versuchsperson und dem Wasser in der Toilettenschüssel eine Ladung von Tausenden Volt aufbauen, wenn beide Pole vermutlich mit einem wäßrigen Strahl verbunden sind, der große Mengen gelösten Natriumchlorids enthält?«

Unter eher praktischen – vielleicht gar kommerziellen – Aspekten könnte sich der »Ladungserzeugungstest« als nützliche diagnostische Hilfe bei der Früherkennung von Prostataleiden erweisen. Man könnte ein spezielles Pissoir zum Beispiel in den Männertoiletten der Flughäfen aufstellen, wo – für vielleicht 50 Pfennig – der Reisende eine Selbstdiagnose durchführen könnte, ohne eine Minute Zeit zu verschwenden.

Danksagungen

Dank gebührt BH für die Anwendung des elektrostatischen Voltmeters. Die Mitarbeiter des Autors (WAB, TRM, WK, ML und JS) möchten anonym bleiben, weil sie nicht sicher sind, ob sie zugeben möchten, daß es bei ihnen nicht funkte.

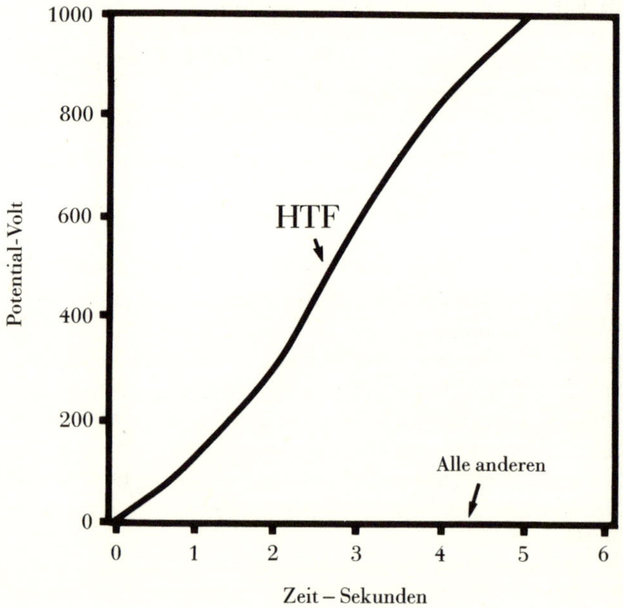

Tagungen

Wer die Wahl hat . . .

Das Angebot an wissenschaftlichen Veranstaltungen, Kongressen, Tagungen, Symposia, Round-Table-Diskussionen, Meetings ist heutzutage sehr reichhaltig. Aus der Vielzahl des Gebotenen fällt es einem jungen Chemiker oft schwer, eine Auswahl zu treffen. Wie läßt sich schon im voraus sagen, welcher Kongreß wissenschaftlich am meisten bietet? Die Namen der Hauptreferenten sind zwar von Bedeutung, doch – wie die Erfahrung zeigt – nicht ausschlaggebend; zumal die im Vorprogramm Angekündigten nicht immer erscheinen.

Als jahrelanger Besucher solcher Veranstaltungen und nach intensivem Studium vieler Teilnehmerlisten ist mir nun eine anscheinend zwingende Abhängigkeit zwischen wissenschaftlicher Attraktivität eines Anlasses und seiner Entfernung vom Herkunftsort der Teilnehmer aufgefallen. Dieser verblüffende Befund wurde vollauf in Gesprächen mit Besuchern bestätigt.

Zum Beispiel bestätigt mir jeder Chemiker aus Ludwigshafen sofort, daß ein Kongreß in Tokio sehr viel interessanter ist, als einer über das gleiche Thema in Essen. Auch ist jedem klar, daß eine Round-Table-Diskussion über Gentechnologie auf Kreta viel mehr bringt als eine solche in Pskow. Andererseits ist für einen japanischen Chemiker ein Kongreß in Heidelberg über metallorganische Chemie um einiges attraktiver als einer in Kioto.

Der Schluß ist offensichtlich: Chemie ist umso interessanter, je weiter entfernt vom Arbeitsort sie geboten wird.

Allerdings scheint es nicht ganz so einfach zu sein. Denn warum sind viel mehr Teilnehmer aus dem Raume Heidelberg/Mannheim/Frankfurt auf einem Kongreß in Paris zu finden, als an einem im ungefähr gleich weit entfernten Bremen? Die einfache Beziehung »Attraktivitätsgrad = Entfernung (in km)« muß demnach durch einige Zusatzzahlen modifiziert werden. Nach eingehender Befragung vieler im Chemietourismus ergrauter Kollegen haben sich folgende Zahlen ergeben:

Reise mit
- Flugzeug + 200
- erster Klasse + 500
- Touristenklasse – 100
- mit Lufthansa, Swissair + 300
- mit Aeroflot, Egypt-Air – 300
- mit British Airways 0

Veranstaltungsort
- am Meer + 100
- auf einer Insel + 200
- in der Karibik, Südsee, auf Hawaii + 1000
- in den Bergen + 200
- im Ausland + 100
- anderer Kontinent + 500
- in einer Stadt mit Bergbau und/oder Schwerindustrie – 400
- in Nordirland – 500

Übernachtung
- im Hotel vom Veranstalter vorgeschlagen + 200
- von eigener Reisezentrale ausgesucht – 200
- im Studentenwohnheim – 400

Spesenabrechnung
- Pauschale + 200
- ohne Quittungen + 300
- mit Quittungen 0

Essen
- Gemeinschaftsverpflegung – 200
- in der Mensa – 300
- in England – 300
- in Frankreich + 300

Kongresse an denen
- nur ein Teilnehmer aus der gleichen Firma/Institution zugelassen sind + 200
- erfahrungsgemäß mehrere Kollegen aus der eigenen Firma teilnehmen – 200
- viele Parallelsitzungen stattfinden, so daß es nicht auffällt, wenn man einen Teilnehmer trotz intensiven Suchens nicht findet + 200

Für Chemiker über 50
- für Kongresse an der Mosel, Mittelrhein, Pfalz, Elsaß, Burgund und Bordeauxgebiet + 200

Für Chemiker unter 50
- für Veranstaltungen in Paris, Amsterdam, London und Hamburg + 200
- in Zürich – 100

Nach Kongreßbesuch muß
- ein Referat über »highlights« gehalten werden – 300
- ein Kongreßbericht verfaßt werden – 500

Vom Teilnehmer wird erwartet
- daß er die Ehefrau mitbringt – 200
- daß er sie nicht mitbringt + 200

Im Herbst und Winter für Veranstaltungen
- südlich der Alpen + 200
- nördlich der Alpen – 200
- in den Alpen + 300

An Hand der obigen Tabelle ist es nun einfach für jede Veranstaltung einen Attraktivitätsgrad I festzulegen. I = Entfernung (in km) + Zusatzzahlen. Den Zuschlag erhält dann der Kongreß mit der höchsten positiven Zahl I.

Knarf Elzneik,
Internationales Zentrum für Irrationale Chemie, Boozel

Aus: Nachrichten aus Chemie und Labor, 34 (1986)

VERSCHWINDENS-, VERTAUSCH- UND VERLUST-RATEN VON REGEN-SCHIRMEN IN AMERIKANISCHEN UNIVERSITÄTS-BIBLIOTHEKEN

Dr. Norman D. Stevens
Direktor des Molesworth Instituts
Storrs, Ct.

»Natürlich regnet es, wenn man seinen Schirm zu Hause läßt.«[1]

****

»Auf den Gerechten fällt der Regen
So wie auf den auf krummen Wegen.
Doch der Gerechte wird stets naß, ganz wie zum Hohn,
Macht doch der Schlechte sich mit dessen Schirm davon.«[2]

****

Wie obige Zitate andeuten, sind zwei natürliche Hauptphänomene mit Regenschirmen verknüpft. Diese waren häufig Gegenstand von Kommentaren, meist jedoch aus dem Volksmund. Trotz Stevensons brillanter Beschreibung dieser Phänomene im Jahr 1894[3] hat es bisher, soweit das eine erschöpfende Literaturübersicht bestimmen kann, eigentlich noch keine wissenschaftliche Untersuchung dieses Gegenstands gegeben.

Die Beziehung von Regenschirmen zu Niederschlägen ist, wie Stevenson bewiesen hat, höchstwahrscheinlich ein Beispiel für die Gültigkeit von Murphys Gesetz.[4] Nicht die unwichtigste und bei weitem die merkwürdigste Eigenschaft des Regenschirms ist die Energie, mit der er die atmosphärische Lage beeinflußt. In der Meteorologie ist nichts sicherer erwiesen – es ist eigentlich das einzige, worüber sich alle Meteorologen einig sind –, als daß das Tragen eines Schirms der Luft Wasser entzieht; wohingegen, wenn er zu Hause bleibt, reichlich Wasserdampf produziert wird, der sich bald in Form von Regen niederschlägt. Bisher gibt es keine Theorie, die dieses hygrometrische Gesetz erklären kann (soweit ich es überblicke), weder von Wesp noch von Wege, noch von anderen; auch ich habe nicht vor, eine solche Theorie zu liefern. Ich wage jedoch die Vermutung, es werde sich schließlich erweisen, daß es zur selben Klasse von Naturgesetzen gehören wird wie das, nach dem eine Scheibe Brot immer mit der Butterseite nach unten fällt.[5] Doch unglücklicherweise liegt dieses Phänomen weithin außerhalb des Reichs von Bibliotheks- und Informationswissenschaft, der Mission des Molesworth-Instituts[6], und weitere Untersuchungen müssen anderen überlassen bleiben, die dafür besser qualifiziert sind. Da, wie die jährlichen Bibliotheksberichte seit einiger Zeit andeuten[7], das Verschwinden, Vertauschen und der Verlust von Regenschirmen ein eng mit Bibliotheken verbundenes Phänomen ist, hat das Molesworth-Institut eine gründliche Untersuchung dieses Problems unter der Leitung von Herrn Adelard Tuk unternommen, dessen besondere Qualifikationen hier keiner weiteren Ausführung bedürfen.[8]

Das Wesen dieses natürlichen Phänomens, das seltsamerweise noch nicht mit Murphys Gesetz verknüpft wurde, hat schon Stevenson bündig konstatiert. »Außer in einigen sehr wenigen Fällen von Heuchelei, die mit einem durchdringenden Verstand verbunden ist, haben die Menschen, die nicht von Natur aus Regenschirmträger sind, immer wieder versucht, es durch Übung zu werden, und sind doch gescheitert – sie haben ihr Erbe im Kauf von immer neuen Regenschirmen verzehrt und sie doch systematisch verloren, schließlich zerknirscht und mit geschrumpften Börsen ihren vergeblichen Kampf aufgegeben und sich für den Rest ihres Lebens auf das Stehlen und Borgen verlegt.«[9]

Auf der Grundlage dieser ersten Beobachtung und der Bibliotheksberichte hat das Molesworth-Institut eine Untersuchung durchgeführt, um Maße für die Rate des Verschwindens, Vertauschens und des Verlustes von Regenschirmen in amerikanischen Bibliotheken zu ermitteln. Unsere anfänglichen Versuche kreisten um die Arbeit unseres Projekts CABP (Computeranalyse von Bibliothekspostkarten).[10]

Diese Analysen erbrachten eine beträchtliche Informationsmenge über die Zahl der Schirmträger, die außerhalb von Bibliotheken gesehen wurden (17,3%), die Zahl der Schirmträger innerhalb von Bibliotheken (2,3%) und die Zahl der Regenschirme ohne Begleitung (329 von 403 innerhalb). Es wurde jedoch bald klar, daß diese Information das Grundproblem nur wenig erhellte, hauptsächlich, weil sie eine Information darstellte, die zu nur einem Zeitpunkt erhoben worden war.

Als nächstes zogen wir eine Stichprobe von 500 Bibliotheksbenutzern in 5 Bibliotheken und testeten sie mit einem einfachen Fragebogen über vergangene Schirmerfahrungen und gegenwärtiges Schirmverhalten. Diese Methode wurde fallengelassen, als die Ergebnisse darauf hinwiesen, daß die Leute nicht ehrlich auf Fragen zu solch einem delikaten Gegenstand antworten wollten, und als es offensichtlich wurde, daß die Teilnahme an einer solchen Studie das aktuelle Schirmverhalten direkt beeinflußte, das doch Gegenstand der Untersuchung war.

Dann versuchten wir es mit direkter Beobachtung, aber es war zu schwierig, die umfangreichen Beobachtungen genau festzuhalten und aufzuzeichnen. Schließlich entwarf und konstruierte Herr Tuk mit Hilfe des technischen Stabes des Instituts ein spezielles Gerät, mit dem Regenschirme, die das Gebäude allein oder in Gesellschaft einer Person betraten und verließen, automatisch fotografiert werden konnten und das außerdem die in den Fotografien enthaltene Information aufzeichnete, analysierte und in Tabellenform brachte. Eine Anzahl dieser Geräte wurde gebaut und schließlich in 5 der größten Universitätsbibliotheken der Vereinigten Staaten für die Zeitspanne vom 1. Januar 1974 bis 31. Dezember 1974 installiert. Auch wurden am Anfang und Ende der Studie alle Regenschirme in den Bibliotheken fotografiert und analysiert. Die Ergebnisse dieser Studie sind in Tabelle 1 dargestellt.

Schlußfolgerung

Diese Studie hat zum ersten Mal genaue Zahlen für die Verschwindens-, Vertausch- und Verlustrate von Regenschirmen in amerikanischen Universitätsbibliotheken ermittelt. Diese Zahlen bestätigen den gewöhnlichen Eindruck, daß diese Raten signifikant hoch sind. Jetzt werden Zahlen in verschiedenen anderen amerikanischen Universitätsbibliotheken erhoben in der Hoffnung, Standardraten zu ermitteln. Zahlen aus anderen Bibliotheken, anderen Gebäuden und anderen Ländern – die zur Zeit nicht verfügbar sind – wären hilfreich.

Das unerklärliche Austauschen und Verschwinden von Schirmen ist ein Naturphänomen, das nach weiterer Erforschung ruft. Es würde sich sicher herausstellen, daß

Tabelle 1: Verschwindens-, Vertausch- und Verlustraten von Regenschirmen

Kategorie	*Bibliothek A*	*Bibliothek B*	*Bibliothek C*	*Bibliothek D*	*Bibliothek E*	*Gesamt*
(1) Gesamtzahl der eintretenden Personen mit Regenschirm	63,602	48,718	32,384	27,119	200	172,023
(2) Gesamtzahl der gehenden Personen mit Regenschirm	32,301	22,602	15,192	12,041	100	82,236
(3) Gesamtzahl der Personen, die mit demselben Regenschirm kamen und gingen	9,363	8,765	6,501	5,853	25	30,507
(4) Gesamtzahl der Personen, die mit einem anderen Regenschirm kamen und gingen	12,622	7,031	5,288	3,206	37	28,184
(5) Gesamtzahl der Personen, die mit Regenschirm gingen, aber ohne kamen	10,316	6,806	3,403	2,982	38	23,545
(6) Zahl der Regenschirme in der Bibliothek (Beginn)	529	471	306	602	51	1,959
(7) Zahl der Regenschirme in der Bibliothek (Schluß)	832	723	603	935	295	3,388
(8) Nicht berücksichtigte Regenschirme	30,998	25,864	16,895	14,745	(+144)	88,358
(9) Regenschirmverschwindensrate (#8 als % von (#1 + #6))	48.3%	52.6%	51.7%	53.2%	(+57.4%)	50.8%
(10) Regenschirmvertauschrate ((#4 + #5) als % von (#1 + #6))	35.8%	28.1%	26.6%	22.3%	29.9%	29.7%
(11) Regenschirmverlustrate ((#1 − #3) als % von #1)	85.3%	82.0%	79.9%	78.4%	87,5%	82.3%

es mit dem Problem des Schals, des einzelnen Handschuhs und des einzelnen Überschuhs in amerikanischen Universitätsbibliotheken verbunden ist. Man sollte die Untersuchungen darauf konzentrieren, die Hypothese zu bestätigen, daß es irgendwo einen »Regenschirmfriedhof« ähnlich dem wohlbekannten Elefantenfriedhof geben muß.

ANMERKUNGEN

1 Gelett Burgess *Sind Sie ein Langweiler?* N. Y., B. W. Huebsch, 1906, S. 24.
2 Lord Bowen (1835–1894) zugeschrieben (Übers. G. H.), siehe Walter Sichel *The Sands of Time*, London, Hutchinson, 1923, S. 82.
3 Robert Louis Stevenson »The Philosophy of Umbrellas«, in: *The Mind of Robert Louis Stevenson*, N. Y., Thomas Yoseloff, 1963, S. 110–115.
4 Siehe zahlreiche Artikel im *Journal der unwiederholbaren Experimente.*
5 Stevenson, a.a.O., S. 114.
6 Norman D. Stevens, »Das Molesworth-Institut«, *ALA Bulletin* 57: 75–76, 1963; Norman D. Stevens »Neues zum Molesworth-Institut« *ALA Bulletin* 63: 1275–1277, 1969.
7 Siehe *Jahresbericht der Bibliothek Alexandria für 250 v. Chr.*, S. 103.
8 Weitere Information über Herrn Tuk entnehmen Sie bitte J. R. Tolkiens *Der Herr der Ringe.*
9 Stevenson, a.a.O., S. 113.
10 Norman D. Stevens »Computeranalyse von Bibliothekspostkarten (CABP)« *Zeitschrift der amerikanischen Gesellschaft für Informationswissenschaften* 25: 332–335, 1974.

Nicht untersucht wurde die Verkaufsrate von Regenschirmen, ebenfalls ein wichtiges Phänomen der Regenschirmforschung.

TEIL XII

DU UND DEIN KÖRPER

MEDIZINISCHE PRAXIS IN AMERIKA. EINE TRANSKULTURELLE STUDIE

Fesoj Gotrah*
Fakultät für transkulturellen Wissenschaftswirrwarr
Universität Liechtenstein
Liechtenstein

Dies ist die erste einer Reihe von Untersuchungen, die von Zack-Blank-Stipendiaten durchgeführt wurden. Diese lieh die Regierung Liechtensteins im Rahmen des Programms des Außenministeriums zur Unterstützung weniger glücklicher Länder, besonders der sich entwikkelnden Länder des Orients, den Vereinigten Staaten aus. Da die Vereinigten Staaten repräsentativ sind für den Orient und seine Kultur (und auch den Osten Liechtensteins), hat der Autor (ein Verhaltensorientalist) die Gelegenheit dieses Austauschprogramms eifrig genutzt, um seine dreimonatige Tiefenstudie durchzuführen.

»Die Menschen der Vereinigten Staaten zeigen die typischen Merkmale der Orientalen: einen friedlichen Charakter, Rätselhaftigkeit, Desinteresse an weltlichen Gütern, Fremdenangst, die Fertigkeit, gefährliches Spielzeug billig herzustellen, eine allgemeine Geringschätzung des menschlichen Lebens, überfüllte Siedlungen, Drogenabhängigkeit, Liebe zur Natur – besonders zu Blumen –, einen ausgeprägten Geschäftssinn, ausgeprägten Stolz auf nationale und rassische Identität, Liebe zu Hunden und Kindern, die Sorge darum, das Gesicht zu wahren (daher die Zwangssituation in Vietnam), und sie werden in Liechtenstein oft mit einer gewissen Furcht die Goldene Horde genannt. Obwohl ich den Amerikanern in den Vereinigten Staaten moderne liechtensteinische Medizin bringen wollte, und die Notwendigkeit und Berechtigung dafür steht außer Zweifel, wollte ich nicht als Häßlicher Liechtensteiner betrachtet werden. Deshalb willigte ich ein, an der amerikanischen Universität zu lehren, wo ich glücklicherweise die Zeit und die Mitarbeiter hatte, einige Publikationen fertigzustellen, einige Gutachten zu begutachten und auch neue Forschungsarbeiten durchzuführen (dank meiner Sponsoren zu Hause und meines akademischen Status). Gelegentlich konnte ich etwas Feldforschung durchführen, mit den Einheimischen (d. h. anderen Mitgliedern der Fakultät) reden und kurz unter ihnen leben, wenn es das Wetter gestattete. Die meisten meiner Daten basieren auf einer Zufallsstichprobe von Studenten und Fakultätsangehörigen (von denen 50% andere Zack-Blanke waren). Diese wissenschaftliche Unternehmung ergab genügend Daten für 10 wissenschaftliche Artikel. Einige der zukünftigen Arbeiten werden Titel tragen wie: »Der Intelligenzquotient von Amerikanern«, »Das Verwandtschaftssystem amerikanischer Studenten und Fakultätsangehöriger«, »Können Amerikaner in der modernen liechtensteinischen Welt bestehen?«, »General Washingtons Überquerung des Delaware als Prototyp der militärischen und politischen Tradition in den US«, »Amerikanische Reaktionen auf den Liechtenstein-Wasserkleckstest«, »Die Einstellung von Amerikanern zu psychischer Gesundheit« und »Seltsame amerikanische Sitten, beobachtet aus einem Hubschrauber im Schwebeflug zwischen Palm Springs, Kalifornien, und Seattle, Washington«.

Dieser Artikel beabsichtigt, die wichtigsten Aspekte der amerikanischen Heilungszeremonien in aller Gründlichkeit zu beschreiben. Meine Schilderung konzentriert sich auf die Praktiken von zwei weitverbreiteten Arten von Heilern – den Chirurgen und den Psychiatern. Es scheint, als befasse sich der Chirurg mit körperlichen und der Psychiater mit geistigen oder spirituellen Problemen.

Das chirurgische Verfahren beginnt, wenn der Patient wegen eines körperlichen Schmerzes Hilfe sucht. Der Chirurg untersucht den Patienten gewöhnlich, indem er verschiedene Körperteile berührt und Röntgenbilder macht. Nachdem eine Gebühr ausgehandelt ist, wird der Patient zum Buchhalter und dann in den Operationsraum gebracht. Dort führt der Chirurg einen Hand-

* Dr. Gotrah war zur Zeit der Durchführung der Studie Gastprofessor für Verhalten in geistiger Abwesenheit an der amerikanischen Universität in San Francisco.

Diese Arbeit wurde von den Armen, Alten und Behinderten von Liechtenstein unterstützt, die großzügig auf ihre Sozialhilfe, Verbesserung der Schulen und medizinischen Leistungen verzichteten, damit die Front der Wissenschaft weiter in den westlichen Raum hinaus vorgeschoben werden konnte.

waschritus aus und legt dann ein besonderes Kostüm an (genannt Kittel) mit Mütze und Gesichtsmaske. Das Kostüm ist immer einfarbig (weiß, grün oder blau) und trägt keine Abzeichen, Bilder oder Aufschriften. Typische Amulette wurden nicht bemerkt. Es waren jedoch Gummihandschuhe und weiche Tuchüberschuhe erforderlich (eine interessante Umkehrung der Ohne-Schuhe-Regel einiger Kulturen). Verschiedene männliche und weibliche Assistenten waren ähnlich gekleidet. Im nächsten Schritt rasierte der Chirurg oder sein Assistent den Patienten und salbte ihn mit einer farbigen Flüssigkeit, die kreisförmig im Uhrzeigersinn aufgetragen wurde, aber ohne Beschwörungsformeln, obwohl ich häufig hörte, daß man sich auf Kickers, Schalke, Löwen und Fortuna bezog; wahrscheinlich lokale Gottheiten. Bei einer Gelegenheit wich ein Assistent von der richtigen Salbungszeremonie gegen den Uhrzeigersinn ab und wurde vom Chirurgen ausgescholten. Eigentlich schalt der Chirurg während der ganzen Zeremonie weiter. Diese Sitte könnte Beziehungen zu Exorzismen haben, die in anderen exotischen Kulturen vorkommen. Der Chirurg schnitt den Patienten auf, entfernte einen Teil aus dem Körper und nähte ihn wieder zu. Wie bei der Eingeweideschau untersuchte der Chirurg die »Probe« und schickte sie manchmal an einen Spezialisten zum Wahrsagen. Mit diesem Verfahren wurden Vorhersagen für die Zukunft gemacht. Am Ende der Zeremonie lebte der Patient entweder oder er starb. Im allgemeinen zeigten die Angehörigen ohne Ansehen des Ergebnisses großen Respekt für den Chirurgen.

Diese ausführliche Studie des Chirurgen gründete sich auf die Beobachtung dreier Verfahren.

Der Psychiater, der üblicherweise allein arbeitet, benutzt keine Werkzeuge und trägt nur die landesübliche Kleidung. Die Ausstaffierung und Wanddekorationen seines Büros jedoch kompensieren seine konventionelle Kleidung. Er weigert sich häufig, mit Angehörigen des Patienten zu sprechen und manchmal sogar mit dem Patienten. Die Schilderung des Psychiaters beruht auf der Beobachtung von dreien und Informationen über verschiedene andere, von denen ich hörte.

Der Patient konsultiert den Psychiater wegen psychischen Schmerzes und legt dann eine Beichte ab. Dem folgt eine längere Gesprächs»therapie« über eine Spanne von mehreren Monaten. Die längste Sitzung, die ich sah, dauerte 1 Stunde; in dieser zeigte der Patient ein breites Spektrum von Emotionen. Der eigentliche Inhalt des Gesprächs blieb mir unbekannt, da ich die Landessprache in diesem Stadium der Untersuchung noch nicht beherrschte. Dies sollte jedoch meine Tiefenbeobachtungen nicht entwerten dürfen, denn ich bin ein treuer liechtensteinischer Beobachter mit verschiedenen hohen liechtensteinischen Diplomen.

Ein anderer Heiler zeigte zu meinem Vorteil intime intrapsychische Mechanismen bei der Behandlung eines Patienten in einem Vorlesungssaal mit 200 Hörern und eines anderen Patienten in seinem Büro, in das mir der Zutritt verweigert wurde. Ein anderer Psychiater, der sehr viel vertrauenswürdiger erschien (und den Patienten, wie ich glaube, ein wenig ängstigte), zeigte seine »Elektrobehandlung«. Wiederum trug dieser Heiler die Landestracht, obwohl sie mit einem weißen Mantel bedeckt war. Er sprach sehr bereitwillig mit Studenten, Besuchern und Angehörigen des Patienten, sogar als er »vorführte«. Er verabreichte dem Patienten intermittierende, konvulsive Elektroschocks, bis dieser »ruhiggestellt« und still war. Der Heiler schien zufriedener als der Patient. Die Bewertung der Ergebnisse dieser Therapien muß bis zu einem weiteren Besuch in Amerika zurückgestellt werden.

Schlußfolgerung

Diese Erfahrung beweist klar den Wert von überseeischer Tiefenverhaltensforschung. Sie zeigt auch, daß es in Amerika körperliche und seelische Krankheit gibt, wie auch ein seit langem etabliertes Heilsystem, das Beichte, Bestrafung, Exorzismus, Rituale, Suggestion und Glauben einschließt. Die Ergebnisse dieser Untersuchung stützen klar die Ansicht, daß die primitive Medizin universelle Kennzeichen aufweist und daß das Volk von Amerika recht abergläubisch und rückständig ist, wenn es sich auch zu entwickeln beginnt.«

EINE FALLGESCHICHTE AUS DER KLINIK FÜR AKROBATISCHE PATHOLOGIE*

Dr. Tremor Nimm-Raus und
Dr. Vertigo Tu-Rein
Megalomaniopolis, In-Kontinent

Während die Organtransplantation (Nieren-, Herz-, Leber-, Pankreas-, Lungen-, Haut- und Haar-) heutzutage das tägliche Brot und die Butter für selbstbewußte medizinische Zentren geworden ist, scheint die Gehirntransplantation in einem ländlichen, praxisbezogenen Krankenhaus mit bescheidener Personalausstattung wie dem unseren selten genug, um eine Publikation zu rechtfertigen, und zwar sowohl als Warnung als auch als Anreiz. Bisher hat man das menschliche Gehirn für zu intelligent gehalten, als daß man es diesem Verfahren hätte einfach unterziehen können. Außerdem hatte das betroffene medizinische Personal eine untadelige ethische Motivation. In der vorliegenden Mitteilung beschreiben wir daher wahrheitsgemäß die irrtümlich vorgenommene Kreuztransplantation der Gehirne eines Professors und eines Studenten.

Fallbericht

Um 19 h am ... 19.. (genaue Angaben wurden weggelassen, um Identität von Spender, Empfänger und Transplantatoren zu schützen) wurden ein ergrauender, männlicher, traurig wirkender Professor undefinierbaren Alters und ein frisch aussehender Student, beide von der soziologischen Fakultät der nahegelegenen örtlichen Universität, nach einem Autounfall im Zustand akuter Lebensgefahr auf die Intensivstation eingeliefert. Da optimale Wiederbelebungsmaßnahmen in einer optimalen Zeitspanne nicht zur Verfügung standen und da zwei lebende, in Folge eines Unfalls dezerebrierte erwachsene Kandidaten auf eine Gehirntransplantation warteten (der heute übliche Jargon), wurden die Mitglieder des Transplantationsteams durch Computeralarm aus ihren Häusern, allen Kinos, Konzertsälen, Diskotheken, Skatklubs und medizinischen Bibliotheken zusammengerufen. Das vollständige Team versammelte sich in der vorgeschriebenen Höchstzeit im Transplantationsraum und war innerhalb der vorgeschriebenen Zusatzhöchstzeit bereit zu handeln, d. h. gewaschen und sediert. Es gab eine leichte Verzögerung, da das Ethikkomitee der Klinik geteilter Meinung war, was die mögliche Reaktion der Presse anging und deshalb zögerte; das wurde jedoch bald überwunden durch die feste Haltung von dreien der Mitglieder, einem Medizinstudenten, dem Fahrstuhlführer und dem diensthabenden zweiten Koch der Cafeteria. Um ... h (Publikation der genauen Zeit aus politischen Gründen geheimgehalten) wurden der Professor und der Student von drei zuständigen Stabsangehörigen, einem Dermatologen, einem Psychiater und einem Gynäkologen, auf der Grundlage der Kriterien des Höchsten Gremiums des Höchsten Ausschusses der Höchsten medizinischen Organisation des Landes, die von allen politischen Parteien und religiösen Strömungen anerkannt sind, offiziell für tot erklärt. Eine Sekunde später wurden die ständig in Dienstbereitschaft stehenden Überwachungsgeräte gestartet, und das Drama war nicht mehr aufzuhalten.

Um ... h wurden vier Bahren mit den beiden voraussichtlichen Spendern und den voraussichtlichen Empfängern in den großen Operationssaal geschoben, und das Transplantationsteam begann, koordiniert von dem Transplantationsprogramm des Computers, seine Aktivitäten und vollendete die beiden Gehirnentnahmen und -einsetzungen mit bemerkenswerter Präzision innerhalb von drei Minuten (Zeitdaten vom Indirektor der Klinik). Als die Teammitglieder dem regelmäßigen Tick-Tack der elektroenzephalographischen Aufzeichnungen der beiden Empfänger lauschten, sich der Robe entledigten und dabei den nunmehr traditionellen trockenen Posttransplantationsmartini erhoben, wurden sie plötzlich von der Ankündigung des Chefanästhesisten unterbrochen: »Meine Herren, gratuliere – Transplantation gelungen, aber bitte verzeihen Sie mir, wenn ich Ihren Stolz

* Unser Dank gebührt den Hard- und Softwareschwestern, der Klinikindirektion und der Publikationsintensivstation.

etwas dämpfe und Ihnen mitteile, daß aufgrund eines kleinen Verwaltungsfehlers die Gehirne der beiden voraussichtlichen Spender kreuztransplantiert wurden, statt in die beiden beabsichtigten Empfänger. Während der Zustand der letzteren unverändert bleibt, scheinen der Professor und der Student lebendig und zeigen Anzeichen intellektueller Wiederbelebung.« Die beiden nächsten eingeleiteten Schritte sind wegen ihrer Schnelligkeit bemerkenswert: Schockbehandlung des Transplantationsteams und scharfes Vorgehen des Klinikindirektors gegen Publizität. Sowohl vom medizinischen als auch vom Standpunkt des Dichthaltens aus gelang dies.

Als nach ein paar Tagen das Klinikpersonal seinen normalen metabolischen Zustand wiedergewonnen hatte, konnte der objektive Beobachter zwei Hauptkonsequenzen sehen – politisch-religiöse Reaktionen auf die Transplantation und Universitätskrawalle. Da die irrtümliche Kreuztransplantation durch die Publikationsintensivstation mit kluger Diplomatie in das glänzend gelungene Kunststück eines Gehirnaustauschs zwischen Professor und Student mit dem Ziel der Verbesserung des Lehrer-Schüler-Verhältnisses umgedeutet worden war, erhob sich keine ethische Kritik, weder in den täglichen Werbesendungen noch in den wöchentlichen politischen Journalen. Andererseits mißbilligte die Partei des Extremistengurus die Transplantation, da das Team ausreichende Vorbereitung durch Yogaübungen vernachlässigt habe, wohingegen die Partei der Extremexistentialisten die Transplantation wegen der Ablenkung des öffentlichen Interesses von undringenden Staatsangelegenheiten wie internationaler Clownerie und Weltraumexhibitionismus kritisierte. Die Partei der liberalen Umfaller ließ Pro-Transplantationsaussagen verlauten, die jedoch im Lärm des in Funk und Fernsehen übertragenen Parlamentsstreits untergingen; dieser Streit folgte auf die freche Bemerkung des Vizekochministers dahingehend, er bevorzuge sein eigenes Gehirn gegenüber dem seines Kollegen aus dem Ministerium für Modekleidung. Die Aufregung wurde schließlich durch einen langatmigen Artikel des Staatssekretärs für Heidentum in der örtlichen Zeitschrift für Atheismus beruhigt, der mit dem Vorschlag schloß, das Problem für weitere Privatinitiativen offenzuhalten, soweit dies durch den wissenschaftlichen Fortschritt auf beiden Seiten des Eisernen Vorhangs gewährleistet sei.

Folgenreicher war die Entwicklung an der Universität. Zuerst erhob sich ein Definitionsproblem: Ist ein Student mit einem Professorengehirn und ist ein Professor mit einem Studentengehirn Professor oder Student? Es folgte eine längere Diskussion im Senat unter Leitung des Dekans der Anthropologie, das Problem blieb jedoch unentschieden, da man meinte, nur das zukünftige Verhalten dieser Geschöpfe könne ihre Spezies bestimmen. Bis dahin sollten, nach einem Vorschlag der Fakultät für angewandte Mathematik, der ursprüngliche Professor als P_{SC} (Professor mit Studentengehirn) und der ursprüngliche Student als S_{PG} (Student mit Professorengehirn) bezeichnet werden. Die Bedeutung dieser Entscheidungen in Hinsicht auf die Möglichkeit zukünftiger Massenkreuztransplantationen wurde im Senatsprotokoll besonders betont, da man vermutete, daß die Studentenorganisationen diese im Fall möglicherweise drohender Abschaffung der Prüfungen fordern würden. All diese Erwägungen wurden geheim im hermetisch verschlossenen Labor für hibernative Psychologie vorgenommen. Die Atmosphäre wurde jedoch gespannt, als P_{SG} und S_{PG} am ... um 9 h im Vorlesungssaal zur regulären Vorlesung in Politikwissenschaft zusammentrafen. Die Studenten waren überrascht, daß sich der Professor (P_{SG}) zwischen sie setzte und ihr Kommilitone (S_{PG}) das Pult erklomm. Sie waren ganz aufgeregt und erwarteten ungeduldig die Ansage eines Studentenfestes oder -streiks, mußten jedoch hören, wie S_{PG} in derselben uninteressanten, langweiligen und zähen Weise wie der Professor die Vorlesung abhielt und genau den gleichen Text wie in den letzten zehn Jahren wiederholte. Die Sache wurde heiß, als P_{SG} S_{PG} wegen seiner Dummheit und Langweilerei angriff und S_{PG} damit reagierte, daß er den Diaprojektor nach P_{SG} warf. Die übrigen Studenten waren jetzt soweit, da weiterzumachen, wo sie gestern spätnachts in der Diskothek aufgehört hatten, und mischten bald voll mit; von da an breitete sich der Spaß wie ein Lauffeuer in Berkeley-Columbia-Nanterre-Heidelberg-Tokio-Manier über den Campus aus.

Die weiteren Entwicklungen kann man in *Time*, *Life*, *Express*, dem *Spiegel* und einigen Zeitungen des Nahen Ostens nachlesen. Es genügt hier, festzustellen, daß die S-P-Gehirnkreuztransplantation von der Internationalen Studentenorganisation und auch, wenn auch etwas zögernd, von der Internationalen Organisation der Universitätsprofessoren als legitimes Massenverfahren rasch akzeptiert wurde. Kein Zweifel, unsere Klinik hat für den akademischen Fortschritt national und international viel geleistet.

DIE EMPIRISCHE BESTÄTIGUNG EINES ENGLISCHEN SPRICHWORTS

Robert R. Hill,
Jane E. Budnek,
Linda K. Wise

»Ein Apfel um die Abendzeit, so hält man sich den Arzt vom Leib«, ist zu einem vertrauten, wenn nicht trivialen Aphorismus geworden.* Ist seine fortgesetzte Verbreitung nur das Ergebnis einer höchst erfolgreichen Kampagne, die von den Apfelproduzenten getragen wird, oder kann dieses sententiöse Rezept empirisch bestätigt werden? Die Autoren haben versucht, die Relation zwischen Apfelkonsum und Bedarf an medizinischer Betreuung empirisch zu verifizieren. Die Ergebnisse dieser Untersuchung haben die Autoren dazu gezwungen, mögliche Verästelungen dieser Resultate zu überprüfen, da sie eine offenbar gesundheitsbewußte Gesellschaft betreffen können. Denn wie die Untrüglichkeit und Schlüssigkeit der modernen Inferenzstatistik gezeigt haben, hält ein Apfel am Tag – auf dem angemessenen Signifikanzniveau – den Arzt tatsächlich vom Leib.

Um eine Aussage zu verifizieren, sollte man zuerst ihren Ursprung überprüfen. Das wird etwas schwierig, wenn es sich um das fragliche Sprichwort handelt. Zitatenbücher bezeichnen die Redensart sowohl als anonym[1] als auch als »englisches Sprichwort, nicht vor dem XIX. Jahrhundert aufgezeichnet«.[2] Eine frühere Fassung wird zitiert als »Issest Epflîn du vorm Nachtgebeth, der beste Doctor betteln geht«.[3] Spätere anonyme Belegstellen enthalten folgende Definitionen: »Apfel – eine Frucht, die man ißt, um sich den Doktor vom Leib zu halten. Je mehr man ißt und je mehr Doktoren man sich vom Leib hält, desto besser.«[4] Oder auch »Apfel – eine Frucht, die einem den Arzt vom Leib hält, außer man kriegt die Körner in den Blinddarm«.[5] Darüber hinaus erinnert sich der Autor Thomas Lamont an dieses Gedicht aus seiner Kindheit:

Als ich jung war und voll Mut
liebt' ich des Doktors Frau voll Glut,
aß viele Äpfel wohl zur Abendzeit
hielt wirklich mir den Arzt vom Leib.[6]

Aber den vielleicht ältesten Beweis für die Wahrheit dieses Spruchs kann man in den Überresten des möglicherweise ältesten Apfelgartens des Westens finden. Er liegt bei Manzano, einem kleinen mexikanischen Dorf, dessen Name auf Spanisch Apfelbaum bedeutet. Der Garten ist über 300 Jahre alt und wurde im späten sechzehnten Jahrhundert von Franziskanerpatres angelegt, die Apfelsamen mitgebracht hatten.[7] Die Autoren behaupten nicht, daß die Früchte dieses Gartens für die außergewöhnliche Gesundheit der Patres verantwortlich waren; diese apfelessenden Siedler hätten jedoch zu einer großartigen Macht in Mexiko werden können, wären sie nicht alle 1669 von Apachen getötet worden.

Bloße Augenscheinvalidität wie in diesem Fall kann jedoch bei der Bestimmung der Wahrheit in keiner Weise die quantitative Analyse ersetzen. »Ich esse Äpfel, daher bin ich gesund«, eignet sich einfach nicht für Inferenzstatistik. Deshalb sammelten wir passende quantitative Daten und konstruierten sorgfältig ein lineares Regressionsmodell nach der Methode der kleinsten Quadrate. Fünf Zufallsstichproben von je zehn Äpfeln ergaben ein Mittel von 2,857 Äpfeln pro Pfund[8]. Der Pro-Kopf-Konsum von Äpfeln[9] in Pfund pro Jahr der Analyse wurde mit 2,857 (Äpfel pro Pfund) multipliziert, um die mittlere Zahl der Äpfel zu bestimmen, die eine Person in einem beliebigen Jahr verzehrt. Teilt man diese Zahl durch 365, erhält man die Durchschnittszahl der pro Kopf und Tag verzehrten Äpfel (x).

1946 lag die Durchschnittszahl von Arztkontakten pro Arzt bei 6000.[10] Seit der Jahrhundertwende ist die Produktivität jedoch gestiegen, und heute könnten Ärzte mehr Patienten betreuen als in früheren Jahren. Um dem Rechnung zu tragen, wurde auf der Grundlage des Jahres 1946 ein Outputindex unter der Voraussetzung berechnet, daß die Ärzteproduktivität demselben Entwicklungsmuster wie die übrige US-Wirtschaft folgte. Der Index der Arbeitsproduktivität pro Mann/Stunde[11], umgerechnet auf das Basisjahr 1946, wurde als Schätzung der Veränderung der Arztproduktivität über die Zeit verwendet.

Dieser resultierende Index für jedes Jahr wurde dann mit 6000 multipliziert – die Zahl der Kontakte im Basisjahr 1946 –, um eine genaue Schätzung der Zahl der

* Anm. d. Ü.: Der deutsche Volksmund vertraut offenbar auf ein noch billigeres Rezept: »Der Kopf sei kalt, die Füße warm, das macht den besten Doktor arm.«

Arztkontakte in jedem Jahr zu erhalten. Diese Zahl wurde dann mit der Zahl der Ärzte in diesem Jahr[12] multipliziert und die Gesamtzahl der Kontakte in diesem Jahr berechnet. Diese Zahl wurde dann durch die Bevölkerung dieses Jahres[13] dividiert, was die Durchschnittszahl der Arztkontakte pro Kopf und Jahr (y) ergab.

Die Regressionslinie der kleinsten Quadrate für die Daten wurde berechnet mit x, der Durchschnittszahl der pro Kopf und Tag konsumierten Äpfel, und y, der Durchschnittszahl der Arztkontakte pro Kopf und Jahr. Das Ergebnis ist $y = 16{,}676 - 28{,}145x$, wobei $n = 37$ ist und ausgewählte Jahre von 1909–1969 umfaßt. Dann wurde die Null-Hypothese, daß B größer oder gleich 0 ist, überprüft. Der berechnete Wert von t war $-7{,}33$. Demzufolge darf man auf einem Alpha-Niveau von .0005 (was auch dem allerstrengsten Statistiker genügen dürfte) die Null-Hypothese zurückweisen und schließen, daß eine signifikante negative lineare Beziehung existiert.

Die Theorie »Ein Apfel um die Abendzeit, so hält man sich den Arzt vom Leib« ist äquivalent einem y-Wert von 0 (so hält man sich den Arzt vom Leib) bei einem x-Wert von 1 (ein Apfel um die Abendzeit). Demgemäß berechnet sich ein Konfidenzintervall von 99% für y bei einem x-Wert von 1. Das resultierende Konfidenzintervall für y bei einem x-Wert von 1 wird berechnet. Das resultierende Konfidenzintervall ist $-23{,}57 - y - .585$. Dieses Intervall schließt in der Tat 0 ein, ergo hält ein Apfel zur Abendzeit einem tatsächlich den Arzt vom Leib.

Die Implikationen und der potentielle Nutzen dieser Ergebnisse sind vielfältig. Wenn man den Apfelkonsum wesentlich steigern kann, würde sich die Weltlage weithin verbessern. Die Sterblichkeitsrate in unterentwickelten und sich entwickelnden Ländern könnte drastisch reduziert werden, wenn die Vereinigten Staaten Äpfel statt Dollars als Entwicklungshilfe schickten. In Amerika wäre das Gesundheitswesen kein wichtiges öffentliches Problem mehr, da nur noch wenig Leute medizinische Behandlung bräuchten. Vielleicht sähen sich Ärzte gezwungen, zu werben und mit niedrigeren Gebühren um die Patienten zu konkurrieren. Der Konsument hat ganz klar nur Vorteile von seinem wachsenden Apfelkonsum; er wird nicht nur gesünder sein und weniger zum Arzt müssen, er wird auch maßloses Vergnügen an dem Wissen haben, daß es da irgendwo einen Arzt gibt, der sein Leben nur dürftig fristet, was der Konsument persönlich bewerkstelligt hat. Um den Apfelkonsum zu erhöhen, muß man auf zwei ökonomische Grundparameter achten, wenn wesentliche Preiserhöhungen für Äpfel vermieden werden sollen – eine erhöhte Nachfrage und ein größeres oder gleiches Angebot. Wie immer kann dies am effektivsten durch Regierungsinterventionen in einem System der freien Marktwirtschaft erreicht werden.** Es gibt mehrere Optionen zur Erhöhung der Apfelproduktion. Das bei weitem effektivste Mittel besteht in Bundesanleihen mit niedrigen Zinsen für die Apfelproduzenten. In Großbritannien wurden Langzeitkredite angeboten für »die Anlage neuer Obstpflanzungen; die Wiederbestückung alter Obstgärten; die Anlage von Bewässerungs- und Besprühungssystemen und die Errichtung von begasten Lagerhäusern für Obst«[14], und zwar zum attraktiven Zinssatz von 3¼%. Die Autoren glauben, daß ein solches Programm, besonders zu einem so verführerischen Zinssatz, hier in Amerika erfolgreich wäre, auch wenn dieses britische Programm 1936 durchgeführt wurde. Mehr noch, das sollte der Regierung der zusätzliche Verlust wert sein. Dieses Programm sollte, zusammen mit stets effektiven Preissubventionen und Regierungsbeihilfen, genügend Anreize liefern, um die Apfelproduktion zu steigern.

Jedoch wird eine gesteigerte Produktion alleine ein ausreichendes Angebot nicht garantieren. Besondere Aufmerksamkeit muß darauf verwandt werden, daß die Äpfel frei bleiben von Schäden und Krankheit und daß sie auch für den menschlichen Verzehr geeignet sind. Viele Insekten schädigen die Apfelfrucht, wie die Obstmotte (Cydia pomonella), der Apfelwickler (Conotrachellus nenuphar), die Obstmade (Xylina) und natürlich der gefürchtete Apfelblütenstecher (Rhagoletis pomonella).[15] Zudem können Wind, Mäuse, Kaninchen und Schalenwild[16] in Apfelgärten große Schäden anrichten. Vernichtende Krankheiten wie Schwarzfäule, Rotfäule, Bitterfäule, Trockenfäule, Schorf und Mehltau[17] bedrohen den Apfel. Apfelproduzenten müssen über angemessene Mittel verfügen, ohne Zweifel auf Regierungskosten, um diese Schäden wirksam verhüten zu können.

Universitäten wie Texas A&M haben eine lange und erfolgreiche Forschungstradition auf diesen Gebieten. Wenn man solchen Universitäten genügend Mittel zur Verfügung stellt, werden sie sicher große Fortschritte bei der Entwicklung von Methoden zur Bekämpfung oder Ausrottung dieser Krankheiten machen. Vielleicht könnte man den größten landwirtschaftlichen Institutionen des ganzen Landes Wissenschaftszentren für apfelanbauhemmende Noxen (WAHN) einrichten.

Wenn das Angebot erhöht wird, muß auch die Nachfrage nach Äpfeln gesteigert werden. An dieser Stelle kann die Privatwirtschaft hilfreich ansetzen. Lebensversicherer könnten es vorteilhaft finden, einen Prämienbonus für Apfelesser, ähnlich wie für Nichtraucher, einzuführen. Das sollte genügend Anreiz für kostenbewußte Familien sein, ihren Apfelkonsum zu erhöhen. Darüber hinaus könnten verschiedene Apfelproduzenten Werbespots im Fernsehen finanzieren, die neue und phantasievolle Verwendungen für Äpfel propagieren, wie das bei Milch und Butter geschehen ist. Zudem könnten Organisationen, die sich für die öffentliche Gesundheit engagieren, wie das Rote Kreuz, verschiedene Programme starten, um die breite Öffentlichkeit über den medizinischen Wert des Apfelkonsums aufzuklären.

Der aufmerksame Leser wird zweifelsohne bei der Betrachtung dieser Ergebnisse die potentielle Bedrohung begreifen, die dieser empirische Beweis für die medizinische Zunft darstellt. Die Ärzte werden zweifellos und in ihrem ureigensten Interesse versuchen, die Validität dieser Forschungsarbeit zu untergraben. Von der Amerikanischen Ärztevereinigung darf man erwarten, daß sie sich als furchtbare Opposition erweisen wird, gegen die

** Die EG hat hier schon Vorbildliches geleistet, d. Ü.

sich Apfelverfechter werden wappnen müssen. Es gibt Beweise, daß Ärzte behauptet haben, Äpfel seien gut sowohl gegen Verstopfung[18] als auch gegen Durchfall[19]. Die Autoren wollen damit nicht sagen, daß die Ärzte bewußt versuchen, den guten Ruf des Apfels zu schädigen, indem sie ihm unterstellen, er sei mit nicht nur einer, sondern sogar zwei sehr quälenden Verdauungsstörungen verbunden. Doch diese widersprüchlichen Zuschreibungen sind offenbar wirklich von zweifelhafter Integrität.

Ganz ähnlich wird das Gesundheitsministerium, motiviert ausschließlich durch seine Sorge um das menschliche Leben, Gesundheit und die Entwicklung eines akzeptablen künstlichen Süßstoffes, dieses Sprichwort bestimmt selbst überprüfen. Es muß sichergestellt werden, daß diese Untersuchungen ohne Druck oder Vergeltungsdrohungen der Amerikanischen Ärztevereinigung durchgeführt werden. Sollte sich dabei herausstellen, daß hoher Apfelkonsum für Ratten gefährlich ist, könnte der dann nötige aufgedruckte Hinweis »Der Gebrauch dieses Produkts kann Ihre Gesundheit schädigen. Dieses Produkt enthält Apfelpektin, das bei Labortieren Krebs erzeugt« den Apfelkonsum beeinträchtigen. Die Autoren weigern sich jedoch, auch nur die Möglichkeit eines solchen Ereignisses in Betracht zu ziehen, und werden daher nicht mehr darauf zurückkommen.

»Ein Apfel um die Abendzeit, so hält man sich den Arzt vom Leib« – einst ein oft gehörtes englisches Sprichwort, heute eine empirisch bestätigte Wahrheit. Die statistische Methode, auf der dieser Schluß beruht, ist dargestellt worden; ebenso die Implikationen dieses Ergebnisses. Ob man ein »reifes hohes Alter« erlebt oder nicht, hängt von einer Vielzahl Faktoren ab; der Verzehr eines Apfels jeden Tag jedoch kann sicherstellen, daß, wenn auch alles andere schiefgeht, man wenigstens immer noch gesund ist.

ANMERKUNGEN

1 J. Bartlett, Hrsg., *Familiar Quotations*, 1955, S. 1006.
2 H. L. Mencken, Hrsg., *A New Dictionary of Quotations*, 1966, S. 52.
3 B. Stevenson, Hrsg., *The Home Book of Quotations*, 1949, S. 91.
4 H. W. Prochnow & Prochnow, H. W., Jr., Hrsg., *A Dictionary of Wit & Satire*, 1962, S. 11.
5 Ibid., S. 11.
6 T. W. Lamont, *My Boyhood in a Parsonage*, 1946, S. 29.
7 »The West's Oldest Apple Orchard?« *Sunset*, (November 1972), S. 34.
8 L. K. Wise, Skags Albertson's Lebensmittelladen, Collegezweigstelle, Texas 1979.
9 U.S. Department of Agriculture, *Agriculture Statistics* 1972, S. 305.
10 M. Y. Pennel & Alternderfer, M. E., *Health Manpower Source Book I. Physicians*, 1952, Section 1.
11 U.S. Department of Commerce, Bureau of the Census, *Historical Statics of the U.S., Colonial Times to 1970*, 1975, S. 162.
12 *Ibid.*, S. 75–76.
13 *Ibid.*, S. 8.
14 Great Britain Ministry of Agriculture and Fisheries, *Bulletin No. 84*, 1936.
15 A. E. Wilkinson, *The Apple*, 1915, S. 196–208.
16 *Ibid.*, S. 260–265.
17 *Ibid.*, S. 221–229.
18 F. Lape, *Apples & Man*, 1979, S. 75.
19 AMA Council on Food, *Accepted Foods and their Nutritional Significance*, 1939, S. 208.

DIE STERILISATION DES MANNES: AUS DEM SACK DAMIT!

Dr. Ben C. Scharf, MdGUP
Herausgeber des N. Y. State Osteopathic Society BULLETIN

Heutzutage ist die Vasektomie so populär geworden, daß es kaum noch einen Monat gibt, in dem nicht eine Zeitschrift, ein Magazin oder eine Zeitung[1] einen Artikel darüber bringt. Deshalb sehe ich keinen Grund, warum das JOURNAL DER UNWIEDERHOLBAREN EXPERIMENTE nicht auch einen bringen sollte.

Ich habe in meiner Praxis mehr Vasektomien vorgenommen als in dem gesamten Fallmaterial von sieben Urologen zusammen (und ich habe einen Urologen[2] in meiner Statistik). Ich fühle mich daher in hervorragender Weise qualifiziert, Ihnen mitzuteilen, wie es sich anfühlt, wenn man meint, man brauche eine Vasektomie, in einer Gegend, die unzweifelhaft mehr Sensoren des Tastsinns enthält als jede andere beim Mann.

Das Vas deferens ist jedem außer dem Besitzer bis zu dem Zeitpunkt egal, an dem er beschließt, es herausschneiden zu lassen. Nach Dr. Phil Anderer, der mehr Erfahrung mit Postvasektomieproblemen[3] hat als die meisten anderen, ist der Konsistenzunterschied des Vas zu dem umgebendes Gewebe Beobachtern offensichtlich. Es ist ganz klar, daß die Frau in diesem delikaten Bereich mehr Erfahrung hat als der Mann.[4]

Der häufigste Grund, den Patienten für den Wunsch nach einer Vasektomie angeben, ist, daß sie keine Kinder mehr von niemandem haben wollen.[5] Der häufigste Grund, den Ehefrauen für ihre Zustimmung zur Operation ihres Mannes angeben, ist, daß sie mehr für weniger wollen.[6]

Weil es möglich ist, daß bis zu drei Vierteln oder mehr des Skrotums verbrannt oder bloßgelegt werden können und ein ganzes neues Skrotum sich bilden wird, hatten wir überhaupt keinen Erfolg bei unserer Suche nach Freiwilligen für die Operation.[7] Der 1,5-Millimeter-Einschnitt, den wir zur Freilegung des Vas machen, genügt für die meisten Patienten, »Meine Eier gehören mir!« zu schreien. Der postoperative Schmerz wurde ähnlich dem beschrieben, den mann erfährt, wenn mann einen Tennisball gegen die Hoden kriegt.[8] Auch hier konnten wir keine objektive Studie durchführen, um das zu beweisen, weil wir keine Freiwilligen finden konnten, die sich mit Tennisbällen bewerfen ließen. Die Forschung wurde weiter durch den Versuch behindert, die Libido vasektomierter Männer im Vergleich zu der anderer vasektomierter Männer nach Dr. Paul Johannes zu sichern.[9]

Eine häufig gestellte Frage lautet: »Was passiert mit den Spermien, die nach der Vasektomie weiter von den Hoden produziert werden?«. Das weiß keiner wirklich.

Es ist absolut nichts Wahres an dem Gerücht, es gebe Mißerfolge bei diesem Sterilisationsverfahren. Wir interviewten die Frau eines unserer Patienten einige Jahre nach der Operation. Wir hatten Schwierigkeiten, sie aufzufinden, und nach der letzten Information wohnte sie in einem Haus, das, wie Passanten beschworen, die Form eines Schuhs hatte; sie war vor nur drei Jahren aus einem Einzimmerapartment dorthin gezogen, gleich nachdem sich ihr Mann hatte sterilisieren lassen.

Es wird berichtet, daß in Indien Freiwillige für die Vasektomie von der Regierung ein Kofferradio erhalten.[10] Auch dies ist ein Irrtum. In Wirklichkeit ist das Instrument ein getarnter Geigerzähler, um die postoperativen Wandergewohnheiten der Männer zu verfolgen, genauso wie man die wilden Riesenkaninchen der großen afrikanischen Ebenen von Heer-Icom markiert.

Eine letzte Bemerkung. Mann erkennt einen vasektomierten Mann immer an seinem Verhalten. Manche meinen, er mache ständig Männchen, andere, er habe eine Meise in der Man(n)sarde, und einige schwören, er sei weder Weiblein noch Männlein.

---

1 a. *Playboy Medizin*, März 1970, »Schneid es raus – um lauter rauszuschreien«
b. *Magazin für Männer*, April 1970, »Sterilisation: Vas ist der Unterschied – Männer oder Frauen?«
c. *Der Pimmelfummelstadtanzeiger*, Mai 1970, »Kein Pimmel, kein Fummel«

2 Nein, er war kein Eunuche, wie einer seiner Kollegen behauptet – seine Frau.

3 *Zeitschrift für Vasologie*, Juni 1941, Dr. Phil Anderer, »300 männliche Prostituierte, die behaupteten, vasektomiert worden zu sein«. Der Artikel enthüllt, daß sie nicht vasektomiert, sondern am Blinddarm operiert worden waren.

4 *Zeitschrift für Empfindlichkeit*, August 1954, Dr. N. Counter, »Gruppengefühle bei einem Fußballstadionmarathon«.

5 Vier von fünf wollen nicht an frühere, gegenwärtige oder zukünftige Kinder erinnert werden, die behaupten, sie hätten eine schwere Kindheit gehabt, nachdem sie erfahren hätten, ihre Väter seien vasektomiert.

6 Keine wollte erklären, von was mehr für was weniger sie wollte.

7 Die Befragten nahmen alle eine sehr interessante fötale Stellung ein – sie schirmten das Skrotum mit beiden Händen und sangen den neuesten Schlager »Tausendmal berührt, tausendmal ist nichts passiert«, während sie sich rhythmisch vor und zurück wiegten, ohne aus dem Takt zu kommen.

8 Oder umgekehrt. Wir sehen keinen Unterschied in dem Schmerz, der folgt.

9 Dr. Paul Johannes, *Zeitschrift für schwule Zeiten*, Mai 1969, »Seid fruchtbar und mehret euch nicht«.

10 Um das Anhören politischer Reden zu fördern, nicht die Vasektomie.

ERNÄHRUNG UND SEXUAL-VERHALTEN: EIN ALTES PROBLEM NEU GESEHEN ...

Ben Z. Drean*
Christliches Institut der Eingeweihten, Texas

Insgesamt 23 Versuchspersonen nahmen an einem sozialpsychologischen Experiment teil. Alle Versuchspersonen waren etwa halb männlich und halb weiblich. Jede der beiden Gruppen bestand aus 11½ Versuchspersonen. Die erste Gruppe wurde gebeten, verschiedene Dinge tun. Die zweite Gruppe, die Kontrollgruppe, wurde gebeten, bitte überhaupt nichts zu tun. Die Ergebnisse bestätigen die Hypothese ($p = .05$), daß, sofern Sex eine Rolle spielt, es oft besser ist, etwas zu tun, als nichts zu tun.

Im Laufe der Jahre haben verschiedene Psychologen, die das Sexualverhalten erforschen, verschiedene Versuchspersonen gebeten, verschiedene Dinge in verschiedenen Experimenten zu tun. Interessanterweise haben sie verschiedene Ergebnisse erhalten, die sie aus verschiedenen Gründen verschieden interpretiert haben. Zum Beispiel könnten wir die Ergebnisse von Hüft und Lend (1937) betrachten. Sie benutzten Bullen und Kühe und Ochsen als Kontrollgruppe und stellten fest, daß ihre Ergebnisse tatsächlich inkonsistent mit denen von Hochripp und Filet (1967) waren, die 40 Jahre später eine andere Methode ausprobierten, um sich eine größere Scheibe abzuschneiden. Um diesen diskrepanten Ergebnissen Rechnung zu tragen, entwarf Swiss (1954) ein experimentum crucis, das nicht nur trivial, sondern auch noch undurchführbar war. Seine Resultate waren ähnlich.

Herzschmerz' und Gestopfts Replikation (1951) ergab, daß das Sexualverhalten wenig Unterschied machte. Das wirft beträchtliche Zweifel auf die Interpretationen von Kontra und Zeptiv (1969).

Alka und Seltzer (1960) stellten fest, daß abhängig von den Fütterungsschemata der Versuchsreihen verschiedene Gewichte möglich sind. Thomapirin, Togall und Gellonida (1961) fanden auch eine hohe positive Korrelation zwischen den Lebenshaltungskosten und einer Erhöhung der Preise im Groß- und Einzelhandel. Nixon, Agnew und Mitchell et al. (1972) haben ihr Gewicht ganz und gar verloren.

Ein überraschendes Muster zeigt sich auch in der Serie meteorologischer Experimente von Donner und Blitz (1973). Die Nutzung ihrer verblüffenden Ergebnisse bleibt dem interessierten Leser als Überlebensübung.

Deshalb versucht die vorliegende Untersuchung, die Hypothese zu testen, daß es schwierig ist, Gruppen von 11½ Versuchspersonen zusammenzustellen, die halb männlich und halb weiblich sind, und wenn sie das sind, dann die Teile auseinanderzuhalten.

Methode

Versuchspersonen

Ohne Ausnahme waren alle Versuchspersonen entweder halb männlich oder halb weiblich und hochmotiviert, die experimentelle Aufgabe zu erfüllen. Zum Zwecke dieses Experiments waren alle Vpn experimentell high, außer denen aus Soziologie- und Anthropologiekursen, die schon normalerweise zu waren. Acht Vpn mußten aufgrund des Versagens ihrer natürlichen Ausstattung vom Experiment ausgeschlossen werden; zwei der acht leben immer noch von Vitamin E. Vielleicht geduldet sich der Leser bis zum Erscheinen eines nachfolgenden Berichts über die sechs Vpn, die von der Leidenschaft aufgezehrt wurden. Dieser Bericht wird den Vergleich der Daten der sechs, die starben, mit denen der zwei enthalten, die am Leben blieben, um das Experiment an einem anderen Tag durchzuführen.

Verfahren

Alle Gruppen (I & II) wurden nach Zeigers (1970) Zeigefingerverfahren zufällig eingeteilt. Zuerst wurde der Finger des Versuchsleiters jedem Mitglied von Gruppe I und dann jedem Mitglied von Gruppe II übergeben; dabei

* Heute an der Fakultät für Psychologie der staatlichen Universität Kansas unter dem Pseudonym Steve R. Baumgardner

wurden Reiners (1984) Zufallszahlentabellen verwendet.

Weitere Untersuchungen sind nötig, um genau zu bestimmen, was passierte, als die zwei Gruppen gebildet waren.

Material

Für eine vollständige Beschreibung des experimentellen Apparats wird der Leser verwiesen auf Gottes Anatomiebuch, Kinsey und Masters und Johnson. Vielleicht wird der kritische Leser auch den Neckermann-Katalog, Ausgabe Herbst/Winter 1973, Kapitel Betten und Bettwaren, für eine eingehende Beschreibung des experimentellen Umfelds zu Rate ziehen wollen.

Ergebnisse

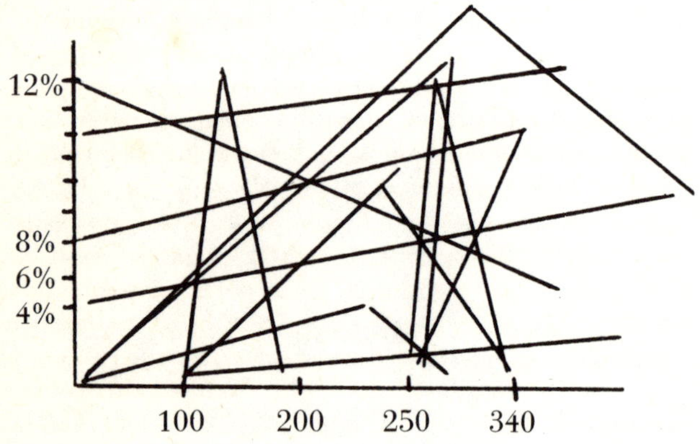

Abbildung 1

Die Ergebnisse sind in Abbildung 1 dargestellt und sprechen für sich selbst.

Diskussion

Die Ergebnisse weisen ebenfalls auf eine subtile Interaktion hin. Obwohl die Interpretation schwierig ist, weil die Achsen des Diagramms nicht benannt sind, war die totale Verwirrung unbeeinflußt. Als nächstes wurde eine Vpn-pro-Gegenstand-Varianzanalyse durch das Land geführt. Von hier aus waren die erzielten Ergebnisse sehr nahe an der Signifikanz. Mit diesen Ergebnissen kann man leicht beweisen, daß sich bei graphischer Darstellung der Daten die verschiedenen Linien kreuzen.

In bezug auf die Variable Sexualverhalten wurde eine Nachtfluganalyse durchgeführt; die Ergebnisse konnten aber nicht gefunden werden. Die Hälfte der Vpn zieht jedoch übereinstimmend Kurven Linien vor. Obwohl es einige Linien taten, wurden andere fallengelassen, weil viele Vpn abschlafften. Dies deutete eine Veränderung an. Nur weitere Untersuchungen können die zahlreichen Variablen aufklären, die sich da rumtrieben. Mit den Worten einer der erfolgreicheren Vpn fand diese Studie ein Ende in sich selbst.

LITERATUR

Alka, Seltzer und Seltzer, Alka, »Wiener für Wiener«, *Perverses Essen für perverse Leute*, Bd. 100004, Nr. 321, S. 2–22, 1960

Donner, Doria und Blitz, Gescheit, »Die positive Beziehung zwischen stürmischem Sex und stürmischem Wetter«, *Zeitschrift für Familienskandale und Feuerstürme*, Bd. 17, Nr. 9, S. 12–24, 1975

Gott, V. *Anatomie des menschlichen Körpers*, Adam und Eva Verlag, Garten Eden, Jahr 1 v. Chr.

Herzschmerz, Heftig und Gestopft, Genudelt U. »Zuviel, viel zuviel«, *»Qualitätsfleisch«*, Bd. 39, Nr. 5, 1951

Hochripp, Eva und Filet, Häkelei, »Höhere Gewinne«, *Zeitschrift für Pokerpiepen*, Bd. 1, Nr. 4, 1967, S. 2–20

Hüft, Schwung und Lend, Enreiz, »Qualitätssteaks«, *Fleisch und Kartoffeln*, Bd. 100004, Nr. 1 A&P Teegesellschaft, 1937, S. 1–100

Kinsey, Alfred, *Die Sex Bücher*, Sanders, 1950–1970

Kontra, Diktion und Zeptiv, Sehr Re, »Nein, und dann wieder ja,« *Zeitschrift für sexuelle Entscheidungen*, Bd. 69, 1969

Masters and Johnson, *Alle Schlafzimmer Amerikas*

Neckermann Katalog Herbst/Winter 1973, Frankfurt (Bestellen Sie sofort!)

Nixon, Richard M., Agnew, S. und Mitchell, M. *Noch mal vier Jahre*, Verlag Traurige Lage der Nation, Washington, D. C., 1972

Swiss, Watch, »Frau und Herr Gottnochmal«, *Zeitschrift für paranormalen Sex*, Bd. 2, 1954, ».0–000

Thomapirin, Irina, Togall, Toni und Gellonida, Ida, *Kopfschmerzen, die wir hatten*, Purpurprosa Verlag, New York, New York 1961

GESUCHT: EIN PHARMAKOLOGE FÜR DEN GEHEIMDIENST

Augeas Incredulus*
Middlesex, England

975 Milligramm sind die Höchstdosis. 975 Milligramm sind gut. Das stimuliert das Herz, sehr gut. Mehr als 975 Milligramm sind sehr schlecht. Das Herz macht pfff! Es hört auf zu schlagen. Der Kerl fällt tot um. Es sieht aus wie Herzversagen. Niemand vermutet ein falsches Spiel.[1]

Man würde nicht glauben, daß hier von *Strophantin* die Rede ist, und das intravenös! Mutschler[2] legt die Maximaldosis bei 1 Milligramm fest, was zeigt, wie sehr die Krimischreiber unsere Hilfe brauchen. In der Tat hatte Augeas, bevor er seine Forschungen für diesen Artikel begann, keinen blassen Dunst, daß so viele gefährliche Autoren herumlaufen! Er mußte nicht lange suchen; jedes einzelne der folgenden Beispiele fand er in seiner Stadtbibliothek.

Es gibt mehrere sehr verbreitete Mißverständnisse. Das erste ist, daß eine Droge vom Gewebe in Sekundenschnelle ins Gehirn dringen könne. Da die intravenöse Arm-Hirn-Zeit etwa eine halbe Minute beträgt, heißt das, die Sache ein bißchen arg zu beschleunigen, auch wenn es vernünftig ist anzunehmen, daß Geheimagenten einen permanent hyperdynamischen Kreislauf haben. Da gibt es z. B.[3] den KGB-Offizier, der den britischen Spion enttarnt hat und ihm einen Handel anbietet, wenn er die Frau des Offiziers ermordet; die Waffe ist ein Füllfederhalter, der einen acht Zentimeter langen Stahlpfeil abfeuert, *dessen Spitze mit einem unserer synthetischen Gifte versehen ist. Das Opfer wird dreißig Sekunden, nachdem der Pfeil die Haut durchbohrt hat, vollständig paralysiert. Der Tod folgt in höchstens zwei Minuten ... es spielt keine Rolle, wo der Pfeil trifft.* Im wirklichen Leben würde eine intramuskuläre Injektion eines der bekannten Muskelrelaxantien, z. B. Suxamethomiumchlorid (Lysthenon), ein Baby in zwei Minuten lähmen. Das Verhältnis von Dosis und Gewicht ist jedoch beim Erwachsenen bei intravenöser Anwendung viermal so hoch, und bis die Wirkung eintritt, dauert es etwa viermal so lang. Die für einen Erwachsenen erforderliche Menge auf dieser Grundlage wären mindestens 200 Milligramm. Das ist viel mehr als das, was auf die Spitze eines Pfeils aufgebracht werden kann, selbst wenn man sofortige Lösung und Absorption garantieren könnte. Tatsächlich haben neuere Untersuchungen im Gefolge der historischen Beschreibung von Waterton[4] im letzten Jahrhundert gezeigt, daß eine der Grenzen der klassischen Droge Curare, die von den südamerikanischen Indianerstämmen auf Pfeilen, Speeren und Blasrohrgeschossen als Jagd- und Kriegswaffen gebraucht wird, ihre relative Ineffektivität (außer bei kleinen Tieren) ist.[5] Fünf bis zehn Pfeile sind nötig, um ein Wildschwein zu lähmen, und viele Stämme jagen mit dem Blasrohr, der Sarabatana, nur kleine, baumbewohnende Tiere; es ist eine ideale Waffe, um Affen zu töten, weil diese, wenn sie mit Pfeilen ohne Curare geschossen werden, ihre Schwanzmuskeln versteifen und so in den hohen Bäumen hängenbleiben, von denen sie nur mit Mühe heruntergeholt werden können. Curare lähmt die Muskeln und bewirkt, daß das Tier herunterfällt. Auf dem Gebiet menschlicher Konflikte erwähnt Koch-Grünberg[6] eine recht ungewöhnliche Waffe, die von den Yahuna angewandt wird. *Sie befestigen lange Dornen der Paxiuba-Palme mit Curare an ihren Ellbogen und Handgelenken, mit denen sie ihre Feinde im Nahkampf tödlich verwunden. Besonders die Frauen verteidigen sich auf diese Weise gegen Angriffe von Fremden.* Wir werden später zu den relaxierenden Drogen zurückkommen und merken hier nur an, daß die meisten indianischen Stämme ihre traditionellen Waffen durch solche aus der zivilisierten Welt ersetzt haben.[12]

Manchmal versuchen unsere Schriftsteller, etwas zu erklären, und machen die Sache nur noch schlimmer.[7] *Vilsky klemmte sich einen schwarzen Stumpen zwischen seine dicken Lippen, drehte den Kopf seitwärts und sagte: »Entschuldigen Sie bitte, wären Sie so freundlich, mir mit Feuer auszuhelfen?« Der Mann mit dem Silberhaar drehte sich mit einem raschen Blick zu ihm um. »Aber gerne«, sagte er leichthin und begleitete seine Worte mit einem großzügigen Lächeln. Er holte ein Feuerzeug hervor. »Danke«, sagte Vilksy widerwillig.*

»Aber nicht doch«, sagte der große Mann, und ein letztes Lächeln huschte über sein Gesicht. Als er den Homburg zurück in die Hand nahm, die ihn ursprünglich ge-

* Dr. D. Zuck
Nachdruck mit Genehmigung der Enfield Medical Gazette

halten hatte, ließ er ihn fallen. »Wie ungeschickt von mir«, sagte er langsam und bückte sich nach ihm.

Vilsky zuckte zusammen, als etwas in seine Wade stach, und dachte einen Moment lang, was für ein ungeschickter Trampel der andere sei. Dann traf es ihn wie ein Schock, daß er reingelegt worden war. Da war etwas passiert. Vilsky versuchte zu schreien und seine Arme hochzuwerfen, aber nichts geschah. Das letzte, was er sah, bevor ihm schwarz vor Augen wurde, war das übergroße, lächelnde Gesicht des Mannes mit dem Silberhaar.

In einer Fußnote erfahren wir, daß *die verwendete Droge Haloperidol war – 15 ml. Das ist die Droge, die allgemein in Irrenhäusern verwendet wird, um gewalttätige Patienten zu bändigen. Sie wirkt sofort (intramuskuläre Injektion).* Aber es dauert seine Zeit, jemandem 15 Milliliter von irgendwas zu injizieren, sogar in die bereitwillige Wade eines ahnungslosen Agenten mit sehr langsamem Rückzugsreflex, der uns als der *Topmann* des russischen Geheimdienstes vorgestellt wird. Und die Wirkung von intramuskulärem Haloperidol tritt kaum sofort ein.

Dieser spezielle Autor kennt jedoch auch intravenöse Injektionen.[8] *»Ich nahm die Gelegenheit wahr, das Leichentuch aufzudecken, als niemand hinsah. Ich fand keine Anzeichen von Schnitten oder Quetschungen, aber da war ein Nadelstich in der Beuge seines linken Arms, so wie sie eine intravenöse Injektion zurückläßt. Als ich mich mit einem Vergrößerungsglas ein bißchen als Sherlock Holmes betätigte, sah ich, daß das Loch noch nicht zugeheilt war. Also war es entstanden, kurz bevor Penn starb.«*

»Interessant«, kommentierte Simon. »Es hätte eine Injektion sein können, um ihn zum Schweigen zu bringen, oder die Wahrheitsdroge – was ihn getötet haben könnte. Weißt du viel über die Wahrheitsdroge?«

»Kein bißchen. Als ich bei der Stadtpolizei war, haben wir immer unsere Gummiknüppel genommen.«

»Nun, es ist gefährlich, die Droge anzuwenden. Sie besteht in einer intravenösen Injektion von 150 Milligramm Natriumpenothal, und gewöhnlich sind übermäßiges Schwitzen, Zittern, erschwerte Atmung und Erbrechen normale Reaktionen. Der Tod kann leicht eintreten, wenn sie von Neulingen appliziert wird. Ein Arzt sollte immer dabeisein, mit einer Sauerstofflasche und -maske und der notwendigen Ausrüstung in Reichweite, um notfalls einen Luftröhrenschnitt zu machen. Was ich damit sagen will, ist, daß eine oder mehrere unbekannte Personen gewußt haben müssen, daß er geheimes Wissen hatte. Sie injizierten ihm Natriumpenothal, und er starb. Dann warfen sie ihn in den Fluß.«

Relaxantien werden benutzt, um Lähmungen hervorzurufen, sie verschonen aber glücklicherweise die respiratorische Muskulatur. Ex-Inspektor Snow wird bewußtlos gemacht und findet sich im Expreß Zürich–Mailand wieder.[9]

Nacheinander versuchte er, seine linke Hand und beide Füße zu bewegen. Schweiß befeuchtete seine Hände, als er die Wahrheit erkannte. Er war weder gefesselt noch sonst in irgendeiner Weise gebunden, aber er konnte keinen Muskel bewegen. Er war gelähmt ... Er lag der Länge nach auf den Sitzen des Abteils unter einer Decke. Er war nicht gefesselt, aber er konnte nicht mal einen Finger bewegen, also mußten sie ihn mit Drogen behandelt haben. Aber Moment mal – wenn er unter Drogen stand, mußte er dann nicht bewußtlos sein? Es wurde zum Alptraum. Dann hörte er die Stimme, die Stimme eines Mannes, der italienisch sprach. Er war bei Bewußtsein, aber unfähig sich zu bewegen. Also war ihm eine bestimmte Art Droge injiziert worden. Es klickte in seinem Kopf, wie wenn sich ein Schlüssel herumdreht. Sie hatten eine paralytische Droge benutzt. Er würde nicht mal sprechen können ... Er öffnete seine Augen einen Spalt, und das Deckenlicht schimmerte zwischen seinen Wimpern.

Er konnte seine Augen öffnen, also hatten sie ihm vielleicht nicht genug von der Droge verpaßt. Was hatten sie ihm gespritzt? Eine schreckliche Vorstellung schlich sich in seine Gedanken:

Vielleicht sollte es eine Leiche sein, die sie aus dem Zug werfen wollten! Heftig rang er um Selbstbeherrschung.

Snow wird mit einer Trage aus dem Zug geholt. Nach einigen Stunden ... *traf es ihn wie ein Schlag. Er hatte sich bewegen können. Er beugte seine rechte Hand. Der Nagel seines Zeigefingers kratzte an etwas Rauhem. Die Hand war immer noch kraftlos, aber der Finger hatte sich bewegt. Er lag still und wartete auf eine Woge der Erleichterung ...*

Er versuchte, seine linke Hand zu bewegen. Er konnte seinen ganzen Zeigefinger bewegen. Seine Füße waren immer noch völlig leblos. Dann schloß er rasch seine Augen, als er eine Tür aufgehen hörte. Die Tür schloß sich wieder, und zwei Paar Füße gingen über einen Steinboden. Als sie anhielten, war er sich sicher, daß sie neben der Bahre waren und auf ihn heruntersahen. Er hörte die Stimme der Nonne zuerst.

»Wann braucht er die nächste Dosis?«

»In etwa vier Stunden.« Es war die Stimme eines unbekannten Mannes mit hellem Timbre.

»Wird das früh genug sein?«

»Es spielt keine Rolle, ob Sie es drauf ankommen lassen.«

»Sie sind ja nicht derjenige, der es verabreicht.«

»Ich hab es im Zug gemacht.«

Snow hörte, wie die Füße weggingen, die Tür sich öffnete und schloß ...

Dann sah er wieder auf die Uhr. Sie würden vor halb acht zurücksein. Es wäre ein Rennen gegen die Zeit. Vielleicht hätte er nur Minuten ... Um Fünf drehte er seinen Knöchel auf eine Seite. Der Rest seines Beines war immer noch leblos. Um fünf Uhr dreißig stellte er fest, daß er beide Knöchel drehen konnte.

Die Zeiger der Uhr hatten gerade sechs Uhr angezeigt, als er es schaffte, seine ganze rechte Hand zu bewegen. Eine halbe Stunde später schaffte er dasselbe mit seiner linken Hand ...

Etwa um sieben Uhr strömte das Gefühl wieder zurück in seine Arme und Beine, aber er konnte sich nur ein wenig winden. Er wußte jetzt, daß die Fesseln immer noch angelegt waren. In einer fürchterlichen Kraftanstren-

gung versuchte er, seine Knie hochzuzwingen, aber die Riemen über seinen Knöcheln verhinderten es. Er fiel zurück. Dann hörte er die Tür aufgehen. Sie waren zurückgekommen.

Zum Glück waren sie das nicht. Aber die Muskeln der Augenlider sind unter den ersten, die von Relaxantien betroffen werden und würden von einer Unterdosis nicht verschont. Eine vollständig lähmende Dosis eines Langzeitrelaxans, Tubocurarin oder Pancuronium, würde den Tod durch respiratorische Lähmung verursachen, aber im klassischen Experiment von Prescott[10], der sich selbst bei vollem Bewußtsein bis zur Stufe der Zwerchfellähmung mit 30 Milligramm Tubocurarin curarisieren ließ und dann künstlich beatmet wurde, war die Muskelkraft nach dreißig Minuten vollständig zurückgekehrt.

Da im Falle des Ex-Inspektors Snow die Wirkung der Droge, soweit man es beurteilen kann, für etwa acht Stunden anhielt, haben wir eine glückliche Entdeckung gemacht. Sie trägt uns einen Augenblick in die höheren Reiche der Literaturkritik. In seinem Essay über Philoktet beschäftigt sich Edmund Wilson[12] mit dem Mythos des verwundeten Helden und *»dem Begriff der überlegenen Stärke, insofern sie untrennbar ist von Unfähigkeit«.* Wenn wir nun auf unser voriges Niveau zurückfallen, beobachten wir, daß es bei Detektiven Mode ist, an einer Behinderung zu leiden. Sie sind blind, extrem fettleibig, weiblich, Mitglied der Aristokratie, Franzose, Belgier mit kleinen grauen Zellen, Chinese, australischer Ureinwohner, geigenspielender, kokainabhängiger Junggeselle, Arzt, katholischer Priester oder reformierter Rabbi, und es gibt sogar eine Geschichte[13], in der sich herausstellt, daß der Inspektor der Krankenpflegeschulen der öffentlichen Krankenpflegeverwaltung nicht der Detektiv ist. Mit Ex-Inspektor Snow jedoch haben wir jetzt unsern ersten Detektiv, der an Myasthenia gravis leidet – lachen Sie nicht, denn es gibt schlüssige Beweise dafür. Snows Frau verließ ihn unter ganz mysteriösen Umständen, auf die von Zeit zu Zeit nur nebenhin angespielt wird, die aber schwer auf ihm lasten. Und jetzt haben wir auch dieses Geheimnis gelüftet. Ab jetzt ist der Detektiv, der an einer simplen Verdauungsstörung leidet, ein alter Hut, und eine neue Ära tut sich vor uns auf – Detektive mit Thalassämie, Porphyrie, Nasenpolypen, Miktionsproblemen oder an der Heimdialyse, wo die Möglichkeiten für technische Beschreibungen und auch für Sabotage endlos sind; und wer immer das Primaquine in die Kantinensuppe gekippt hat, mußte wissen, daß der Hilfskommissar an Glukose-6-phosphat-Dehydrogenase-Mangel litt.

LITERATUR

1 Ames, D. (1955); Landscape with Corpse, London, Hodder & Stoughton
2 Mutschler, E. (1986[5]); Arzneimittelwirkungen. Lehrbuch der Pharmakologie und Toxikologie, Stuttgart, Wissenschaftliche Verlagsgesellschaft
3 Porter, J. (1966); Sour Cream with Everything, London, Cape
4 Waterton, C. (1825); Wanderings in South America, London, Everyman Edn.
5 Ribiero, B. G. und De Melo Carvalho J. C. (1959); »Curare; a weapon fur hunting and warfare«, in »Curare and Curare-like Agents«, Bovet, D. et al. (Hrsg.), Amsterdam, Elsevier
6 Koch-Grünberg, T. (1908); Jagd und Waffen bei den Indianern Nordwestbrasiliens, Braunschweig, Globus, S. 93, 197 und 215
7 Smith, L. (1968); Fear and the Dead Man, London, Collins
8 ebd.
9 Sawkins, R. (1967), Snow in Paradise, London, Heinemann
10 Prescott, F., Organe, G. und Rowbotham, S. (1946); Lancet, ii 80
11 Capone et al. (1929); Galilei neu betrachtet: Studien über Projektile und fallende Körper, Chicago, Muttertagsverlag
12 Wilson, E. (1974); The Wound and the Bow, London, W. H. Allen
13 James, P. D. (1981); Tod im weißen Häubchen, Reinbek, rororo

ÜBER DEN RELATIVEN VORZUG CHIRURGISCHER VOR MEDIKAMENTÖSER BEHANDLUNG KORONARER HERZKRANKHEITEN

Lloyd Rucker
Orange, CA

Kardiologen und Thoraxchirurgen haben im Prinzip anerkannt, daß es niemals eine vergleichende Doppelblindstudie geben wird, die sich mit der medikamentösen und der chirurgischen Behandlung von kranken Herzkranzgefäßen beschäftigt.[1] Deshalb bleibt es dem einzelnen Arzt überlassen, welcher der Alternativen er die größere Effizienz zuschreibt. Wir stellen im folgenden eine einfache, aber vorteilhafte Methode zur Behandlung dieser Problempatienten vor. Ein sehr effektiver Weg, verzwickte Probleme wie das vorliegende anzugehen, führt über das Kosten-Nutzen-Verhältnis (KNV). Das heißt hier, daß die Kosten für den Patienten dem Nutzen für den Arzt gegenübergestellt werden.[2] Betrachtet man die Situation, so erwächst dem Arzt, der sich dafür entscheidet, seinen Patienten mit Medikamenten zu behandeln, ein gewisser Nutzen. Das Maximum der Investition des Patienten in seine Gesundheit wird sich innerhalb eines Zeitraumes von fünf Jahren einstellen (weil die meisten Patienten nach fünf Jahren tot sind).

Man rechnet pro Jahr für alle Medikamente etwa 100 Dollar. Der Arztbesuch alle zwei Monate, um das Rezept zu erneuern, soll 30 Dollar kosten. Daraus ergeben sich insgesamt lumpige 1400 Dollar. Wenn Sie ein eigenes Labor besitzen, könnten Sie noch ein Extra aus Kontrastmittel, Röntgen und Blutuntersuchungen rausschlagen.

Nun betrachten Sie die Alternative: Wenn tatsächlich, wie einige behaupten, eine Operation das Leben der Mehrzahl der Patienten zum Beispiel um zehn Jahre verlängert, dann ergeben sich – die gleiche Qualität der Nachsorge angenommen – insgesamt 4000 Dollar als solide Basis. Jedoch zeigt sich auch ohne signifikante Lebensverlängerung ein deutlicher Vorteil:

1. Kosten der medizinischen Tretmühle	200 Dollar
mit Thallium	500 Dollar
2. Kosten für den Herzkatheder	2000 Dollar
3. Arzthonorare	5000 Dollar
4. Der Kardiologe an der Herzlungenmaschine	300–500 Dollar
5. Nachoperative Untersuchungen je nach aktuellem Gebührensatz, mindestens	250 Dollar
6. Kosten für den OP und die Herzlungenmaschine (im privaten Krankenhaus)	5000 Dollar
7. Anästhäsiologe	1000 Dollar

Na, das sieht doch ganz einfach aus! Jeder Medizinstudent im ersten Semester könnte die paar Zahlen addieren und sich sofort entscheiden. Sogar ein blutiger Laie sollte in der Lage sein, die richtige Wahl zu treffen. Aber die Dinge sind nicht so einfach, wie sie scheinen.

Zwei unabhängige Faktoren müssen betrachtet werden. Zunächst das KNV: Das Ideal ist hier die Vollkommenheit.[3] Vollkommenheit bedeutet, daß der Dr. med. oder sein Team den höchstmöglichen Prozentsatz herausholt. Das heißt: Egal, wieviel der Patient zahlt, sie sacken es teilweise oder besser vollkommen ein. Je einfacher der organisatorische Aufbau, desto leichter ist die Vollkommenheit zu erreichen.

Andererseits müssen Sie die absolute Höhe des Vorteils betrachten. Vollkommenheit ist eine feine Sache, aber 100 Prozent von 100 Dollar sind nicht annähernd so viel wie zehn Prozent von zehn- oder zwanzigtausend Dollar. Sie müssen also den Einzelfall betrachten.

So muß ein Allgemeinarzt daran denken, daß er seinen Patienten vielleicht niemals wiedersieht, wenn er ihn an seinen chirurgischen Kollegen überweist. Deshalb ergibt das KNV von 1:1 einen absoluten Verdienst von sagen wir 2250 Dollar. Wenn jedoch dem Allgemeinmediziner

[1] Hurst, J. W.; persönliche Mitteilung
[2] Karlinsky, A.; mein Immobilienmakler, persönliche Mitteilung
[3] Gott; persönliche Mitteilung

das Krankenhaus zufällig gehört, dann wäre sogar ein KNV von 6:1 nicht zu schäbig, nachdem die Unkosten bezahlt sind. In diesem Fall kann dann die ideale Vollkommenheit zugunsten des maximalen absoluten Nutzens geopfert werden. Der Chirurg operiert am anderen Ende des Spektrums. Wenn er sich für eine medikamentöse Behandlung entscheidet und den Patienten zurück an den Kardiologen überweist, ist sein KNV 2250/150, was auch immer das zum Teufel ergibt und bedeutet, und der absolute Nutzen bleibt bei vielleicht 150 Mäusen für die Konsultation. Wie Sie sehen, hat der Chirurg keine großen Probleme, sich für die operative Methode zu entscheiden.

In der Vergangenheit hatten Kardiologen eine gesunde Skepsis gegenüber dem Nutzen der Operation. Seit sich jedoch die Kardiologie in die Gebiete Radiologie, Nuklearmedizin und Anästhesie ausgedehnt hat, sind sowohl das Kosten-Nutzen-Verhältnis als auch der absolute Nutzen dramatisch gestiegen, und nur noch sehr wenige Kardiologen kritteln an der operativen Methode herum. Es werden sicher noch neue Verfahren erfunden, und dann steigen die Zahlen weiter. Seit es fünf oder sechs teure Diagnoseverfahren braucht, wo früher ein oder zwei ausgereicht haben, ist der direkte kardiologische Gewinn dramatisch gestiegen.

Schlußfolgerung: Es ist offensichtlich, daß jeder schlaue Arzt, vom Allgemeinarzt bis zum Thoraxchirurgen, bedeutenden Nutzen aus der Bypass-Operation am Herzen ziehen kann. Wir glauben, daß dieses Verfahren die hochgeschätzte Position verdient, die es sich im Waffenarsenal der medizinischen Behandlung erworben hat. Diese Position läßt sich weiter ausbauen und festigen, wenn Allgemeinärzte und Kardiologen gewandt mit der Kosten-Nutzen-Verhältnis-Methode umgehen.

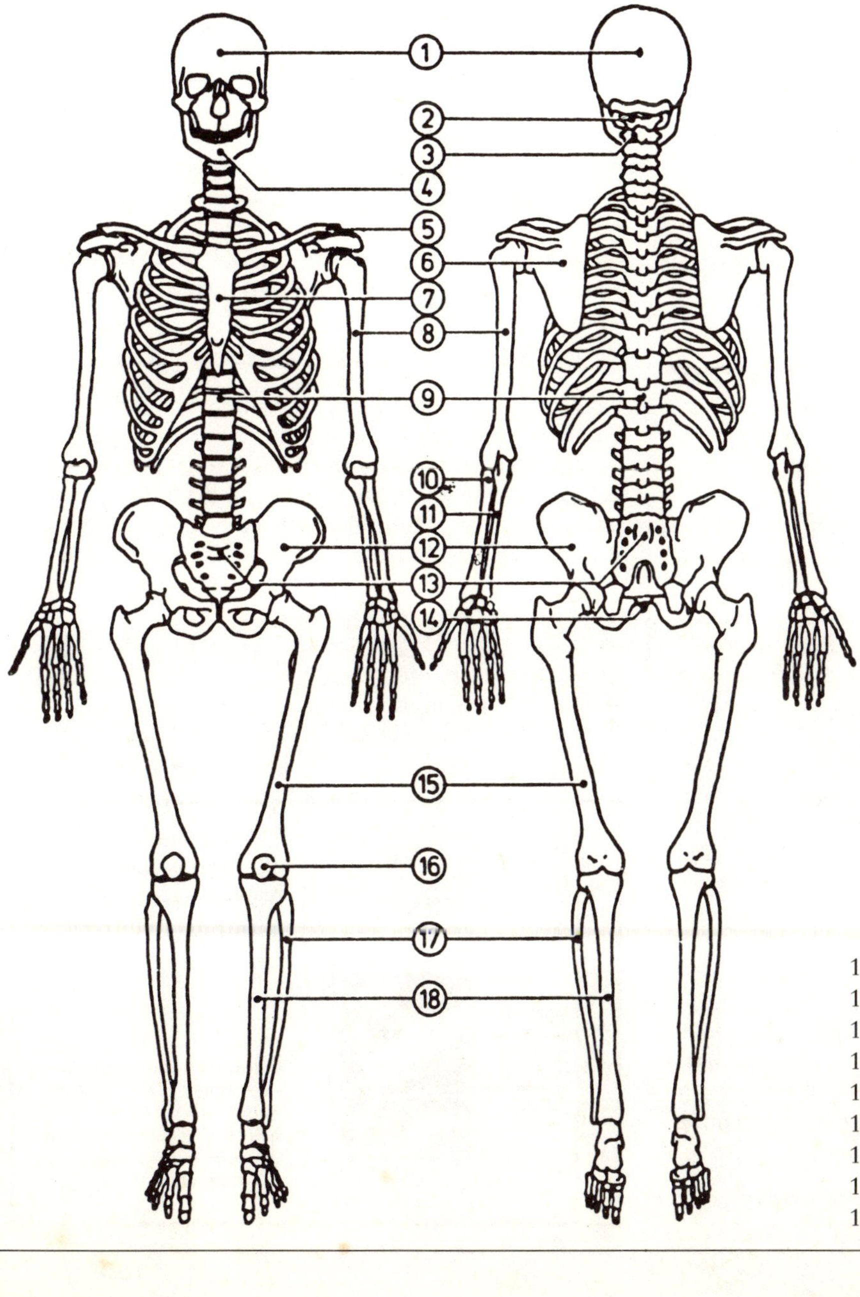

	chirurgisch	medikamentös
1	13000 Dollar	7000 Dollar
2	7800 "	3600 "
3	4000 "	1150 "
4	5060 "	820 "
5	2600 "	800 "
6	3800 "	1400 "
7	4600 "	2030 "
8	5400 "	980 "
9	6800 "	2300 "
10	3700 "	1400 "
11	4020 "	2800 "
12	7000 "	3500 "
13	12000 "	7400 "
14	11000 "	8300 "
15	7000 "	2800 "
16	6400 "	3200 "
17	5600 "	2600 "
18	4200 "	1800 "

ANZEIGE

JOURNAL DER UNWIEDERHOLBAREN EXPERIMENTE*

4. AUFLAGE!

Herausgegeben von
Dr. George H. Scherr

»Unwahrscheinliche Untersuchungen & Unerfindliche Funde

Aus dem Amerikanischen
von Ernst Guggolz, Gabriele
Herbst und Walter Sielski

Die Leute lachten. Die Wissenschaftler lachten. Und man lacht noch immer. Weltweit. Seit 35 Jahren »parodiert das *Journal of Irreproducible Results* die Professoren und macht sich mit respektloser Lästerzunge über die Wissenschaft lustig. Die Beiträge reichen vom Nachdruck ernstgemeinter Dummheiten bis zu fiktiven Einfällen, die den wissenschaftlichen Jargon mit teuflisch genauer Nachahmung aufs Korn nehmen.« (SPIEGEL)
Unter dem Titel *Journal der Unwiederholbaren Experimente* liegt nun das Beste in deutscher Sprache vor – oder auch »das Ulkigste, was der Wissenschaft passiert ist, seit Archimedes nackt durch die Straßen von Syrakus rannte«. (DISCOVER)
Die Wissenschaftler, die zu diesem Buch beigetragen haben, sind hervorragende Köpfe aus Forschung und Lehre: Bakteriologen, Virologen, Psychiater, Mediziner, Computertechniker, Mathematiker, Informatiker und viele andere mehr.

Es präsentiert unter anderem:

Eine geniale Erfindung
Die Dunkelbirne ist ein Energieschlucker, der jeden Raum in tiefstes Schwarz tauchen kann. Diese bemerkenswerte Neuheit ist eine Instant-Dunkelkammer für engagierte Photographen, unverzichtbar für Forschung und Industrie sowie auf Parties sehr nützlich.

* Das Witzigste aus dem Papierkorb der Wissenschaft erdacht und verfaßt von hervorragenden Köpfen aus Forschung und Lehre.

Eine elegante Formulierung
»Vorläufige Abschätzungen ergaben falsche Vorzeichen für einige Phasen der Struktur. Jedoch legte eine eingehende Prüfung der Meßwerte die Vermutung nahe, daß aller Wahrscheinlichkeit nach einige aus einem anderen Datensatz stammten. Nach der Aussonderung dieser Daten erhielten wir in sich konsistente und statisch signifikante Schätzungen.« Das klingt doch wirklich besser als: »Wir warfen raus, was nicht paßte.«

Eine alarmierende Enthüllung
Alte Ausgaben des *National Geographic*, die überall im Land unschuldig in Kellern gehalten werden, sind zu einer Weltuntergangsmaschine geworden. Durch die Aufhäufung dieser Magazine wird ein kritisches Gewicht erreicht, das den nordamerikanischen Kontinent zu versenken droht.

Liebe
Erleben Sie die gefährlichen Abenteuer, die Polly Nom auf ihrer Reise durch das Reich der unreinen Mathematik bestehen muß. Die süße Polly war anfänglich wohl behütet. Nachdem man sie aber vollständig integriert hatte, war sie schlimmer als eine Durchschnittsdeviante!

**Fußnoten
und:**
- Werden wir mal metaphysisch
- Das BMFT schreibt Moses
- Euklid hatte noch eine Theorie

Dieses Buch[1] ist im Wolfgang Krüger Verlag erschienen und hat 198 Seiten

[1] Entdecken Sie darin eine neue Welt der Wissenschaft! Suchen Sie die Grundwahrheiten der Natur!! Schreiten Sie kühn in die Zukunft der Technologie!